LA VIE

DES ANIMAUX

DÉPOSÉ AUX TERMES DE LA LOI

BRUXELLES. — TYP. DE Vᵉ J. VAN BUGGENHOUDT
Rue de Schaerbeck, 12

LE Dr JONATHAN FRANKLIN

LA VIE
DES ANIMAUX

HISTOIRE NATURELLE

BIOGRAPHIQUE ET ANECDOTIQUE DES ANIMAUX

OUVRAGE

ENTIÈREMENT NOUVEAU, TRADUIT DE L'ANGLAIS

PAR A. ESQUIROS

— REPTILES —

LE MONDE DES EAUX (VUE GÉNÉRALE)

COLLECTION·HETZEL

PARIS

COLLECTION HETZEL

LIBRAIRIE DE L. HACHETTE ET Cie

RUE PIERRE-SARRAZIN, N° 14

INTRODUCTION

Nous avons vu la vie se déployer dans les espaces célestes : l'oiseau ne descend, pour ainsi dire, à terre que pour y chercher sa nourriture ; il suspend ses amours à la branche des arbres ; sa vie, ses plaisirs, ses mœurs appartiennent à l'océan de l'air, qu'il traverse dans toutes les directions. Si l'homme a la pensée, l'oiseau a ses ailes. Il a fallu des siècles à l'industrie, il a fallu le cerveau de Denis Papin, il a fallu la vapeur et l'art prodigieux des machines pour rivaliser — et encore sur une échelle misérable — avec la rapidité naturelle de sa course. Il se rit de nos ballons, lui, aérostat vivant, qui sait où il va et qui se dirige à volonté. — Nous allons passer maintenant des animaux les plus éthérés, les plus vigoureux et les plus actifs de la création, à des animaux qui traînent une existence relativement inerte.

Des êtres qui volent, il nous faut descendre à ceux qui rampent. Les uns et les autres sont, d'ailleurs, merveilleusement appropriés aux divers milieux qu'ils habitent, à la limite des faits qu'ils spécifient, et au rôle qu'ils remplissent dans l'économie générale de la nature.

Transportons-nous dans nos ménageries d'histoire naturelle.

Ce qui frappe tout d'abord l'observateur, en entrant dans la salle des reptiles, c'est l'attitude fixe que ces animaux conservent pendant des heures entières. Voyez-les, — ceux-ci debout, ceux-là couchés, — tous immobiles comme des statues! Çà et là un serpent peut bien par hasard ramper ou se dresser, et un lézard consentira peut-être à changer de position; mais, en général, surtout vers le milieu du jour, ils affectent une parfaite tranquillité. Il y a des fois où vous ne surprenez pas un seul mouvement derrière les cages de verre dans lesquelles ces êtres vivants sont emprisonnés. Vous diriez un monde dont les habitants, sous des formes diverses, ont été pétrifiés pour leurs crimes.

Pourquoi cela? Parce que tous les reptiles chasseurs, surtout les serpents et les lézards, prennent leur proie par surprise. L'immobilité entre donc dans leur système d'attaque. J'ajouterai que le gîte des reptiles — lorsque ces animaux sont en train de guetter leur proie — coïncide généralement de la manière la plus harmonieuse avec les couleurs de l'animal. Les oiseaux, les insectes s'approchent alors sans crainte de l'ennemi qui se dissimule, — et ils sont pris !

Voulez-vous un exemple familier de cette relation des formes et des couleurs, placez un crapaud dans une couche de melons; — c'est, d'ailleurs, une méthode qu'on pratique souvent quand la susdite couche est infestée par des fourmis. Ces insectes s'approchent en toute confiance de l'immobile crapaud, dont la couleur se confond avec celle de la couche, mais pst! la langue du reptile darde, et cela avec un mouvement que l'œil ne peut suivre. Tout ce que l'on peut voir, c'est l'approche de la fourmi à une certaine distance

—non à portée de fusil, mais à portée de langue ;—puis aussitôt elle s'évanouit.

La similitude des couleurs et des formes, combinée avec les habitudes d'immobilité, sert aux reptiles à se cacher pour atteindre ce double but : pourvoir à leur sûreté personnelle et attendre leur proie. De cette manière — et grâce à cette merveilleuse loi qui adapte les êtres vivants aux milieux extérieurs — les animaux à sang froid profitent de leur apathie pour assurer le succès de leurs embûches. Qui a vu la grenouille dans l'herbe? Le chasseur marche sur la vipère. Le voyageur confond le crocodile avec la racine saillante et difforme des grands arbres.

Pauvre reptile! que penses-tu de ton existence abaissée, indolente, rivée au sol, quand tu regardes voler l'oiseau? — Le reptile pourtant ne se plaint point : il aime la terre qui le nourrit ; cette vie nonchalante convient à ses goûts ; lazzarone de la nature, un peu de soleil lui suffit ; il n'envie rien et se soucie peu du jugement des hommes, qui le regardent, en général, avec dégoût. N'a-t-il point sa place au grand banquet commun? Ses mœurs, qui nous paraissent viles, parce que nous sommes bornés, n'apparaissent-elles point saintes aux yeux de Celui qui a jugé toutes les créatures bonnes ; car elles expriment toutes, sous une forme ou sous une autre, la série mystérieuse de ses perfections?

Une circonstance organique nous expliquera le contraste entre la vie de l'oiseau et la vie du reptile. Le cœur des reptiles est disposé de manière que — à chaque contraction — il envoie seulement dans le poumon la portion du sang qu'il a reçue des diverses parties du corps ; le reste de ce fluide retourne donc aux organes sans avoir passé par le poumon et sans avoir respiré. L'action de l'oxygène sur le sang est moindre que chez les mammifères et surtout que chez les oiseaux.

Les reptiles ont, en conséquence, le sang froid ; leurs habitudes sont généralement paresseuses, leurs sensations obtuses ; leur digestion est extrêmement lente, et dans les pays froids ou tempérés, ils passent presque tout l'hiver en léthargie. Avec la chaleur du sang qui s'éteint, disparaît, dans une proportion relative, cette richesse de mouvements que nous avons admirée chez l'oiseau. La racine de la vie est donc la respiration ; modifiée, cette fonction importante modifie, dans une mesure correspondante, les mœurs de l'animal.

Voilà pour l'organisme ; occupons-nous maintenant des instincts.

Ce qui élève ou ce qui abaisse les êtres créés sur l'échelle de la vie animale, c'est le sentiment de la maternité. Les femelles des mammifères qui portent leurs petits dans un organe intérieur, qui les nourrissent ensuite de leur lait, se placent incontestablement à la tête de la série. Chez les oiseaux, une importante fonction de la mère se trouve supprimée — la lactation. La femelle de l'oiseau communique à ses petits de la chaleur, elle les entoure générale-ment de soins très-délicats, mais elle ne leur donne déjà plus de sa propre substance. Chez les reptiles, l'œuf est plus ou moins aban-donné à l'influence d'un agent extérieur — à l'action du soleil, qui tient, pour ainsi dire, lieu de mère couveuse.

Or, à chaque fonction maternelle que vous retirez — la lacta-tion, l'incubation — vous descendez d'un grand degré vers l'abîme ténébreux de la vie inférieure : la plupart des femelles, chez les reptiles, non-seulement ne couvent pas leurs œufs, mais encore quelques-unes d'entre elles méconnaissent leurs petits. Quant aux mâles, véritables saturnes du règne animal, ils n'aspirent, dans certains cas, qu'à dévorer leur progéniture. A peine nés, leurs enfants les fuient comme des ennemis naturels de leur propre race. — Le crocodile porte la peine de cette insensibilité : c'est le plus abject, le plus féroce et le plus lâche des reptiles.

La dignité des animaux est relative à la vie de famille. Ceux, chez lesquels ce sentiment existe le plus, sont les premiers dans la série des êtres vivants ; — ceux chez lesquels ce sentiment existe moins, viennent en second ordre ; — ceux chez lesquels il n'existe presque point, sont les derniers de tous.

Admirable moralité de la nature, qui proportionne ainsi les développements de l'intelligence aux développements du cœur !

Telle est la mère, tel est l'animal. Plus les fonctions imposées par la nature à la reproduction de la race sont laborieuses, plus les organes qui desservent ces fonctions sont compliqués, et plus les sentiments qui s'y rattachent sont délicats, plus aussi l'être organisé — quel qu'il soit — s'élève d'un ou de plusieurs degrés sur l'échelle de la vie animale.

Le philosophe serait tenté de plaindre les êtres inférieurs — êtres mutilés — s'il ne savait que, grâce à un second bienfait de la nature, les créatures incomplètes n'ont point la conscience de ce qui leur manque. La privation d'une faculté n'est sentie que par celui qui la possède — ou, du moins, qui est fait pour la posséder.

Les reptiles ont le cerveau proportionnellement très-petit : cet organe n'est pas aussi nécessaire chez eux que chez les deux premières classes à l'exercice de leurs facultés vitales : ils continuent de marcher et d'exécuter des mouvements volontaires, un temps très-considérable, après qu'on leur a coupé la tête.

Les reptiles sont faits pour ramper et pour nager : ils plongent plus longtemps dans l'eau que les mammifères et les oiseaux ; car la petitesse des vaisseaux pulmonaires permet aux reptiles de suspendre leur respiration sans arrêter le cours de la circulation du sang.

Cette classe d'animaux nous promet des merveilles au moins égales à celles que nous avons observées dans les deux premières classes. Si l'instinct se limite chez les reptiles à des actes moins compliqués, il n'en est que plus fort et plus admirable dans le cercle où la nature l'a, pour ainsi dire, concentré. C'est chez ces êtres plus bornés qu'il faut, d'ailleurs, étudier l'infinie variété de formes dont la puissance créatrice est capable. Nous touchons en quelque sorte au côté capricieux de la nature. C'est sans doute à leur physionomie étrange que les reptiles doivent d'avoir joué plus

2

ou moins chez tous les peuples le rôle d'animaux mythologiques. La fable s'est emparée d'eux avant la science : de là une foule de récits plus ou moins imaginaires sur les mœurs de ces créatures bizarres qui se prêtent si bien aux inventions des poëtes.

Nous avons cédé à l'entraînement des idées reçues, en donnant de temps en temps le nom de monstres à quelques-uns des grands reptiles. Cette expression n'est pourtant pas exacte. Il n'y a point de monstres dans la nature. Les êtres qui nous paraissent tels, parce que nous les envisageons à travers nos frayeurs ou nos antipathies, sont soumis à un ordre de rapports harmonieux. Si nous voulions bien nous placer à leur point de vue, ou mieux encore au point de vue du Créateur, nous ne tarderions pas à découvrir que ces animaux sont organisés comme tous les autres pour remplir des fonctions qui importent à la vie générale du globe terrestre. Les espèces zoologiques sont, pour ainsi dire, les membres de la création ; en retirer une, ce serait mutiler la magnifique unité du système.

Une loi nous a frappé dans l'histoire naturelle des deux premières classes d'animaux — les mammifères et les oiseaux, — c'est la distribution géographique des créatures vivantes. Cette loi, qui atteint les oiseaux eux-mêmes malgré la puissance de leur vol, va maintenant agir sur la vie des reptiles d'une manière bien autrement imposante. Leur nombre, leur grandeur, leur force, l'intensité du venin dans les espèces dangereuses, augmentent à mesure qu'on s'approche de l'équateur. Tandis que la Suède ne possède guère qu'une douzaine de serpents et de sauriens, trois ou quatre batraciens (grenouilles et crapauds) et pas de tortue, l'Europe, plus tempérée, nourrit déjà une quarantaine d'ophidiens et de lézards et quelques chéloniens.

A partir de l'Espagne méridionale, non-seulement le nombre des espèces de cette classe s'accroît, mais la présence du caméléon vient compléter l'aspect africain de la chaude Andalousie. Augmentant en nombre vers les tropiques, les reptiles voient s'accroître aussi les proportions de leur taille ; vers le tropique septentrional et au delà de la ligne, vous trouvez les crocodiles (Afrique), les caïmans (Amérique), les boas, véritables géants de la race rampante ; c'est aussi dans la zone chaude qu'on rencontre les plus grandes tortues.

Les reptiles sont distribués à la surface de la terre par le soleil ; ce sont en même temps les animaux qui se déplacent le moins et dont les espèces demeurent fixées entre les limites les plus constantes. Ainsi les sirènes sont américaines, le protée-anguin est propre à l'Autriche, le basilic aux Moluques ; le crapaud de nos climats ne se retrouve pas hors de l'Europe occidentale ; les caméléons, particuliers à l'ancien monde, ont une patrie pour chaque espèce ; enfin, les trois espèces de dragons, quoique munies d'ailes, ne se sont jamais répandues hors de leurs cantons originaires.

On peut donc considérer les reptiles comme l'expression la plus tenace des lois qui localisent la vie sur notre globe : chacun d'eux personnifie, dans ses formes organiques et dans ses mœurs, une des divisions de notre planète : pour effacer leur existence, il faudrait effacer l'influence des climats. « Tu ramperas sur le ventre et tu mangeras la terre, » dit le Dieu de la Bible au serpent. — Le serpent ne mange pas la terre ; mais il s'assimile les propriétés inhérentes à chaque partie de notre monde terrestre.

Il existe un groupe de petites îles situées sous l'équateur, à l'ouest de la côte du Pérou et qui ont été appelées « terre de reptiles. » On leur a donné ce nom à cause du grand nombre de serpents, de tortues et de lézards qui y fourmillent. C'est là que la première espèce vivante de lézards propres à l'Océan a été découverte. Ces îles sont de trois à quatre pieds au-dessus du niveau de la mer. L'une d'entre elles a soixante-quinze pieds de longueur. Elles ne contiennent pas de mammifères indigènes, si ce n'est une petite taupe. Les reptiles de ces îles — qui sont pour eux l'univers connu — ont donc le droit de se croire à peu près les seuls habitants de la terre et les seuls animaux de la création.

Parmi les reptiles, quelques-uns ont reçu le don terrible de distiller un poison violent. Cette circonstance a inspiré plus d'une réflexion aux écrivains anciens et modernes. Des rhéteurs ont exprimé leur surprise de ce que la nature, cette mère bonne et libérale, *alma parens*, ait créé des reptiles venimeux. — Philosophe, étonne-toi plutôt de ce que ces reptiles existent dans le cœur de l'homme !

L'erpétologie est une des branches les plus riches de l'histoire naturelle. Dans cette classe d'animaux rampants se rencontrent, il est vrai, des espèces qui nous inspirent un dégoût fortifié par l'éducation et par la connaissance plus ou moins imparfaite de leurs mœurs. La science se doit à elle-même de protester contre ces antipathies aveugles qui mettent, pour ainsi dire, *hors la loi*, certains membres de la grande famille zoologique. Cet ostracisme est injuste : il repose le plus souvent sur des préjugés, sur des répugnances héréditaires, sur des terreurs superstitieuses. La plupart du temps, l'horreur de certains animaux, d'ailleurs inoffensifs, est apprise, imposée. Cette horreur, l'enfant ne la connaît pas, on la lui suggère. La science, qui n'est que la raison des faits, a pour mission de dissiper les ténèbres. Tous les êtres créés ont un droit égal à nos observations et à nos études. Les plus dédaignés d'entre eux se recommandent souvent par des mœurs curieuses et par les services obscurs qu'ils nous rendent. Ne méprisons rien, n'excluons rien ! celui-là prie et honore le mieux le Créateur qui aime le mieux toutes les créatures sorties de sa main, grandes ou petites — ailées ou rampantes, — attrayantes ou répulsives ; car le Dieu qui nous aime les a faites et les aime toutes.

———————

Les reptiles se divisent en quatre familles : les chéloniens ou tortues —les sauriens ou lézards— les ophidiens ou serpents—les batraciens.

REPTILES

CHÉLONIENS

Quelques-uns de ces reptiles vivent dans l'eau, d'autres sur la terre. Les premiers sont amphibies, c'est-à-dire qu'ils vivent dans les deux éléments.

Ils se distinguent tous ou presque tous par une couverture formée de deux plaques : — le bouclier supérieur se nomme carapace, le bouclier inférieur s'appelle plastron. Les seules parties du corps qui restent visibles en dehors de cette enveloppe sont la tête, le cou, la queue et les quatre pieds qui supportent l'animal. Plusieurs d'entre eux ont la faculté de se retirer tout entiers sous leur écaille. Cette voûte arquée qui sert de citadelle à ces

reptiles est formée par les côtes et le sternum. Chez la
plupart des tortues, cette construction osseuse est recouverte d'une matière dure et cornée, — chez quelques autres, d'une peau molle ou d'une espèce de cuir. Ces animaux ont la vie si dure, si tenace, qu'ils existent encore
des semaines après avoir eu la tête coupée, et qu'ils passent jusqu'à des années entières sans manger.

Les tortues n'ont point de dents proprement dites.
Leurs mâchoires sont revêtues de corne comme celle des
oiseaux. Leur cœur a deux oreillettes.

LES TORTUES

Ayant appris que la Société géologique de Londres
avait reçu une grande tortue (*testudo elephantopus*), je me
rendis, entre neuf et dix heures du matin, dans le jardin
de Regent's-Park. La matinée avait été pluvieuse, mais
le soleil luttait bravement contre les nuages, qui se dis-
sipèrent devant sa rayonnante présence, et je vis le vénérable reptile dans son parc, — devant la nouvelle hutte
bâtie tout exprès pour lui, — près du bassin de la loutre.
C'est la plus grande tortue que j'aie vue de ma vie.

L'animal semblait être dans une sorte de sommeil rê-
veur, la tête rentrée dans son écaille, qui brillait — encore humide de la pluie qui était tombée — aux rayons
du soleil. Cette écaille était de taille à faire une lyre pour
Polyphème, dans le cas où le géant, fatigué des cent roseaux qui s'emplissent de vent sous sa vaste bouche, eût
voulu essayer sa main.

Quoique le temps eût été fort humide depuis son arrivée
— qui avait eu lieu un ou deux jours auparavant —

l'animal ne paraissait point avoir profité de l'abri de sa
hutte. Une autre tortue, relativement petite, se trouvait
dans le même enclos,—près d'un coin, mais entièrement
exposée à l'air; la tortue géante était nonchalamment
couchée à côté de sa compagne; ses deux pieds de derrière reposaient sur le sol. Je grattai la plante colossale
du pied antérieur et la tête. La dormeuse s'éveilla, avança
son long cou de serpent, ouvrit un œil délibéré, — puis
l'autre œil, — fit un ou deux bâillements, retira la tête et
la poussa de nouveau en avant. Des choux, des laitues,
gisaient dispersés autour d'elle. Sur plusieurs de ces légumes le tranchant de la bouche du reptile avait fait une
incision. Comme on avait oublié de donner une serviette
à cet hôte royal, des fragments du dernier repas pendaient
encore à ses lèvres cornées.

Si grande que soit cette créature, il ne faut pas la voir
au repos. Quand elle se meut, et quand son corps énorme
se lève appuyé sur ses jambes comme sur des piliers,
c'est encore bien autre chose, et le spectacle redouble
d'intérêt.

Le professeur Owen avait été appelé par la reine au
palais de Buckingham pour voir cet animal prodige,
avant que la reine en fît cadeau à la Société zoologique.
Le savant se mit en devoir de mesurer la circonférence
de la tortue. Pour procéder plus convenablement, il
monta sur cette masse au repos. Pendant qu'il se livrait
à cette opération, la tortue, qui, probablement, n'avait jamais été soumise à un tel exercice, sembla se demander
ce qu'elle avait sur le dos. Cette question parut provoquer
de plus en plus sa curiosité; dans son étonnement, elle
se mit à marcher avec le professeur en croupe, le tout
au grand amusement de la reine et du prince Albert.
Cependant notre philosophe, tout en chevauchant ainsi,

continuait gravement de prendre les dimensions de l'animal. « Douze pieds de circonférence ! » s'écria-t-il.

Il y a des motifs pour croire que cent soixante-quinze printemps et cent soixante-quinze hivers ont déjà passé sur la tête de cette vénérable tortue. Je ne vois donc point de raisons pour douter que, si elle eût été laissée tranquillement aux déserts de sa contrée native, elle n'eût encore vécu le même nombre d'années. Les grandes tortues de l'Himalaya ont probablement atteint un âge plus avancé que celui-là. Lorsque l'on considère la vie régulière de cet animal, ses mœurs paisibles et innocentes, la force de résistance propre à son organisation, il est permis de supposer que, sous l'empire de circonstances favorables, l'existence des grandes tortues peut s'étendre à un millier d'années. Si donc le monde était aussi jeune que le disent les historiens, il aurait suffi de la vie de six tortues pour emplir l'espace de temps qui nous sépare du paradis terrestre.

Dampier et Darwin ont vu ces énormes reptiles dans leur contrée natale — les îles de l'archipel Galapagos.

Le dernier (Darwin) les représente comme si nombreuses, que cinq ou six cents hommes peuvent se nourrir aux dépens de ces tortues, sans aucune autre provision. Il ajoute qu'elles sont très-grosses, que leur taille est extraordinaire et que leur chair est aussi délicate que celle du meilleur poulet. Il est difficile de s'avancer à travers les petits cratères dont ces îles abondent, l'étouffante chaleur du jour, la rugueuse surface du sol, les halliers épais ; mais la fatigue d'un tel voyage est bien compensée par la scène cyclopéenne dont jouit le naturaliste.

Darwin rencontra deux grandes tortues, dont chacune devait peser au moins deux cents livres. L'une des deux était en train de manger un pied de cactus; lorsque approcha le voyageur, l'animal le regarda, puis s'éloigna tranquillement; l'autre tortue fit entendre un profond sifflement, et retira sa tête dans sa boîte. Ces monstrueux reptiles — les éléphants des tortues — environnés par les laves noirâtres, apparurent à l'imagination du savant comme des animaux antédiluviens.

M. Lawson, un Anglais, chargé du gouvernement de la colonie, — dit à Darwin en avoir vu plusieurs d'une si grande taille, qu'il fallait six ou huit hommes pour les soulever de terre, et que quelques-unes d'entre elles avaient fourni jusqu'à deux cents livres de viande.

Ces tortues préfèrent les parties hautes des îles, mais elles habitent aussi les régions basses. Celles qui vivent dans les îles où il n'y a point d'eau, ou dans les parties arides des autres îles, vivent surtout aux dépens du cactus, dont la nature succulente compense pour elles le manque de liquide. Mais celles qui fréquentent les régions élevées et humides se nourrissent de feuilles, d'une sorte de baie dure et acide, appelée guayavita, et d'un pâle lichen filamenteux, qui pend en tresses aux branches des arbres.

Il ne faudrait pas conclure de là que les tortues ne se soucient point d'eau. M. Darwin nous dit, au contraire, qu'elles l'aiment beaucoup, qu'elles en boivent une grande quantité quand elles peuvent s'en procurer, et qu'elles pataugent dans la boue quand l'occasion s'en présente. La plus grande île paraît seule posséder des sources, — lesquelles se trouvent toujours situées vers les parties centrales et à une hauteur considérable. Les tortues qui fréquentent les parties basses sont donc obligées, lorsqu'elles ont soif, d'entreprendre de longs voyages. Des sentiers, des passages larges et bien battus sont ouverts par nos pèlerines aux lourdes écailles : ces sentiers rayonnent dans toutes les directions, — depuis l'embouchure des puits ou des fontaines jusque vers les côtes de la mer. Cette indication ne fut point inutile aux Espagnols qui, en suivant ces chemins tracés, découvrirent les fraîches sources et s'y désaltérèrent.

Lorsque M. Darwin aborda dans l'île de Chatham, il ne put d'abord deviner quel était l'animal qui voyageait si méthodiquement le long de chemins si bien frayés. Près des sources, ce fut pour lui un curieux spectacle que de voir plusieurs de ces monstres chéloniens ; — l'un, son long cou tendu, se portait en avant avec résolution, — tandis que l'autre s'en retournait après avoir bu, comme on dit, *tout son soûl.*

Le voyageur observa que, quand la tortue arrivait à la source, elle enfonçait sa tête dans l'eau, sans se soucier des regards indiscrets d'aucun spectateur, et qu'elle buvait avidement , — à raison d'une dizaine de gorgées par minute. Les habitants disent que chaque pèlerine (c'est chaque tortue que je veux dire) demeure trois ou quatre jours dans le voisinage de l'eau, puis qu'elle s'en retourne alors vers les contrées basses. Ces récits ne diffèrent entre eux que par rapport au nombre de visites que ces animaux rendent aux sources. La moyenne de leur vitesse, dans le voyage pour se rendre aux eaux, est, dit-on, d'environ huit milles en deux ou trois jours. Cette moyenne a été établie sur des observations précises. Les tortues marchent ainsi nuit et jour. M. Darwin guetta lui-même une grande tortue et trouva qu'elle voyageait à raison de soixante mètres en dix minutes, —c'est trois cent soixante mètres à l'heure, ou quatre milles par jour ; — car il faut bien accorder un peu de temps à l'animal pour manger sur la route.

M. Darwin rapporte que, quand les tortues galapagos sont *solus cum solâ*, le mâle fait entendre une sorte de rugissement rauque ou de beuglement qui peut être entendu à une distance de cent mètres : après cela, il demeure silencieux tout le reste de l'année. La femelle pond en octobre des œufs blancs et sphériques ; elle les dépose sur le sol et les recouvre avec du sable dans les endroits où le sol est rocailleux.—Elle les pond aussi quelquefois dans un trou. Sept de ces œufs furent trouvés alignés dans une fente du terrain. — L'un d'eux, mesuré par M. Darwin, avait sept pouces et trois huitièmes de circonférence.

Dès que les jeunes tortues sont couvées, elles se trouvent exposées aux attaques des buses et tombent en grand nombre victimes de la voracité de cet oiseau. Il leur arrive plusieurs accidents : l'un des plus communs est de tomber du haut des précipices sur les bords desquels rampent les tortues. Plusieurs des habitants dirent à M. Darwin qu'ils n'en avaient jamais rencontré de mortes sans quelque cause apparente de catastrophe. Lorsque notre voyageur surprenait l'un de ces géants en train de se promener tranquillement, il aimait à voir avec quelle rapidité la tortue retirait sa tête, ses pattes, et — faisant entendre un profond sifflement — tombait sur le sol avec un bruit lourd, comme si elle eût été frappée de mort. M. Darwin monta plus d'une fois sur le dos de ces tortues : à quelques coups secs qu'il donnait sur l'écaille, l'animal se levait et se mettait en marche ; mais il trouva qu'il lui était très-difficile de se tenir sur ce rocher mouvant.

On fait une grande consommation de ces tortues, tant fraîches que salées. Il n'est pas rare de les réunir, de les entonner vivantes, et de les mettre à bord d'un vaisseau :

on les retire ensuite du tonneau au fur et à mesure des
besoins. Ces créatures ne paraissent point alors avoir
beaucoup souffert du jeûne qu'on leur a imposé. On prépare aussi avec la graisse de ces animaux une huile très-
claire. Quand une tortue est prise, on s'assure de l'état
de son embonpoint par un procédé curieux, qui doit être
plus agréable à l'expérimentateur qu'au patient. Le chasseur fait avec un couteau une fente dans la peau de l'animal — vers la queue. Il s'assure par ce moyen si la
graisse qui s'étend sous la plaque dorsale est abondante
et épaisse. Je suppose que la tortue ne réponde pas aux
désirs de ceux qui lui infligent cette épreuve, on la met
en liberté — du moins pour cette fois. La voilà donc qui
se promène, jusqu'à ce qu'elle soit soumise à une seconde
opération tranchante. Les hommes qui se livrent à cette
chasse, apprennent bien vite à leurs dépens qu'il ne suffit
pas de retourner une de ces tortues sur le dos, pour la
réduire; car ces animaux réussissent à reprendre, au bout
d'un certain temps, leur position verticale.

La grandeur démesurée de certaines tortues a donné
lieu à une foule de fables et de légendes.

Un voyageur qui traversait l'Afrique, était épuisé de fatigue à la fin d'une journée brûlante, et avait perdu sa
route. Les ombres de la nuit s'épaississaient de moment
en moment : il chercha donc des yeux quelque roche isolée,
où il pût se mettre à l'abri des animaux féroces ou venimeux qui infestent ces déserts. Enfin, au moment où les
ténèbres commençaient à l'envelopper, il découvrit ce
qu'il cherchait, grimpa sur un rocher, trouva au sommet
de ce rocher une surface plate, se coucha et oublia bientôt
dans un profond sommeil les fatigues de la veille. Il dormait encore, que déjà le soleil était sur l'horizon ; mais
alors le voyageur s'aperçut que sa chambre à coucher

avait fait du chemin; elle était à environ trois mille pas de l'endroit où il l'avait trouvée la nuit précédente. Le fait l'étonna; il jeta un regard inquiet autour de lui : et découvrit alors que ce qu'il avait pris pour un roc, était une tortue, laquelle s'en était allée au pourchas de la nourriture durant la nuit, — mais à pas si lents et si imperceptibles, que notre intrépide dormeur n'avait point été tiré de son sommeil par le mouvement de l'animal.

Les grandes tortues galapagos qui ont été jusqu'ici apportées dans nos contrées, n'ont jamais vécu longtemps. Après avoir prospéré, du moins en apparence, jusqu'à l'époque de l'hibernation, elles se sont alors endormies pour ne plus se réveiller. — Le printemps suivant les a retrouvées mortes.

La tortue de terre était bien connue des anciens, qui se servaient de son écaille pour orner le plafond des appartements. On sait que les poëtes grecs et latins rapportent à cette enveloppe solide, creuse et sonore, l'origine de la lyre, *testudo*. Mais, parmi les tortues de terre, quelle était celle qui fournissait sa carapace à l'instrument à cordes d'Apollon et des Muses? Pausanias dit que c'était une espèce qu'on trouvait dans les bois de l'Arcadie, — très-vraisemblablement l'espèce connue sous le nom de *græca*, la tortue grecque, qui pond quatre ou cinq œufs semblables à ceux des pigeons. — D'autres écrivains prétendent que c'était une espèce africaine, dont la carapace rendit un son mélodieux, lorsque Mercure la frappa. Ce dieu avait, dit-on, découvert cette écaille après une inondation du Nil, et le bruit qu'il en tira lui donna l'idée de la lyre. — Le lecteur adoptera des deux traditions celle qui lui conviendra le mieux.

La taille des tortues de terre varie considérablement : quelques-unes d'entre elles ne sont pas plus grosses

5

qu'une tabatière, tandis que d'autres, comme nous venons de le voir, atteignent des proportions gigantesques.
Elles ont une vessie qui leur sert de réservoir pour
garder l'eau. Lorsque les naturels souffrent beaucoup de
la soif, ils tuent l'animal et ouvrent cette poche pour boire
l'eau qui y est contenue.

Les tortues de terre (je parle de l'espèce commune)
vivent assez bien dans nos climats et dans l'intérieur de
nos maisons ou de nos jardins. L'une d'elles avait vivement attiré la curiosité d'un singe qui était, lui aussi, le
favori d'une honnête famille anglaise. Notre singe ne
pouvait comprendre un animal si singulier, et cherchait
toujours à introduire ses doigts entre la carapace et le
plastron de la tortue. Son indiscrétion fut même plus
d'une fois punie ; car le reptile çà et là le mordit—autant
du moins que peut mordre une tortue. Enfin, le singe
observateur découvrit que, quand la tortue était tournée
sur le dos, elle devenait impuissante, et, à partir de ce
moment, il se faisait un jeu de renverser la pauvre bête.
S'il en trouvait l'occasion, il exécutait le tour au moins
une douzaine de fois dans la journée, au grand déplaisir
de la malheureuse tortue, qui dans son for intérieur pro-
testait sans doute ;　mais à quoi servent les protesta-
tions du silence et de la faiblesse?

Un jour, le maître des deux animaux reçut la visite d'un
ami, qui s'invita lui-même à déjeuner. « Je pense, ajouta-
t-il, que je viens dans un bon moment, car je sens dans
toute la maison une odeur appétissante et délectable. »
Le maître répondit : « Je suis charmé que vous veniez
déjeuner avec moi ; mais, quant au parfum gastronomique
dont vous parlez, je crains bien que ce ne soit une erreur
de votre part ; car mon cuisinier est sorti, ce matin, pour
prendre un jour de congé. » L'odeur substantielle qui

avait chatouillé le nez ou plutôt l'estomac de l'ami à jeun devint néanmoins si forte et si distincte, qu'on jugea à propos de faire des recherches pour en découvrir la cause. On trouva la pauvre tortue toute rôtie dans la cuisine. C'était le singe qui, en l'absence du cuisinier, s'était imaginé d'inventer un plat de sa façon. Lorsqu'on montra à maître Jack le corps du délit, il parut avoir parfaitement la conscience de ce qu'il avait fait et prit les airs d'un chef capable qui s'attendait à quelque chose de mieux que des réprimandes sur la pratique de son art.

La tortue m'inspire toujours un sentiment de compassion et de sympathie : elle est si innocente, si grave, si paisible! elle traîne sa lourde forteresse avec une résignation si humble et si laborieuse! elle est si sobre dans ses mœurs! elle marche si patiemment à son but! Je m'explique la préférence du fabuliste qui, dans son petit drame du Lièvre et de la Tortue, donne judicieusement la palme à l'activité persévérante du reptile sur l'activité décousue et étourdie de son rival.

Couverte de son bouclier naturel, la tortue personnifie la force de résistance — la juste et légitime défense de soi-même. Son obscure existence n'impose aucun sacrifice à la nature vivante (je parle des tortues de terre) : contente de faire respecter son droit, elle se montre impénétrable aux injures, sans offenser personne.

Étant à Marseille, j'avais acheté sur le port une petite tortue qui venait du nord de l'Afrique. Je l'emportai en Angleterre dans ma malle de voyage. Cette tortue vécut plusieurs années en ma possession. Vers la fin de l'automne, je la plaçais dans un des rayons de ma bibliothèque vitrée, où elle tenait sa place parmi les livres : n'était-elle point un des ouvrages les mieux reliés de la nature? Elle restait là immobile jusqu'au printemps suivant. La douce influence du soleil d'avril ou de mai, suivant les années, la réveillait. Je voyais alors mon livre remuer et se plaindre, quoique en silence, de sa captivité. J'ouvrais la porte de la bibliothèque, et la tortue trottait librement dans la chambre, dans la maison, dans le jardin.

Un jour, elle fut attaquée par un gros chat noir — mon favori — auquel j'avais oublié de parler philosophie, et qui ne savait pas encore que tous les êtres créés par Dieu ont droit à l'existence. Cette agression mit, d'ailleurs, en relief la sagacité de la tortue : elle retira sa tête, ses pattes et sa queue dans l'intérieur de sa boîte. Le chat eut beau la remuer et la tourner dans tous les sens, avec ses griffes, il n'eut tout le temps sous la patte qu'une écaille. Quand le chat, fatigué de l'inutilité de ses efforts, eut quitté la partie, la tortue sortit prudemment le bout de la tête, puis la rentra aussitôt; l'œil de l'ennemi était toujours là. Je la rassurai ; je donnai au chat une leçon d'humanité — leçon qu'il reçut d'un air hypocrite et en pinçant les lèvres, mais dont il profita. De ce jour, la paix fut signée entre les deux animaux. Quelquefois, je perdais de vue pendant plusieurs jours de suite la tortue; mais je la retrouvais au moment où j'y songeais le moins, sur mon linge ou sur mes papiers. Cette innocente créature eut une fin tragique : elle se laissa tomber d'une fenêtre, perdit beaucoup de sang, languit pendant une quinzaine de jours, à la suite de cet accident, puis mourut.

A mes observations j'ajouterai celles d'un naturaliste enthousiaste, Gilbert White.

« J'étais, l'automne dernier, dit-il, dans le comté de Sussex, où j'avais fixé ma résidence au fond d'un petit

village nommé Lewes. Le 1ᵉʳ novembre, j'observai qu'une
vieille tortue, compagne de ma solitude, commençait à
creuser le sol, pour y établir son quartier d'hiver : elle
avait fait ses plans et choisi la place de son domicile
derrière une grande touffe d'hépatique. Elle se mit à
gratter la terre avec ses pattes de devant et à la rejeter
sur son dos avec ses pattes de derrière ; mais le mouvement de ses membres était ridiculement lent, et ressemblait assez bien au mouvement du pendule, — cette main
des heures. A ce qui lui manquait en vitesse, l'animal
suppléait par la persévérance : nuit et jour, il creusait la
terre et enfonçait son grand corps dans la cavité ; mais
comme les heures de midi dans cette saison sont généralement chaudes et fêtées par le soleil, la tortue était
continuellement interrompue, malgré elle, dans ses travaux. Quoique je restasse dans ce village jusqu'au 13 novembre, l'ouvrage n'était point encore terminé. Un temps
plus froid et des matinées plus piquantes auraient sans
doute activé, de la part de l'ouvrier, les opérations du
terrassement.

» Rien ne me frappa plus que l'extrême crainte ex-
primée par l'animal, relativement à l'état du ciel plus ou
moins humide. Quoique pourvue d'une écaille à l'épreuve
de la roue d'un chariot pesamment chargé, l'animal témoignait autant d'aversion pour la pluie qu'en montre
une lady revêtue de ses plus beaux atours et de ses dentelles. Aux premières gouttes de l'ondée, madame — c'est
la tortue que je veux dire — fuyait et cachait sa tête dans
un coin sous un parapluie naturel. Observé avec soin,
ce reptile peut tenir lieu d'un excellent baromètre :
marche-t-il orgueilleusement et, pour ainsi dire, sur la
pointe du pied, cherchant çà et là sa nourriture, dès le
matin, vous pouvez être sûr qu'il pleuvra avant la nuit.

5.

» La tortue est un animal diurne, dans toute l'acception du terme, et ne bouge plus dès qu'il fait noir. Comme les autres reptiles, la tortue a ce qu'on peut appeler un estomac arbitraire ; j'en dirai autant de ses poumons : elle se passe de manger et de respirer pendant une grande partie de l'année. Durant les premiers jours de réveil qui suivent, au printemps, sa longue torpeur, elle ne mange rien ; elle ne mange pas non plus en automne, avant de se retirer dans son quartier d'hiver ; durant les grandes chaleurs de l'été, elle mange, au contraire, avec voracité, absorbant toute la nourriture qui se trouve sur son chemin.

» J'étais très-frappé de la sagacité de cet animal : il discernait ceux qui lui faisaient du bien. Aussitôt que se montrait la bonne vieille dame de la maison, dont j'étais le pensionnaire — et qui avait veillé sur la tortue depuis plus de trente ans, — l'animal courait vers sa bienfaitrice avec un empressement de boiteux ; mais il ne faisait aucune attention aux étrangers. Cette vue m'inspira des réflexions. Ainsi, me disais-je, non-seulement « le bœuf connaît son maître et l'âne la crèche de son hôte, » mais même le plus abject reptile, le plus endormi des êtres, distingue la main qui le nourrit, et il suit cette main avec des sentiments de reconnaissance.

» Je quittai le comté de Sussex, et, quelques jours après mon départ, la tortue prit sa retraite d'hiver dans le coin de terre qui était situé derrière l'hépatique. »

J'ai appelé tout à l'heure la tortue une abjecte créature ; mais il me vient un remords : en parlant ainsi, j'ai cédé à l'opinion commune ; l'opinion a tort. Pourquoi rabaisser le mérite et déprécier l'instinct d'un animal qui, sous certains rapports, ne le cède à nul autre en sagacité ? La tortue, par exemple, posée sur un bahut, a assez de discernement, pour ne point tomber à bas de cette plate-forme ; elle évite même de briser autour d'elle les verres ou les porcelaines — et cela avec un degré de précaution qui lui fait le plus grand honneur.

Quoique la tortue aime une température chaude, elle fuit les rayons brûlants du soleil ; sans doute parce que son épaisse écaille, échauffée au soleil, deviendrait comme une armure qui sort de la fournaise. L'animal passe donc les heures les plus étouffantes de la journée sous l'ombrelle d'une large feuille de chou, ou parmi l'ondoyante forêt d'un carré d'asperges.

Mais, si la tortue évite le soleil en été, elle recherche, au contraire, en automne, les rayons défaillants de l'astre qui décline, et cela en se plaçant sous un mur où mûrissent quelques grappes paresseuses. On la voit même incliner son écaille et la placer de côté contre le mur pour recueillir les derniers sourires de la vie universelle.

La condition de ce pauvre reptile, embarrassé dans ses mouvements, semble digne de pitié : encaissé dans une sorte d'armure pesante, dont il ne peut se dépouiller, vous le croiriez plus malheureux que le *masque de fer* — sur le sort duquel s'est tant attendri le bon cœur des historiens. Le masque de fer avait du moins la poitrine et les membres libres. Cette prison d'écaille paraît devoir exclure toute activité, tout esprit d'entreprise, de la part du prisonnier. Et, pourtant, il y a une saison de l'année (le commencement de juin) où les mouvements de la tortue sont remarquablement déliés. Elle marche alors sur la pointe du pied et se met en campagne dès cinq heures du matin. Je vois encore la mienne traverser le jardin, examiner les trous et les intersticcs des palissades, à travers lesquels elle cherchait à s'échapper. Je dois même dire que, plus d'une fois, elle a mis en défaut la surveil-

lance du jardinier, et qu'elle s'en est allée, la vagabonde!
errer dans quelque champ éloigné. Les motifs qui la déterminent à entreprendre ces excursions semblent appartenir à l'ordre des sentiments amoureux. La fantaisie, un
beau jour, s'empare d'elle, et la voilà qui, sous l'empire
d'un caprice, dépose sa gravité habituelle. Elle oublie
alors cette solennelle démarche si lente et si compassée—
démarche de tortue, c'est tout dire. O amour, de quelles
transformations n'es-tu pas capable! Tu parles à l'imagination, la folle du logis, et voilà le logis lui-même —
cette lourde masse — qui court les champs!

La tortue a beau faire, il n'y a pas d'espoir qu'elle rencontre son idéal dans nos contrées : le rencontre-t-on
dans l'exil?

On a fait quelques recherches sur la longévité ordinaire des tortues. Un de ces animaux, placé dans le
palais épiscopal de Fulham, en 1625, vécut jusqu'en 1753,
c'est-à-dire cent vingt-huit années. On cite une autre
tortue qui atteignit l'âge respectable de cent vingt-huit
ans, et enfin — plus récemment — une troisième qui
mourut à Exeter-Change, huit fois centenaire. Il y aurait
à rechercher les causes de cette longévité presque fabuleuse : ces causes sont nombreuses sans doute, mais il
suffira d'indiquer ici une loi générale de la nature. Les
animaux qui vivent peu (j'entends par là les animaux
bornés dans leurs moyens d'existence et dans leurs relations extérieures) vivent généralement plus longtemps
que les autres. La vie de l'homme est courte, parce que
l'homme pense et agit beaucoup. La mort est un sommeil, un moyen de réparation naturelle : or, celui qui a
le plus besoin de dormir de bonne heure est celui qui a
le plus travaillé. La tortue, elle — ce Mathusalem du
règne animal — doit, en partie du moins, à l'économie

lente et réservée de ses mouvements, cette longévité qui a fait plus d'un envieux.

White complète ainsi ses observations sur l'histoire de la tortue qui vivait dans le comté de Sussex et qui lui fut donnée plus tard par la maîtresse de la maison. « C'était au mois de mars, dit-il ; je creusai la terre pour tirer l'animal de sa chambre à coucher. La tortue était assez éveillée pour témoigner son mécontentement, en sifflant. Sans tenir compte de sa protestation, je l'emballai dans une boîte avec de la terre, et lui fis faire quatre-vingts milles en chaise de poste. Le bruit et les cahots du voyage l'avaient éveillée si complétement, que lorsque je la plaçai sur le sol, elle marcha jusqu'au bout de mon jardin. Mais, le soir, le temps ayant fraîchi, la tortue s'ensevelit elle-même dans de l'argile molle et resta ainsi cachée. Comme l'animal vécut alors en ma possession et sous mes yeux, je pus étudier de près son genre de vie, ses mœurs et ses inclinations. Je remarquai, par exemple, que, quand le moment vient pour la tortue de sortir de son quartier d'hiver, elle ouvre une sorte de lucarne dans le sol, pour se procurer sans doute un air plus libre — et cela au fur et à mesure qu'elle revient à la vie. Non-seulement cet animal s'enfouit sous la terre depuis la mi-novembre jusqu'à la mi-avril, mais il dort encore une grande partie de l'été : car il va se coucher, pendant les plus longs jours, à quatre heures de l'après-midi, et, le lendemain matin, il ne bouge que tard. Outre cela, il se retire pour se reposer toutes les fois qu'il pleut, et ne remue pas du tout dans les temps humides. »

Quand on y réfléchit, on est d'abord tenté de s'étonner que la Providence ait accordé une si grande profusion de jours, une si prodigieuse longévité, à un reptile qui paraît mettre si peu à profit l'existence, qui perd les trois quarts de son temps dans une insignifiante stupeur, et qui ensevelit pendant des mois entiers toutes ses sensations dans les profondeurs ténébreuses du sommeil ; — mais, si la loi que nous avons indiquée plus haut est vraie (comme nous le croyons), l'animal doit précisément sa longue vie à l'usage très-modéré qu'il en fait.

Je trouve encore dans le journal du naturaliste White l'observation suivante : « C'était une après-midi humide et chaude ; le thermomètre marquait 50 degrés ; cette température faisait éclore des nuées de colimaçons ; par une sorte de coïncidence, la tortue soulevait en même temps la terre molle qui la recouvrait et montrait sa tête ; le lendemain matin, elle sortit, comme si elle était ressuscitée d'entre les morts, et se promena jusque vers quatre heures de l'après-midi. Je remarquai avec intérêt cette similitude d'action entre les deux espèces auxquelles les Grecs avaient donné le nom de φερέοικοι (porte-maison) — les colimaçons et les tortues. »

Cette tortue célèbre mourut ; — si longtemps qu'on vive, il faut toujours en venir là ! — son écaille, qui me fut léguée par White, orne un des murs de mon cabinet, où elle figure entre un nid de souris des champs et la peau d'une couleuvre trouvée dans le bois voisin de mon ermitage.

Les anciens, comme je l'ai dit, estimaient beaucoup la carapace de la tortue. On s'en servait volontiers en guise de berceau ou de baignoire pour un enfant ; les guerriers eux-mêmes ne dédaignaient point de s'en faire un bouclier. Les beaux ouvrages d'écaille qu'exécute maintenant l'industrie sont dus à l'action du feu. On fait prendre toutes les formes imaginables aux lames naturelles de cette carapace en les chauffant ou en les comprimant selon certaines méthodes. Qui oserait main-

tenant médire de la tortue? Après avoir traîné à la surface
du sol une existence inoffensive, elle nous nourrit de sa
chair, et nous laisse, à sa mort, pour héritage, une enveloppe précieuse dont l'utilité, comme objet d'art, est assez
connue.

La raillerie qui s'attache à cet animal bienfaisant mérite le nom d'ingratitude. A ceux qui lui reprochent sa
marche lente, la tortue peut répondre : « Essayez de porter, comme moi, votre maison sur votre dos, et vous m'en
direz des nouvelles ! Nous verrons alors qui, de vous ou
de moi, marchera le plus vite. »

LES ÉLODIENS — TORTUES DE MARAIS

Cette tortue est douée d'une activité plus grande que
les tortues de terre. Elle nage avec une grande facilité et
marche à terre d'un pas assez vif. Elle est amphibie, vit
de proie et fréquente les eaux dormantes ou paresseuses,
les lacs, les étangs, les marais. Sa nourriture consiste
surtout en mollusques d'eau douce, en batraciens à
queue ou sans queue, en annélides et en créatures plus
ou moins voisines des vers.

Le régime diététique sépare donc ces deux animaux,
qui forment deux rameaux distincts de la même famille :
la tortue de terre et la tortue de marais.

Les tortues de terre, ou *chersiens*, se nourrissent de
matières végétales, tandis que les *élodiens*, ou tortues de
marais, se nourrissent d'animaux dont ils font leur proie
à l'état vivant.

Conformément à cette disposition carnassière, l'extrémité antérieure du bec, dans la majorité des tortues de

marais, est armée, à la partie supérieure, d'une entaille,
et, de chaque côté, s'accuse une dent suffisamment forte
qui rappelle la forme du bec chez les oiseaux de proie,
— les faucons, par exemple.

L'Amérique — selon quelques naturalistes — produit
à elle seule plus de tortues de marais que tout le reste
du globe pris ensemble. Je me hâte, d'ailleurs, de réunir leur histoire à celle des tortues de rivière.

LES POTAMIENS — TORTUES DE FLEUVE

Ces chéloniens atteignent quelquefois une taille considérable. Ils habitent les cours d'eau, les fleuves, les
rivières et les grands lacs des contrées chaudes. Ils
nagent avec une aisance extrême à la surface de l'eau
ou sous l'eau; grâce à leur activité, ils poursuivent les
jeunes crocodiles, les autres reptiles et les poissons,
dont ils font leur proie. On les dit aussi grands destructeurs d'œufs de crocodile, surtout dans le Nil et le Gange.
Les pêcheurs à la ligne les attrapent en amorçant leur
hameçon avec de petits poissons ou tout autre appât
vivant. Il y en a même qui sont assez habiles pour façon-
ner un appât artificiel, lequel trompe les yeux perçants
de la tortue.

Les extrémités — conformées chez les chersiens pour
la marche à terre, pour les excursions dans les marais
et les étangs — se trouvent disposées chez les élodiens
en manière de rames. L'animal est destiné — ne l'oublions
pas — à nager dans les rivières. Ces extrémités sont
armées, en outre, de bonnes griffes qui lui permettent
de grimper sur les rives et les blocs de rochers. Je

ne dis rien du service que ces griffes rendent aux tortues de mer en les mettant à même de s'emparer de leur proie.

Le château fort à forme ogivale, que portent sur le dos les lentes tortues de terre, se trouve modifié chez les tortues d'eau douce. La nature a voulu les mettre en harmonie avec l'élément dans lequel l'animal passe la plus grande partie de son existence. La carapace qui forme le toit de sa maison a la forme d'un plein cintre abaissé. Cette écaille et le plancher, ou le plastron, sont, en outre, plus légers, moins complétement ossifiés que chez la tortue de terre; mais, comme la tête de la tortue de rivière ne peut se retirer dans la forteresse que lui a bâtie la nature, cette tête est protégée par un casque osseux.

La tortuga, ou grande tortue d'eau douce, entreprend quelquefois de longs voyages. Elle dépose ses œufs dans le sable avec une adresse merveilleuse. — Les tortues de terre sont plus stupides, dit-on, dans cet acte de la reproduction animale : elles laissent tomber leurs œufs un à un, en boitant sur le rivage, ne les recouvrent pas, n'en prennent aucun soin, et ne donnent aucune attention à leur progéniture. — La tortuga, au contraire, couvre ses œufs avec tant de précaution, qu'elle ne laisse voir aucune trace de son nid. En mère sage et prévoyante, elle s'arrange de manière à faire perdre sa piste, après avoir enterré l'espoir de sa race.

La tortue d'eau douce d'Europe est l'espèce la plus répandue. On mange sa chair et on l'élève pour cela avec du pain et de jeunes herbes : elle dévore aussi des insectes, des limaces, de petits poissons. — La *tortue peinte* est une des plus jolies variétés : elle est lisse, brune, et chacune de ses écailles se montre entourée d'un

ruban jaune fort large, au bord supérieur. On la trouve
dans l'Amérique septentrionale, le long des ruisseaux,
sur les roches ou les troncs d'arbres, d'où elle se laisse
tomber dans l'eau, sitôt que quelqu'un s'approche.

LES THALASSIENS — TORTUES DE MER

C'est la plus utile peut-être de toute la famille, car elle
fournit une délicieuse nourriture. Quelques espèces de
tortues de mer donnent, en outre, une écaille qui est très-
appréciée comme objet de luxe. Il y en a qui se nourrissent de végétaux, d'autres sont carnivores; on en
trouve même qui participent aux deux régimes. Les premiers et les derniers mangent volontiers les herbes
marines qui croissent dans les profondeurs de l'Océan
tropical. On dit même qu'elles grimpent sur les rochers
solitaires et désolés, à la recherche des plantes qu'elles
aiment.

Les tortues de mer pondent de deux à trois cents œufs
dans l'intervalle de deux ou trois semaines — cent à la
fois. Elles les abandonnent ensuite à l'influence du soleil.
On a remarqué qu'elles choisissaient les îles sauvages et
les rivages solitaires pour leur confier ce dépôt précieux.

La tortue verte passe pour la meilleure qu'on puisse
servir sur une table. Dans l'île de l'Ascension, cette terre
rugueuse, désolée, due à une formation volcanique, il
existe des étangs superficiels où l'on a gardé des tortues
vertes pendant deux ou trois ans, sans leur donner à
manger. Quand on est pour les tuer, on les pend à une
sorte de gibet et on leur coupe la gorge. Il est maintenant défendu aux équipages des vaisseaux marchands

de *retourner* ces tortues, — comme on dit par allusion à la méthode employée pour les tenir en respect; — ce droit n'appartient qu'au gouvernement, qui prélève deux livres sterling et dix schellings sur chaque tête de tortue. — Il faut bien prendre garde de ne point recevoir un coup de leurs nageoires, qui possèdent une force immense.

M. Darwin raconte ainsi la chasse de la tortue verte dans les îles Keeling : « J'accompagnais le capitaine Fitzroy dans les îles qui se trouvent à la tête des lagunes : le vaisseau était très-embarrassé dans sa marche, car il voguait à travers des champs de corail aux branches délicates. Nous vîmes plusieurs tortues de mer, et deux hommes de l'équipage furent alors employés à la chasse de ces animaux. La méthode est assez curieuse : l'eau est claire et peu profonde; de sorte que la tortue a beau plonger tout d'abord pour se dérober à la vue, les chasseurs — dans un canot ou un bateau à voile — arrivent bientôt près d'elles. Un homme qui se tient en avant du canot s'élance en ce moment dans l'eau sur le dos de la tortue : attachant ses deux mains à l'écaille qui avoisine le cou, il se laisse entraîner par l'animal jusqu'à ce que ce dernier ait épuisé ses forces : c'est alors qu'il le prend. — C'était vraiment un spectacle intéressant que de voir les bateaux manœuvrant ainsi çà et là, et l'homme se jetant à l'eau pour saisir sa proie. »

Une méthode plus curieuse encore pour prendre les tortues se pratique sur les côtes de la Chine et de Mozambique; car, là, les chasseurs ne sont pas des hommes : ce sont des poissons. M. Salt nous raconte que le remora est élevé et dressé à ce genre d'exercice. On le met dans un tube et on le transporte ainsi dans l'endroit où les tortues se chauffent au soleil à la surface de l'eau.

La queue de chaque remora est munie d'un anneau auquel est attachée une corde fine et longue, mais forte. Le pêcheur glisse un de ces poissons par-dessus bord. Apercevant la tortue, le remora se fixe sur elle si étroitement, que tortue et remora peuvent alors être attirés ensemble vers le bateau. On détache ensuite le poisson en lui poussant la tête d'avant en arrière.

La tortue verte (*chelone mydas*) doit son nom à la couleur de sa graisse délicate, qui enrichit la fameuse soupe dont la vue sourit tant à l'œil et à l'estomac d'un alderman de Londres. Cette célèbre soupe de tortue est un des trophées de la cuisine britannique. La dernière fois que Cuvier visita l'Angleterre, il fut fêté par un des philosophes de la *perfide* Albion. Cuvier était grave, mais gourmand : rien ne le frappa autant, dans toute la Grande-Bretagne, que cette soupe nationale de tortue ; le souvenir en resta longtemps gravé dans sa mémoire. Le docte pair de France avait eu l'occasion de juger sur ce point le talent des cuisiniers de son pays ; mais il avoua n'avoir jamais rien goûté de semblable à ce qu'on lui servit dans notre île.

Ce mets classique ne remonte pourtant point à une haute antiquité. Il n'y a pas plus de cent ans qu'il s'est introduit sur nos tables, et pendant longtemps ce fut un plat très-coûteux. Les progrès de la navigation et surtout la découverte de la vapeur ont contribué à rendre la tortue moins rare qu'elle ne l'était autrefois sur nos marchés.

Le développement des rapports maritimes aura pour conséquence d'accroître et de diversifier la nourriture des peuples navigateurs. Pour les nations primitives dont le système de communication est pauvre et restreint, il n'existe d'aliments que ceux qui sont donnés par les conditions géographiques du climat et de la contrée. Le commerce, à mesure que s'élargit le réseau des relations internationales et que se rétrécit, en quelque sorte, l'échelle des distances, universalise, au contraire, les produits et les dons de la nature.

LES TORTUES MOLLES

On appelle ainsi les tortues dont la charpente osseuse est recouverte d'une peau : elles ont un bec corné, des pattes charnues, et leur museau s'allonge en une sorte de trompe. Elles vivent dans les grandes rivières et dans les lacs. On estime leur chair. Les pêcheurs les prennent avec une ligne et un hameçon amorcé d'une proie vivante, car on dit qu'elles ne touchent jamais ce qui est mort ou immobile. Elles mordent avec leur bec et emportent le morceau : cette voracité les fait redouter du pêcheur; aussi, dès qu'elles sont amenées à terre, on leur coupe aussitôt la tête.

Le tyrsé, ou tortue molle du Nil, a quelquefois trois pieds de longueur. Sa couleur est un vert moucheté de blanc. Sa carapace est peu convexe. Cet animal dévore les petits crocodiles au moment où ceux-ci viennent d'éclore à la vie : il rend par là un grand service à l'Égypte.

La tortue molle d'Amérique habite les rivières de la Caroline, de la Géorgie, de la Floride et de la Guyane. Elle se tient en embuscade sous les racines des joncs, saisit les reptiles, dévore les jeunes caïmans et devient la proie des grands. Sa chair est bonne à manger.

Nous rangerons à côté des tortues molles (*trionyx*)

4.

d'autres tortues qui ont une enveloppe plus coriace
(*spargis*). Ce sont de puissants et voraces animaux, dont
la couverture ressemble à du cuir. L'une d'elles a été
signalée pour son poids, qui était, dit-on, de seize cents
livres. Blessée ou prise dans un filet, cette tortue beugle
si furieusement, que le bruit peut s'entendre à la distance d'un mille. Sa chair n'est point considérée comme
un aliment très-sain.

Je terminerai l'histoire des tortues en citant une
légende que racontent les prêtres de l'Inde. — D'anciens
géants, disent-ils, s'étaient révoltés contre le maître des
dieux. Ils marchaient contre lui, protégés par de lourds
et vastes boucliers. Le Tout-Puissant les défit dans une
bataille où il les écrasa sous ses foudres ; mais, pour conserver sur la terre un signe de sa victoire, il anima les
boucliers que les géants avaient jetés çà et là dans leur
fuite, et ces boucliers vivants sont les tortues, qui, depuis
ce temps-là, n'ont pas cessé de se promener lourdement
à la surface de notre planète.

SAURIENS

La famille des sauriens constitue un groupe très-nom-
breux de reptiles qui, selon les climats et les divers milieux où ils vivent, prennent des formes très-différentes.
Cette famille se subdivise surtout en deux branches : les
crocodiles et les lézards.

Le cœur des sauriens a deux oreillettes ; leur bouche
est armée de dents ; leur peau, revêtue d'écailles plus ou
moins serrées, ou au moins de petits grains écailleux,
présente une cuirasse difficile à entamer. Leur corps est
porté par quatre pieds. Leurs œufs ont une enveloppe
dure, le plus souvent d'un grain raboteux au toucher.
Ce sont des animaux amphibies.

Rien n'est plus fugitif que les formes des sauriens en général : le caprice de la nature se révèle à chaque pas dans la structure de ces êtres bizarres qui habitent tous les milieux; car l'air lui-même se voit traversé par quelques-uns d'entre eux, qui volent mal, mais enfin qui volent.

La plupart des sauriens sont des animaux de proie, d'autant plus dangereux qu'ils sont plus formidablement armés pour l'attaque et pour la résistance. Les variations de leur taille semblent gouvernées par la loi de distribution géographique : les latitudes les plus chaudes donnant naissance aux plus grandes espèces.

LE CROCODILE

Organisation de l'animal.

C'est peut-être le plus terrible des reptiles : il incarne dans sa puissante et monstrueuse personne une des forces de la nature — la force de destruction. Il tue mécaniquement, indistinctement, bêtement tout ce qu'il rencontre.

Les mâchoires, qui sont édentées chez les chéloniens, sont pourvues chez lui de nombreuses dents coniques d'une longueur inégale, implantées en une seule rangée, dans l'épaisseur des os maxillaires supérieurs et inférieurs : chacune de ces dents s'enfonce dans une cavité séparée qui est une véritable alvéole. Ce formidable râtelier est continuellement maintenu en bon état par un système qui assure la réparation immédiate de ses pertes. Chaque dent est creuse à la base, de manière à devenir la cellule ou la gaîne d'une autre dent d'un plus fort calibre. Il résulte de ce mécanisme que la dentition, qui, chez les autres animaux est une fonction organique du jeune âge, existe chez les crocodiles à l'état permanent. La dent qui pousse exerce une absorption sur la base de la vieille dent creuse ; et, à mesure que la première se développe, la seconde dépérit. Enfin, cette dernière tombe, et la nouvelle lui succède.

Il est inutile de faire observer quelle force et quelle solidité résultent de ce double arrangement. Pour ajouter encore à la fermeté du terrible appareil, les alvéoles sont dirigées obliquement d'avant en arrière. Chaque dent se trouve pour ainsi dire isolée ; et une gencive—ou ce qui fait plus ou moins chez ces animaux l'office d'une gencive—recouvre les coins osseux des mâchoires pendant que les dents poussent.

Ainsi, voilà un premier caractère distinctif de l'espèce : le crocodile est un animal qui fait des dents toute sa vie.

Un second caractère, c'est que les crocodiliens se rapprochent — quoique à un degré encore fort éloigné — des mammifères à sang chaud (1).

(1) En général, les poumons des reptiles descendent jusque dans l'abdomen ; il n'en est pas de même chez le crocodile. Quelques fibres charnues adhèrent à cette partie du péritoine qui recouvre le foie et font

Par suite de la structure générale de sa charpente osseuse, l'animal a de la peine à se mouvoir de côté. De là pour l'homme une méthode de fuite qui consiste à revenir sur ses pas quand il est poursuivi par un crocodile. On raconte, à ce propos, l'histoire d'un Anglais qui courait devant un grand alligator sorti du lac de Nicaragua ; l'animal gagnait sur lui du terrain : le résultat de cette course périlleuse n'était donc point douteux, quand les Espagnols lui crièrent de courir en décrivant un cercle. Il dérouta ainsi le reptile, qui jugea, sans doute, que se retourner était une opération trop laborieuse.

Les vertèbres cervicales sont munies d'un système de fausses côtes. Les autres côtes abdominales, qui forment une sorte de plastron pour protéger le ventre, ne s'attachent point à l'épine dorsale et semblent le résultat d'une ossification de la partie tendineuse des muscles recteurs.

Les écailles du ventre sont carrées, lisses, délicates relativement à celles du dos. Cette dernière partie, — le dos — étant la plus exposée, a été recouverte et protégée par la nature avec un soin particulier. Quiconque a vu un crocodile, a nécessairement été frappé de la solidité de cette cotte de mailles qui est à l'épreuve de la balle et du javelot. La force et la perfection de cette armure étaient faites pour exciter, dans les âges héroïques, l'envie des chevaliers bardés de fer.

---

la fonction d'une sorte de diaphragme — cette cloison qui, chez les mammifères, sépare les poumons des intestins. Il résulte de cette circonstance organique, combinée avec la forme trilobulaire du cœur, que le sang qui vient des poumons ne se mêle point aussi complétement que chez les autres reptiles avec la portion veineuse du sang qui vient des différentes parties du corps.

Les orteils du crocodile sont, en outre, pourvus de griffes plus ou moins palmées.

Les narines s'ouvrent à l'extrémité du museau ; elles s'élèvent pourvues de fentes en forme de croissant. Cette élévation est très-fortement marquée chez une espèce de crocodiliens — les gavials ; — elle permet à ces animaux de flotter sous l'eau, avec leurs narines à la surface, et, sans exposer beaucoup de la tête. Ces narines sont fermées par des valvules, lorsque le reptile descend dans les profondeurs de l'abîme.

La forme crocodilienne, si l'on ose ainsi dire, est répandue sur une large échelle géographique — en Asie, en Afrique et en Amérique. Le premier des trois sous-genres qui composent cette famille, celui des caïmans, est particulier au nouveau monde ; le second, ou les *crocodiles* proprement dits, est distribué dans l'ancien et dans le nouvel hémisphère ; le gavial, type et unique espèce du troisième groupe, semble avoir son habitation limitée au Gange et aux grands fleuves du continent de l'Inde.

Le léviathan, dont il est parlé dans les saintes Écritures, est-il un animal fabuleux ? Cette question a occupé quelques voyageurs anglais, et tout porte à croire que par léviathan il faut entendre le crocodile. Les anciens Israélites, qui avaient longtemps résidé en Égypte, et auxquels, par conséquent, les productions de cette contrée étaient familières, paraissent avoir conservé un terrible souvenir de ce monstre. « Ses écailles, dit Job en parlant du léviathan, font son orgueil, fermées qu'elles sont les unes contre les autres, comme avec un sceau. »

Le récit des voyageurs modernes est conforme, sur certains points, à la description poétique de l'animal, tel que le représente la Bible. Un énorme crocodile, se chauffant au soleil parmi les roseaux et près du rivage, s'élance quelquefois comme un trait au milieu du bassin : jetant des éclairs par les yeux, élevant son corps hors des vagues, puis tourbillonnant sur lui-même, il fait entendre un bruit horrible. Sa formidable queue bat furieusement l'eau, qu'elle change en écume. Cela fait, il retourne vers son couvert de roseaux et reprend sa taciturne immobilité. Cependant, « l'abîme des eaux bout comme un pot d'onguent. »

Job parle aussi de la voix terrible du léviathan.

M. Waterton décrit le beuglement du crocodile : — D'abord, c'est un soupir étouffé, lequel s'échappe tout à coup en un éclat si bruyant, que l'on peut l'entendre à plus d'un mille de distance. Cette circonstance a, sans doute, donné lieu à l'histoire fabuleuse du crocodile imitant la voix d'un homme en détresse, afin d'attirer le voyageur et d'en faire sa victime.

Mœurs.

Chevaucher sur le dos d'un crocodile n'est point jusqu'ici un exercice fashionable, auquel on se livre avant déjeuner pour acquérir de l'appétit; je ne sache pas non plus que cette nouvelle monture ait encore figuré dans les courses d'Epsom. C'est, pourtant, une coutume ancienne et pratiquée par quelques peuples modernes, que de monter sur le dos du crocodile pour le réduire et le prendre plus aisément. Pline décrit ainsi cette chasse dans son *Histoire naturelle*. « Il y a, dit-il, une race d'hommes, hostiles aux crocodiles; on les appelle les *Tentyritæ*, à cause d'une île qui est située dans le Nil, où ils habitent. Leur taille est petite, mais leur courage, dans ce genre de chasse, est merveilleux. Le crocodile est terrible pour ceux qui le fuient ; mais il se sauve devant ceux qui le poursuivent, et ces hommes seuls osent l'attaquer. Ils nagent derrière lui dans le fleuve et montent sur son dos comme des cavaliers ; au moment où l'animal ouvre ses mâchoires pour mordre, — la tête tournée en avant — ils lui jettent une perche dans la gueule ; puis, tenant un des bouts de la perche dans la main droite, l'autre dans la main gauche, ils le conduisent captif vers le rivage, comme avec des brides. Le monstre est alors si effrayé, — seulement par leurs cris — qu'il vomit les corps dont il vient de se gorger. »

Le docteur Pococke, dans ses observations sur l'Égypte, dit : « On fait crier un animal à quelque distance de la rivière, et, lorsque le crocodile sort, les naturels lui enfoncent dans le corps une lance à laquelle est attachée une corde ; puis ils le laissent retourner dans l'eau, et, le tirant ensuite sur le sable, ils lui jettent une perche dans la gueule, et sautent sur son dos, pour lui lier les mâchoires. »

Ces grands reptiles se montrent généralement doués d'une vitalité extraordinaire.

Sur les côtes de l'archipel Indien, le nombre des crocodiles est quelquefois extraordinaire. Il y a du danger à se rencontrer avec eux, lorsqu'on marche ou qu'on nage seul dans l'eau ; mais les crocodiles sont de lâches ennemis sur le rivage. Par les marées montantes, ils s'avancent généralement jusqu'à la lisière des jungles, et, là, ils se couchent parmi les racines des arbres — auxquelles ils ressemblent — comme s'ils guettaient le bétail ou les animaux sauvages qui peuvent descendre, pour boire, à l'embouchure des fleuves.

Le reflux laisse quelquefois ces reptiles à plusieurs

mètres loin du bord de l'eau, et souvent ils semblent se réjouir d'être abandonnés ainsi aux flèches d'un soleil indien, qui tombe d'aplomb sur leur rude peau. Comme au comble du *dolce far niente*, ils ouvrent alors leurs hideuses mâchoires, et demeurent dans cette position pendant plus d'une heure. Mes camarades et moi, nous les rencontrâmes plus d'une fois dans cette position rêveuse. Quant à tirer sur eux, nous reconnûmes bien vite que c'était une perte de temps, aussi bien qu'une dépense inutile de poudre et de balles; car, mortellement blessés ou non, ils s'élancent toujours hors de votre portée. Les matelots indiens nous montrèrent la méthode d'effrayer les crocodiles, même quand on ne veut pas les prendre : —ils sautent légèrement à terre, armés d'une lance solide, et obligent ainsi le reptile à faire un long détour pour éviter l'attaque. Dans certaines occasions, j'ai vu ces hommes approcher d'assez près le crocodile pour le toucher avec leur arme; mais, comme à chaque fois ils frappaient la partie supérieure du dos, c'était le même effet que s'ils eussent essayé de transpercer un roc.

Les naturels montrent la plus grande indifférence pour le voisinage de ces animaux, et, quand on les interroge sur ce sujet, ils affirment que, dans les eaux amères ou saumâtres, comme à l'embouchure des fleuves, ce reptile n'est jamais dangereux pour l'homme. C'est seulement, disent-ils, sur les rivières et dans les marais, où ils vivent, pour ainsi dire, tête à tête avec les hommes et les femmes du pays, que les crocodiles ont le courage de se permettre cette délicatesse : un repas de chair humaine.

J'ai eu sous les yeux plus d'une preuve de l'énorme force et de la vitalité extraordinaire de ces reptiles. Un soir que la pinasse avait glissé comme à l'ordinaire le long des flancs du vaisseau pour recueillir le poisson destiné au repas du soir, les hommes qui étaient venus voir ce qu'il y avait dans la poche du filet, furent obligés de jouer des jambes. C'était le seul moyen d'échapper aux mâchoires d'un crocodile de belle taille, qui était tombé dans le piége en courant après le poisson, et qui les aurait proprement dévorés. Les hommes de la pinasse poussèrent des cris de joie, et procédèrent au transfèrement du prisonnier. C'était, cependant, une rude affaire. L'eau avait à peu près trois pieds de profondeur; elle était extrêmement bourbeuse, et elle le devenait encore davantage de moment en moment par suite des convulsions de l'animal. Les hommes se trouvaient élevés de quelques pieds au-dessus du crocodile : profitant de leur position, ils appuyèrent de toutes leurs forces sur le manche des lances, dont ils essayèrent d'enfoncer le fer dans le corps de l'ennemi. On espérait trouver ainsi le défaut de la cuirasse; — mais non : huit ou neuf hommes robustes eurent beau peser de tout leur poids sur autant de lances, le monstre ne reçut point une égratignure. Plus d'une de nos lances, si fortes qu'elles fussent, se courba à la pointe. Il était évident que le côté faible devait être cherché sous la carapace, ainsi que nos hommes appelaient la cotte d'armes supérieure du crocodile, — par allusion à celle de la tortue. Chacun saisit donc une arme quelconque et attaqua l'ennemi avec une sorte de rage. Celui-ci devint furieux, fit fouetter sa queue et claquer ses mâchoires d'une manière formidable. Enfin, on lui glissa un bon nœud autour du cou : ce qui permit aux matelots de lui porter des coups qui auraient tué vingt fois tout autre animal à vie dure. Il se passa du temps avant que le crocodile fût assez réduit et assez exténué pour qu'on pût le tirer du filet et l'attacher à une de nos barques.

Il fut dépouillé et disséqué : la structure musculaire de quelques parties du corps, surtout de la queue, était quelque chose d'extraordinaire. Ces pièces anatomiques dénotaient bien de quelle force et de quelle vitalité incroyables sont doués les reptiles de cette famille. Mes amis et moi, nous mangeâmes, ce jour-là, des côtelettes de crocodile, et, si cette chair n'était pas précisément très-délicate, elle n'avait du moins rien de désagréable. Quelques-uns d'entre nous les comparèrent à de mauvaises côtelettes de veau ; pour mon compte, je leur trouvai le goût de tranches de tortue, ce qui n'est point beaucoup dire en leur faveur.

Quoique l'animal se montre inoffensif dans certains endroits, il n'y a point à douter que le crocodile ne soit un dangereux voisin. Le scepticisme le plus bienveillant ne peut se refuser aux preuves trop nombreuses de voracité que fournissent sur son compte les voyageurs. Hasselquist rapporte que, dans l'estomac d'un crocodile disséqué en présence de M. Burton, — le consul anglais, — on trouva les os des jambes et des bras d'une femme, avec les anneaux que portent les Égyptiennes en manière d'ornements. Madame Bowdich assure avoir vu très-souvent, en Afrique, sur les bords de la rivière Gambia, des personnes qui avaient laissé de leurs membres dans la gueule de ces reptiles. « Un jour, ajoute-t-elle, nous étions obligés de traverser une crique qui s'ouvrait dans la rivière, et, comme nos chevaux devaient nager derrière notre canot, nous n'osâmes point les confier au courant, avant d'avoir tiré plusieurs coups de fusil pour effrayer les crocodiles, qui se chauffaient au soleil des deux côtés de la rivière sur les bancs de sable. Entendant ce bruit accompagné par les clameurs de nos gens, les crocodiles se levèrent paresseu-

sement et se retirèrent dans leurs trous. Ils étaient d'une
taille énorme dans les marais salés, près de Cape-Coast-
Castle. Aussitôt après mon arrivée, je ne fus pas peu
étonnée de voir onze hommes portant sur leurs épaules
un de ces animaux mort. Il avait quinze pieds de longueur. »

Les autocrates indiens avaient tiré parti des instincts
destructeurs du crocodile; ils lui confiaient la charge
d'exécuteur des hautes œuvres dans les cas de condam-
nation capitale. Ces reptiles ont joué, sous ce rapport, le
même rôle que les éléphants asiatiques. Les crocodiles
bourreaux étaient laissés sans nourriture à partir du jour
du jugement, et le condamné à mort était alors traîné
vers le bassin, d'où les monstres affamés dardaient sur
lui leurs yeux verts de cannibales. A l'instant même, ils
l'ensevelissaient tout vivant dans l'abîme de leurs mâchoires béantes, dentelées et sonores. On s'en servait
aussi au Pérou comme de gardiens, et, à cet effet, on
remplissait de crocodiles les fossés des fortifications.

Quelle que soit la brutale férocité du crocodile, tout
annonce que cet animal avait été apprivoisé par les anciens. Plutarque nous rapporte comment le crocodile
pouvait être rendu docile à la voix et à la main de l'homme.
« L'animal, ajoute-t-il, ouvrait les mâchoires et souffrait qu'on lui nettoyât les dents avec une serviette. »
Hérodote, avant lui, avait assuré que les crocodiles
étaient sacrés pour quelques tribus égyptiennes et con-
sidérés par d'autres comme de mortels ennemis :
« Les Égyptiens qui demeurent dans le voisinage de
Thèbes et du lac Mœris, les regardent avec vénération ;
chacun d'eux élève un crocodile qu'ils ont l'art de rendre
tout à fait familier. Dans les oreilles de ces animaux,
ils introduisent des boucles-d'oreilles de cristal et d'or,

et ornent les pattes de devant avec deux bracelets. Ils
leur donnent une nourriture prescrite et sacrée, les trai-
tant de leur mieux pendant que les crocodiles vivent, et,
quand une fois ces animaux sont morts, ils les em-
baument et les enterrent dans les caveaux religieux (les
hypogées). Mais le peuple qui demeure près de la ville
d'Éléphantine, les mange et ne les considère pas du tout
comme des animaux sacrés. »

Les naturalistes ont cherché si cette différence de
traitements ne serait pas fondée sur une différence de
genres. Quelques-uns d'entre eux, Geoffroy Saint-Hilaire,
par exemple, ont cru trouver une espèce de crocodile
inoffensive et se sont demandé si ce n'était pas à celle-
là que s'adressaient les hommages des anciens Égyptiens. Cette distinction ne semble pourtant point admis-
sible ; tout porte à supposer que les crocodiles sacrés ne
différaient point par leurs caractères des autres crocodiles. N'entre-t-il pas, d'ailleurs, dans la nature de
l'homme de passer, selon les lieux et les races, de la
terreur à l'adoration ? Tous les fléaux ont été divinisés
dans les temps anciens, — je ne parle point des temps
modernes, où les choses n'ont pas beaucoup changé
sous ce rapport-là, — et, à ce titre, le crocodile méritait
bien les honneurs d'une espèce de culte.

Le crocodile n'a, d'ailleurs, pas cessé d'être un animal
sacré pour certains peuples modernes. Il y a quelques
années, deux de ces animaux, partiellement apprivoisés,
étaient gardés par des prêtres dans un étang à Dixcove,
sur la côte nord-ouest de l'Afrique. Les prêtres, habillés
de vêtements blancs, les nourrissaient constamment de
poules blanches, comme si ce cérémonial eût été prescrit
par le fétiche. En conséquence, dès que les crocodiles
voyaient quelque chose de blanc s'approcher de l'étang,

ils sortaient aussitôt, dans l'attente de leur repas accoutumé. Un Anglais et une lady, qui étaient débarqués à Dixcove, — dans leur voyage pour se rendre au Cap, — eurent le désir de voir les crocodiles, et se mirent en marche vers la pièce d'eau, habillés l'un et l'autre en blanc. Aussitôt qu'ils approchèrent, les deux reptiles s'élancèrent avidement à leur rencontre; les étrangers battirent bien vite en retraite. Et, même, je dois dire toute la vérité, le gentleman se sauva seul, abandonnant la dame à son triste sort. Heureusement, les prêtres vinrent à son secours; ils s'avancèrent avec une offrande dans leurs mains, et les dieux eurent la bonté de ne dévorer que la poule blanche.

Des témoignages historiques prouvent, comme nous l'avons vu, que dans les temps anciens le caractère grossièrement féroce des crocodiles a cédé plus ou moins à l'influence de l'éducation. On ne saurait douter que des traitements convenables n'obtinssent aujourd'hui le même succès. Le lieutenant d'un brick de guerre avait pourtant un jeune crocodile qu'il chercha vainement à apprivoiser. L'animal n'avait pas plus d'un pied de longueur, et ses dents étaient déjà formidables. Il se mit, un jour, dans une grande fureur en voyant son image réfléchie dans la large montre en argent de son maître ; saisissant cette montre entre ses mâchoires, il laissa sur la caisse la marque de ses dents par manière de certificat d'identité. Faut-il ajouter foi à l'histoire que j'ai lue quelque part? Une femme, demeurant à Londres dans Oxford-Street, avait, dit-on, un crocodile qui se montrait relativement doux et familier.

Il y a dans l'histoire naturelle du crocodile un fait qui tient du merveilleux.

Le 28 janvier 1828, Geoffroy Saint-Hilaire communiqua

à l'Académie des sciences de Paris une note sur deux espèces d'animaux appelés *trochylus* et *bdella* par Hérodote. Le grand naturaliste annonça que son mémoire n'était, à proprement parler, qu'un commentaire d'un court passage d'Hérodote. Voici ce passage : « Lorsque le crocodile, dit l'historien grec, prend sa nourriture dans le Nil, l'intérieur de sa gueule est toujours couvert de *bdella* (mot que les traducteurs ont rendu par sangsues). Tous les oiseaux, à l'exception d'un seul, se sauvent du crocodile ; mais cet oiseau unique, le trochylus, bien loin de fuir, vole vers le reptile avec le plus vif empressement et lui rend un très-grand service. A chaque fois que le crocodile gagne la terre pour dormir, et au moment où il gît étendu les mâchoires ouvertes, le trochylus entre dans la gueule du terrible animal, et le délivre des bdella qui s'y trouvent. Le crocodile se montre reconnaissant, et ne fait jamais aucun mal au petit oiseau qui lui rend ce bon office. »

Quelques commentateurs avaient regardé cette histoire comme un conte amusant. Geoffroy Saint-Hilaire, lui, raconta que, durant une assez longue résidence en Égypte (1), il avait eu plusieurs fois l'occasion de reconnaître ce que la narration d'Hérodote avait de vrai et ce qu'elle avait d'inexact. « Il est, disait-il, parfaitement vrai qu'il existe un petit oiseau qui vole perpétuellement çà et là, cherchant partout, même dans la gueule du crocodile, les insectes qui forment la partie principale de sa nourriture. » On voit partout cet oiseau sur les rives du Nil, et Geoffroy Saint-Hilaire, ayant réussi à se procurer un individu, le reconnut pour appartenir à une espèce déjà décrite par Hasselquist sous le nom de *charadrius*

(1) Ce grand naturaliste faisait partie de l'état-major de savants qui suivirent l'armée du général Bonaparte dans l'expédition d'Égypte.

ægyptius. Il y a, en France, un oiseau qui ressemble beaucoup à celui-là, s'il n'est absolument le même : le pluvier; avec son bec grêle, cet oiseau ne peut prendre que les plus petits insectes, le frai du poisson, ou ces débris moléculaires, ces fragments de détritus animaux que l'action des vagues jette incessamment sur le rivage.

Si le trochylus est, en réalité, le pluvier, les animaux décrits par Hérodote sous le nom de bdella ne peuvent être des *sangsues* (les sangsues, d'ailleurs, n'existent pas dans les eaux courantes du Nil); ce doit être un très-petit insecte de cette espèce qui fourmille dans ces régions chaudes et humides et qui est connu sous le nom de *cousin* en Europe, sous celui de *maringouins* en Amérique. Des myriades de ces insectes dansent sur les bords du Nil, et, lorsque le crocodile repose à terre, il est attaqué, lui géant, par ces multitudes de pygmées. Sa bouche ne ferme pas assez hermétiquement pour empêcher ces parasites de s'y introduire, et ils y pénètrent en si grand nombre, que la surface externe du palais — laquelle est naturellement d'un jaune luisant — semble alors recouverte d'une croûte brune et noirâtre.

Tous ces insectes suceurs lancent leurs aiguillons dans l'orifice des glandes qui se trouvent en abondance dans la gueule du crocodile. C'est alors que le petit pluvier, qui suit le monstre partout, vient à son secours et le délivre de ses incommodes ennemis — et cela sans danger pour lui-même, car le crocodile, avant de refermer sa bouche, a toujours soin de faire quelque bruit et quelque mouvement qui avertit l'oiseau de s'esquiver.

A Saint-Domingue, il existe un crocodile qui ressemble beaucoup à celui d'Égypte, et Geoffroy lui-même déclarait ne pouvoir les différencier l'un de l'autre sans beaucoup de difficulté. Ce crocodile est aussi attaqué par les cousins, dont il n'a aucun moyen de se délivrer par lui-même (sa langue, comme celle du crocodile du Nil, étant fixée à la mâchoire inférieure). Un oiseau d'une espèce particulière (le *todier*) lui apporte le même genre d'assistance que le crocodile du Nil reçoit du petit pluvier. Ces faits expliquent le passage d'Hérodote, et démontrent que l'animal appelé par lui *bdella* n'est pas une sangsue, mais un insecte volant, appartenant à la famille des cousins.

D'autres naturalistes ont cru que le pluvier du Nil s'introduisait dans la gueule du crocodile, ce gouffre vivant, pour un autre but que pour y manger les cousins. Le crocodile dévore sa proie gloutonnement, et, comme il n'a point une langue mobile qui lui serve à enlever les lambeaux de viande crue qui s'attachent entre ses dents, sa gueule deviendrait bientôt, selon eux, un foyer d'infection, s'il n'avait été pourvu par un moyen quelconque à cette impuissance. Le pluvier est un cure-dents ailé donné par la nature au crocodile. Ce petit oiseau débarrasse la mâchoire géante des fragments de viande et des petits vers qui l'incommodent : il nettoie, en un mot, la bouche du monstre.

Malgré l'autorité d'Hérodote, — malgré l'autorité beaucoup plus grave encore de Geoffroy Saint-Hilaire, — le fait de l'introduction du pluvier dans la gueule du crocodile est pourtant nié à cette heure par un grand nombre de naturalistes. Un fait ne se discute pas, il se prouve ; et, jusqu'ici, les preuves d'un instinct si surprenant sont encore à produire.

Voici, pourtant, un récit qui est de nature à ébranler le scepticisme de nos savants :

« J'eus toujours, dit M. Garzon, une forte prédilection

pour la chasse au crocodile, et j'ai détruit plusieurs de ces dragons des eaux. Un jour, j'en aperçus de loin un grand sur le bord de la rivière. J'arrêtai mon bateau à quelque distance de là ; puis, remarquant bien la place où se tenait l'animal, je fis un circuit à terre. Ma bonne carabine bien chargée me promettait une victoire assurée. Dans mon imagination, j'avais déjà coupé la tête de l'animal, et je délibérais en moi-même s'il serait empaillé la bouche ouverte ou fermée. Je jetai un coup d'œil sur le gîte de mon monstrueux gibier : il était à dix pieds en vue de mon fusil. J'allais lui envoyer quelques balles dans les yeux, lorsque je vis qu'il était accompagné par un oiseau appelé *zic-zac*. Cet oiseau est de la famille des pluviers ; sa couleur est grisâtre et sa taille est celle d'un petit pigeon.

» L'oiseau allait et venait au nez du crocodile. Je fis sans doute un mouvement, dans ce moment-là, car, tout à coup, l'oiseau m'aperçut. Or, au lieu de s'enfuir comme eût fait tout autre oiseau, il s'éleva à environ un pied du sol, cria : *Zic-zac! zic-zac!* de toute la force de sa voix, et se jeta, deux ou trois fois, contre la face du crocodile. Le grand animal tressaillit, et, voyant soudain le danger qui le menaçait, fit un saut en l'air et se jeta dans l'eau ; ce qui fit un gâchis affreux et me couvrit de boue ; puis il plongea dans la rivière et disparut. Mon étonnement s'accrut encore, quand je vis le zic-zac — fier sans doute d'avoir sauvé son ami — rester sur le rivage, se promener çà et là, pousser son cri habituel, d'une voix qui annonçait l'exaltation du triomphe, et se tenir sur la pointe de ses orteils d'une manière passablement suffisante qui m'irrita. Après avoir attendu quelque temps pour voir si le crocodile reparaîtrait, je remontai le rivage, jetai une motte de terre au zic-zac pour son impertinence et regagnai le bateau. J'avais perdu un bon coup de fusil ; mais je me consolai en pensant que j'avais vu — de mes yeux vu — une circonstance sur la vérité de laquelle ont disputé et disputent encore les naturalistes. »

Ce détail de mœurs serait, d'ailleurs, bien moins invraisemblable, si, comme on l'assure, d'autres gros animaux — le rhinocéros, par exemple, — ont de même un oiseau particulier, un petit satellite, qui les avertit de l'imminence du danger, en frappant du bec contre l'oreille du monstre et en poussant un cri perçant.

Les œufs de crocodile sont à peu près de la grosseur des œufs d'oie ; les naturels les recherchent avidement pour les manger ; les indigènes de Madagascar se montrent particulièrement friands de cette nourriture. Les missionnaires ont vu souvent dans cette île jusqu'à cinq cents œufs recueillis pour l'usage d'une famille. Pour les conserver dans un état convenable, les naturels enlèvent la coquille, font bouillir ces œufs et les sèchent au soleil. Les Mandingos, qui habitent quelques districts sur les bords de la rivière Gambia, sont aussi très-partisans de cette substance alimentaire : ils préfèrent, dit-on, aux œufs fraîchement pondus, les œufs qui contiennent déjà un jeune crocodile de la longueur d'un pouce.

Les crocodiles déposent toujours leurs œufs sur le sable au bord d'une rivière, quelquefois sous l'abri partiel d'une branche pendante, ou bien dans un trou. Ils choisissent pour cela les endroits les plus retirés. La femelle du crocodile commence à pondre en août, et produit un très-grand nombre d'œufs. « Je voyageais, dit M. Linant, le long des bords de la rivière, quand j'avisai sur le sable les traces récentes d'un très-grand crocodile ; pensant que ce pouvait bien être une femelle qui était venue sur le rivage pour pondre ses œufs, je suivis sa piste le long du bord de l'eau. Au bout d'une vingtaine de pas, j'arrivai à un endroit où le sol semblait avoir été récemment remué et foulé. Je creusai et trouvai quatre-vingt-dix-neuf œufs. Les Arabes ont coutume de dire que c'est le nombre invariable des œufs de crocodile; mais j'en ai trouvé plus ou moins, entre soixante et quatre-vingt-dix-neuf. Mes gens et ceux de l'endroit firent aussitôt un plat, que je goûtai; mais je trouvai que ces œufs avaient une saveur nauséabonde, qui tenait le milieu entre l'huile rance et le musc. Chaque œuf avait beaucoup plus de blanc que de jaune. »

Ces œufs éclosent sans le secours de la mère et souvent dans les circonstances les plus curieuses. Le fait suivant s'est passé à Bathurst, sur la rivière Gambia, pendant que j'y étais. Un de mes amis, habitant l'Angleterre, avait demandé à un marchand, établi à Bathurst, de lui envoyer quelques œufs de crocodile. En conséquence, le marchand emballa les œufs dans du sable, et le tonneau qui les contenait fut mis en réserve dans le magasin, jusqu'à ce qu'un vaisseau, faisant voile pour l'Angleterre, pût s'en charger. Quelque temps après, comme le maître du magasin et un de ses garçons étaient en train d'arranger d'autres emballages, ils entendirent un bruit dont ils ne purent se rendre compte. C'était comme quelque chose qui tapait dans un coin. Ils suspendirent leur ouvrage et écoutèrent; les naturels sont très-superstitieux, et les domestiques, croyant la maison ensorcelée, refusèrent d'abord de faire des recherches. Le marchand insista et donna lui-même l'exemple. Comme ils étaient en train de remuer les colis, le tonneau dans lequel avaient été placés les œufs de crocodile, se montra, et il ne fut pas plus tôt délivré des marchandises qui le couvraient, qu'une bande de petites créatures noires émergèrent du sable. Les naturels se sauvèrent, laissant leur maître à la merci de cette troupe de démons. Celui-ci jugea prudent de tuer tous les jeunes crocodiles, à mesure qu'ils sortaient de leur prison.

Dans l'état de nature, la femelle du crocodile garde, dit-on, son nid et donne certains soins maternels à ses petits, pendant quelques mois.

Les crocodiles, ces formidables créatures, servent, dans beaucoup de pays, de nourriture à l'homme. Les naturels de ces régions sauvages ne paraissent avoir aucune répugnance à s'assimiler un reptile qui peut avoir dévoré plusieurs individus de leur propre race. Ils donnent néanmoins la préférence aux jeunes crocodiles, parce que ces derniers ont une odeur de musc moins prononcée. Cette odeur, qui imprègne généralement la chair de ces reptiles, est souvent assez forte pour affecter les eaux qu'ils habitent. Elle provient des glandes qui tapissent la gueule de l'animal. On enlève ces glandes aussitôt que le crocodile est pris; autrement, la chair serait tout à fait insupportable. Les Berbères ou les aborigènes du nord de l'Afrique attachent à ces glandes une grande valeur et s'en servent comme d'un parfum. — Voilà des animaux bien musqués pour des mangeurs d'hommes !

Lorsqu'on a eu soin de choisir un jeune animal et que les glandes ont été convenablement extraites, la chair du crocodile est regardée par les nègres comme une excellente nourriture ; mais les Européens la considèrent généralement comme désagréable. Le goût est relatif aux différentes races et aux différents degrés de civilisation. Il y a chez l'homme, si l'on ose ainsi dire, un palais naturel et un palais acquis. L'appétit du sauvage est comme celui de l'enfant, il accepte tout.

Il est difficile d'observer les crocodiles dans l'état de nature, et, d'un autre côté, ceux que l'on conserve dans nos ménageries perdent, avec leur liberté, une partie de leurs caractères primitifs. Je visitais, en 1850, le Jardin zoologique d'Anvers, quand le directeur me fit remarquer une espèce de cuve recouverte d'un grillage. C'est là que le crocodile de cette Société d'histoire naturelle prenait ses quartiers d'hiver. Un coup de canne ayant été donné sur le grillage, le monstre invisible fit entendre un bruit qui tenait à la fois du grognement et du sifflement. *Insonuere cavæ, sonitumque dedere cavernæ*. Puis il rentra dans son silence. Ce crocodile dort depuis le 15 septembre jusqu'au 15 mai; tout ce temps-là, il ne mange point; mais, à son réveil, il a une faim dévorante et mange jusqu'à vingt poissons par jour. L'état d'engourdissement est, pour cet animal étranger, une conséquence du climat dans lequel l'a transporté la main de l'homme. Dans les pays où règne toujours l'été, le crocodile ne connaît point ce sommeil hibernal.

Durant la belle saison, l'animal habite un bassin entouré de gazon. On le voit, de temps en temps, flotter comme endormi entre deux eaux, la tête élevée au-dessus de la surface. D'imprudents oiseaux, prenant cette tête pour une souche — elle en a la couleur et l'immobilité — viennent s'y poser d'un pied léger. Tout à coup, le soliveau s'anime, les happe et les engloutit bel et bien dans sa monstrueuse gueule.

MORALE : — Défiez-vous des soliveaux!

La plupart des crocodiles évitent la grande lumière. Dans leur contrée natale, ils se tiennent, le plus souvent, pendant le milieu de la journée, immobiles dans les roseaux ou cachés sous les plantes aquatiques. Tout annonce qu'ils doivent mieux voir la nuit que le jour. Une troisième paupière vient, à la volonté de l'animal, se placer transversalement au devant de l'œil. Cela permet au crocodile d'écarter les deux autres paupières et — protégeant la cornée transparente contre l'action du fluide liquide — met l'animal à même de distinguer les objets dans l'eau.

Gardons-nous, d'ailleurs, de nous faire une idée du crocodile sur les individus dégénérés que nous tenons à l'étroit dans nos parcs d'histoire naturelle. Il faut voir cet animal sous son soleil, au bord de ses eaux natales, au milieu de ces plantes sauvages à travers lesquelles brille son armure écailleuse : là, il y a quelque chose de grandiose dans son aspect; là, le crocodile est beau. Je parle de la beauté des harmonies et des contrastes, de la majesté de l'effroi, de la sublime horreur que répandent les forces de destruction sur la face rayonnante du paysage.

LE GAVIAL

Cette espèce asiatique a les mâchoires allongées en un museau étroit, qui rappelle assez bien le bec d'un gigantesque oiseau armé de dents. Ce bec, étendu et grêle, est évidemment destiné à se nourrir de poissons, tandis que le museau plus court et plus fort du crocodile au nez large et celui de l'alligator donnent, au contraire, à ces deux derniers, le pouvoir de saisir et de dévorer les quadrupèdes qui viennent boire sur le bord des rivières dans les contrées brûlantes.

Le gavial, ce crocodile des bords du Gange, atteint, selon les voyageurs, une taille énorme. Pour éviter les répétitions, je m'abstiendrai de décrire ses mœurs, qui se rapprochent, plus ou moins, de celles des alligators.

L'ALLIGATOR

Les alligators, selon quelques étymologistes, tirent leur nom du mot portugais *el lagarto*, qui signifie un lézard ; d'autres veulent que ce nom soit une modification du mot indien *legateer* ou *allegater* ; d'autres enfin supposent que c'est une simple corruption du mot *allagatore*, « l'habitant du lac ou de la lagune. »

En effet, les voyageurs s'accordent à dire que l'alligator ou le caïman (car c'est le même animal) ne se rencontre point dans les eaux rapides, ni même dans les parties courantes d'une rivière, mais qu'on les trouve dans les criques, les lagunes ou les marais.

Il y a encore une autre différence entre l'alligator et le vrai crocodile : — ce dernier descend souvent au delà des eaux saumâtres des grands fleuves, quelquefois même jusque dans la mer (je puis citer pour exemple le gavial, cette grande espèce qui habite le Gange) ; on l'a vu nager ainsi d'île en île, à une distance considérable. Les alligators, eux, ne se livrent point à ces grandes migrations ; ils ne quittent jamais, dit-on, les eaux douces.

Quand, après les chaleurs intenses de l'été, approche la froide saison, les alligators s'ensevelissent dans la vase du marais stagnant ; là, ils restent cachés et *confortablement* — comme disent les Anglais — dans une sorte d'état qu'on pourrait définir *la mort dans la vie*. Ils passent ainsi l'hiver, jusqu'à ce que le souffle généreux du printemps les rappelle à une existence active. Quand l'été s'avance, on peut voir des multitudes d'alligators ou de caïmans dans les eaux solitaires du sud de l'Amérique. Leur monstrueuse tête plate flotte alors parmi les luxuriants nymphæas — tels que le lis d'eau qui a reçu le nom de notre reine — et parmi d'autres plantes aquatiques dont la surface des lagunes est tapissée. Quelquefois encore ils se chauffent sur les rives exposées au soleil, dans un état de torpeur, lorsque le jour est au plus chaud du méridien. La terre noire, humide, visqueuse de ces marais semble un séjour approprié au caractère de ces formidables reptiles.

Dans le voisinage de Bayou-Sarah, sur le Mississipi, s'étendent de vastes bas-fonds, des lacs, des marais. Chaque année, ces réservoirs sont submergés par les terribles débordements du fleuve et reçoivent alors des myriades de poissons. Là, dans la première moitié de l'automne, lorsqu'un soleil méridional a bu une grande partie de l'eau, les lacs, réduits à deux pieds de profondeur, laissent voir un beau lit de sable. Des millions d'ibis (l'ibis des bois) marchent, pataugent dans l'eau qu'ils troublent, et distribuent de mortels coups de bec aux poissons. Là, se tiennent en faction des hordes de hérons bleus; la grue des dunes pousse ses notes rauques; les secrétaires sont perchés, de distance en distance, sur les cadavres des grands arbres tombés; les cormorans pêchent; les buses et les corneilles montrent leur robe de deuil : elles attendent avec patience que l'eau s'évapore et leur laisse la nourriture à sec sur le sable; puis, là-bas, plus loin, à l'horizon, l'aigle surprend un canard des bois, seul survivant des nombreuses bandes de canards qui ont été couvées dans ces lieux humides. C'est alors que vous voyez l'alligator à l'ouvrage.

Chaque lac a un endroit plus profond que les autres,

et qui a, pour ainsi dire, été creusé par les mouvements de ces grands animaux. Cet endroit est toujours situé à la partie la plus basse du lac, près de canaux — artères du drainage naturel — qui passent à travers tous ces lacs, et qui se déchargent quelquefois à plusieurs milles au-dessous du niveau de leur embouchure. Par cette situation, l'alligator s'assure une provision d'eau suffisante, aussi longtemps qu'il en reste dans le voisinage. On appelle, à cause de cela, cet endroit *le trou de l'alligator*. Vous voyez là ces reptiles qui gisent serrés les uns contre les autres. Les poissons meurent déjà par milliers, tant la chaleur est insupportable. L'eau commence, d'ailleurs, à leur manquer et ils se trouvent à la merci de leurs différents ennemis ailés, qui les poursuivent sans relâche. Ces poissons se retirent alors vers le trou de l'alligator pour s'y rafraîchir, et avec l'espérance d'y trouver un refuge. Les voilà donc qui s'abandonnent au filet d'eau courante et qui se laissent tomber dans la partie creuse. Hélas! c'est leur perte. A mesure que les eaux se retirent du lac, ils se trouvent emprisonnés dans leur nouvelle résidence. Les alligators les traquent et les dévorent, toutes les fois qu'ils ont faim, tandis que l'ibis détruit ceux d'entre eux qui cherchent à fuir vers le rivage.

Les alligators ont les mœurs des braconniers : ils pêchent surtout pendant la nuit. Ces reptiles se rassemblent alors par grandes bandes, chassent le poisson devant eux, avec des beuglements qu'on peut entendre à un mille de distance; ils le poussent dans quelque crique retirée; puis ils prennent position à l'embouchure de la crique. Alors commence l'œuvre de destruction. Plongeant sous le banc de poissons, se servant plus d'une fois de leur queue pour balayer ces habitants des eaux, qui, effrayés, cherchent à fuir, ils les amènent ainsi vers leurs bouches béantes, tandis que le rivage tout entier retentit du cliquetis de leurs mâchoires.

Quelques naturalistes ont supposé que les glandes musquées qui se trouvent dans le gosier de l'alligator exerçaient une attraction sur le poisson. Les pêcheurs de l'ancien temps avaient, comme on sait, l'habitude d'enduire leur amorce avec des onguents parfumés : c'est une recette qu'on retrouve écrite dans les vieux livres. Mais, quoique les poissons forment la principale nourriture de l'alligator, celui-ci saisit plus d'une fois à terre des quadrupèdes. Si ces animaux sont trop grands pour que l'alligator les avale tout entiers, il les noie et les met en réserve dans quelque creux sous l'eau, jusqu'à ce que leur chair devienne haute en goût, comme disent les chasseurs ; alors le reptile tire sa proie sur le rivage et la dévore à loisir.

On a vu quelques-uns de ces grands alligators attaquer des hommes qui étaient en train de se baigner ou de traverser les fleuves à la nage. Il y a même une opinion, répandue dans l'Amérique du Sud, et qui veut que cet animal préfère la chair du nègre à toute autre friandise.

Ainsi que certains poissons — le cyprin doré ou argenté, par exemple, et la carpe — les alligators vivent à l'aise dans des eaux d'une très-haute température. Bartram trouva une grande quantité d'alligators qui habitaient dans une source près de la rivière de Mosquito, dans les Florides. Les eaux de cette source étaient pourtant imprégnées de vitriol, et atteignaient presque le degré de l'ébullition au moment où elles sortaient de terre.

La femelle de l'alligator passe pour prendre plus grand

soin de ses petits que la femelle du crocodile proprement dit, et du gavial. Ces petits sortent de l'œuf avec la forme qu'ils doivent toujours conserver. A Saint-Domingue, un observateur attentif, M. Ricord, a eu, plus d'une fois, l'occasion de voir la manière dont se reproduisent les alligators de cette île. « En avril ou mai, nous dit-il, la femelle dépose de vingt à vingt-cinq œufs — plus ou moins — dans le sable. Elle les recouvre grossièrement et sans beaucoup de soin. » M. Ricord rencontra, par hasard, de ces œufs dans le plâtre que les maçons avaient laissé sur les bords de la rivière. Selon son rapport, si la température est suffisamment fécondante, les jeunes viennent au monde le quatrième jour. Ils ont alors cinq ou six pouces de longueur.

Ils sont couvés sans le secours de la mère, — couvés par la seule action de la chaleur atmosphérique — et, comme ils peuvent vivre sans nourriture, pendant qu'ils sont en train de se dégager de l'œuf, la femelle ne se presse point de leur en apporter ; mais elle les conduit à l'eau et dans la vase : là, elle dégorge une nourriture à demi digérée qui sert à leur alimentation. « Le mâle, dit le même observateur, ne fait aucune attention à eux. »

Beaucoup de ces alligators nouveau-nés ont le sort des jeunes tortues ; ils sont dévorés par leurs nombreux ennemis dans leur marche vers la rivière et avant qu'ils aient pu gagner les eaux profondes. Les vautours en font leur repas — ils les mangent soit dans l'œuf, soit après l'éclosion — et les poissons rapaces se mettent aussi de la partie. Ainsi périssent un grand nombre d'alligators au moment où ils gagnent les eaux, dans lesquelles ceux qui survivent passent une si grande partie de leur existence.

Un collectionneur, qui avait découvert un de ces nids,

porta les œufs chez lui et les mit dans sa chambre, au
premier étage de la maison. Un jour, il sortit, laissant
la porte de la chambre ouverte : à son retour, il vit une
foule de jeunes alligators qui descendaient l'escalier.

Un autre amateur s'était procuré un certain nombre
de ces œufs, au moment où il était à la veille de faire
voile vers l'Angleterre, et les mit dans une de ses malles.
Vers la fin du voyage, il eut l'occasion d'ouvrir la malle
où il avait renfermé les œufs, et trouva une légion de ces
noirs lutins parmi ses chemises et ses paires de bas.
Quelques-uns de ces jeunes alligators, éclos dans une
malle, arrivèrent vivants en Angleterre.

Les alligators sont très-voraces; mais, comme les serpents et les tortues, ils peuvent néanmoins supporter de
longs jeûnes. Browne, dans son *Histoire naturelle de la
Jamaïque*, fait observer qu'on les a vus vivre, plusieurs
mois de suite, sans aucune nourriture appréciable. On
a fait plus d'une fois, dit-il, à la Jamaïque, l'expérience
suivante : les habitants lient la bouche d'un alligator
avec un fil de fer, et le jettent ainsi muselé dans un bassin, un puits ou un conduit d'eau. Là, ces animaux, à
la gueule scellée, vivent un temps considérable. On les
voit qui s'élèvent, de temps en temps, à la surface pour
respirer. Browne affirme aussi qu'en ouvrant l'animal,
on trouve généralement l'estomac rempli de pierres
d'une forme ovale, pointue, mais aplatie : elles semblent
avoir contracté cet aplatissement dans le viscère de
l'animal. Il n'y a donc pas moyen de douter que le reptile n'avale ces pierres pour aider à la digestion.

Il nous reste maintenant à étudier la vie de l'alligator
dans ses rapports avec l'homme. Jusqu'ici, ces rapports
ont été, de part et d'autre, peu bienveillants. On leur fait
la chasse; ils nous donnent la mort.

Je traduis le récit d'un voyageur anglais, M. Waterton :

« Les Indiens ont inventé une méthode pour prendre le caïman. Ils construisent pour cela un instrument très-simple. Figurez-vous quatre pièces de bois dur, longues d'un pied, à peu près aussi épaisses que votre petit doigt, et pointues à chaque bout ; on les noue autour d'une corde, de telle manière que, si vous vous représentez cette corde sous la figure d'une flèche, les quatre bâtons formeront la tête de la flèche. Maintenant, il est clair que, si le caïman avale cela (l'autre bout de la corde, qui est quelquefois longue de trente mètres, étant attaché à un arbre), plus l'animal tire, plus la pointe des bâtons s'accroche à son estomac. Le hameçon de bois — si l'on peut l'appeler ainsi — est bien amorcé avec de la chair d'acouri, et les entrailles de cet animal sont entortillées autour de la corde.

» J'assistai à cette chasse en 1845. A environ un mille de l'endroit où nous avions nos hamacs, les bancs de sable étaient escarpés et abrupts ; la rivière était tranquille et profonde : c'est là que les Indiens piquèrent dans le sable un bâton, long de deux pieds ; et à l'une des extrémités de ce bâton se trouvait fixée la machine de pêche. L'instrument était suspendu à environ un pied de l'eau, et l'autre bout de la corde s'attachait à un autre pieu, également bien enfoncé dans le sable.

» C'était le soir. Un des Indiens prit alors l'écaille vide d'une tortue de terre, et la frappa lourdement avec une hache. Je lui demandai pourquoi il faisait cela. Il me répondit que c'était pour avertir le caïman qu'il était servi. En fait, ce bruit équivalait au son de la cloche, qui, dans un hôtel bien tenu, appelle les voyageurs à dîner.

» Cela fait, nous retournâmes à nos hamacs, ne nous proposant point de visiter le piége avant le lendemain matin. Durant la nuit, les jaguars rugirent et grognèrent dans la forêt, comme s'ils eussent été en lutte avec le monde, et, par intervalles, nous pûmes entendre la voix des caïmans. Le rugissement des jaguars était formidable ; mais c'était de la musique, comparé au bruit sinistre des hideux reptiles.

» Vers cinq heures et demi du matin, l'Indien sortit à pas de loup pour aller donner un coup d'œil à l'amorce. En arrivant sur le lieu de la scène, il poussa une exclamation formidable. Nous sautâmes aussitôt à bas de nos hamacs et nous courûmes vers lui. Les Indiens étaient arrivés avant moi ; ils n'avaient point d'habits à mettre, tandis que je perdis deux minutes à chercher mon pantalon et à m'y glisser décemment.

» Nous trouvâmes un caïman long de dix pieds et demi, hameçonné au bout de la corde. Il ne nous restait plus qu'à le tirer hors de l'eau sans endommager les écailles.

» Je déclarai aux Indiens que mon intention était de tirer doucement l'animal de l'eau, et alors de m'en emparer. Ils se regardèrent les uns les autres en ouvrant de grands yeux : « Vous pouvez faire cela vous-même ! » s'écrièrent-ils ; « mais nous n'y mettrons pas les mains ; » le caïman dévorerait infailliblement l'un d'entre nous. » Cela dit, ils s'accroupirent sur leurs mains avec l'air de la plus parfaite indifférence.

» Les Indiens de ces déserts n'ont jamais été soumis à la moindre contrainte ; je les connaissais assez pour savoir que, si j'avais essayé de les forcer contre leur volonté, ils se seraient retirés, me laissant là, sans faire plus d'attention à moi qu'un chien à un moulin à vent, et qu'ils ne seraient jamais revenus.

» Mon Indien, Daddy Quashi, était d'avis, comme toujours, de recourir à nos fusils, les regardant comme nos plus sûrs et nos meilleurs amis. Je lui offris immédiatement de le coucher lui-même en joue pour le récompenser de sa couardise; il me pria d'être circonspect et de ne point me faire dévorer; puis, s'excusant, quant à lui, de son manque de résolution, il s'esquiva. Mes Indiens étaient maintenant qui conversaient les uns avec les autres : ils me demandèrent si je voulais les laisser libres de planter une douzaine de flèches dans le corps de l'animal et de le mettre ainsi hors de combat. Ce moyen eût tout gâté. J'avais fait environ trois cents milles dans l'intention de me procurer un caïman en bon état, et non pour rapporter un exemplaire mutilé. Je rejetai leur proposition avec fermeté, et fixai un regard dédaigneux sur les Indiens.

» Daddy Quashi s'était remontré : je le chassai sur le banc de sable à un quart de mille. Il m'a avoué depuis que, durant cette course, —moi poursuivant et lui fuyant — il avait manqué plusieurs fois de tomber mort de peur, car il croyait sincèrement que, si je l'avais saisi, je l'aurais jeté comme une boulette dans la gueule du caïman. Il y eut alors un moment de calme, pareil au silence qui précède un coup de tonnerre. Les Indiens voulaient tuer le monstre, et, moi, je voulais le prendre vivant. Cette opposition de vues mettait entre nous des abîmes.

» Je marchais de long en large sur le sable, roulant une douzaine de projets dans ma tête. Le canot était à une distance considérable; je commandai à nos gens de l'amener vers l'endroit où nous nous trouvions alors. Le mât avait huit pieds de longueur et n'était guère plus gros que mon poignet. Je l'arrachai du canot et enveloppai la voile autour de l'extrémité du bâton. Il m'était mainte-

nant démontré que si je m'avançais un genou en terre,
et que si je tenais le mât dans la position où un soldat
tient son fusil armé de la baïonnette lorsqu'il charge
l'ennemi, je l'enfoncerais dans la gorge du caïman, au
moment où l'animal viendrait à moi la gueule ouverte.
Je communiquai mon plan aux Indiens, ils rayonnèrent
et dirent qu'ils m'aideraient alors à tirer le caïman de la
rivière.

» — Pauvres gens, me dis-je en moi-même, vous êtes
braves maintenant que vous m'avez placé entre vous et
le danger !

» Je passai une dernière fois nos forces en revue avant
de livrer la bataille : nous étions quatre sauvages du sud
de l'Amérique, deux nègres d'Afrique, un créole, un
homme blanc du Yorkshire et moi-même. — En somme,
un étrange groupe, par le costume, les manières et le
langage !

» Daddy Quashy se tenait à l'arrière-garde ; je lui mon-
trai un grand couteau espagnol que je portais toujours à
la ceinture de mon pantalon : ce langage était pour lui
plus éloquent qu'un livre, et il souleva ses épaules dans
un mouvement de désespoir. Le soleil commençait à
poindre sur les hautes forêts du côté des montagnes de
l'est, comme pour jeter un regard sur notre petite armée
et pour l'exhorter à agir avec courage. Je plaçai tous
mes gens à l'extrémité de la corde, et leur ordonnai
de tirer jusqu'à ce que le caïman apparût à la surface de
l'eau, — et alors de le laisser retomber dans le fleuve.

» Je pris le mât du canot à la main et mis un genou en
terre, à environ quatre mètres du bord de l'eau, déterminé à pousser le bâton et la voile dans la gorge du
caïman, si l'animal m'en donnait l'occasion. J'éprouvais
certainement dans cette situation quelque chose qui res-

semblait à de l'inquiétude : je pensais à Orphée et à Cerbère sur les bords du Styx, mais ce n'était pas précisément un gâteau de miel que j'allais plonger dans les mâchoires du monstre. Nos gens tirèrent le caïman à la surface de l'eau ; arrivé aux régions de l'air, il se courrouça, puis replongea furieusement et disparut, dès que les Indiens relâchèrent la corde. J'en avais vu assez pour ne pas tomber amoureux de ma nouvelle connaissance. Je dis alors aux Indiens que c'était le moment de tout braver et d'amener le caïman à terre. Ils tirèrent de nouveau, et le caïman vint. Je maintins fermement ma position, l'œil fixé sur l'animal.

» Le caïman était alors à deux mètres de moi ; je vis qu'il était dans un état de crainte et de perturbation : je lâchai aussitôt le mât, bondis et sautai sur le dos du reptile. Comme j'avais fait un tour en m'élançant sur lui, je me trouvai dans la position d'un cavalier, la tête tournée vers la tête de sa monture. Je saisis immédiatement ses pattes de devant, et les entortillai de force sur son dos ; de cette manière, les membres de l'animal me servaient comme de bride.

» Le caïman semblait maintenant revenu de sa surprise ; et, se croyant sans doute en mauvaise compagnie, il se mit à plonger avec rage dans le sol mouvant et sablonneux, qu'il fouettait de sa queue longue et puissante. J'étais hors de la portée de ses coups, m'étant établi près de sa tête. Il continua de fouiller le sol comme s'il eût voulu s'y engloutir, et rendit ainsi, par ses mouvements furieux, ma situation de cavalier très-incommode. C'eût été, à coup sûr, un beau spectacle pour un artiste qui eût été partie désintéressée dans le débat.

» Les Indiens, autour de moi, rugissaient de triomphe :

ils étaient si bruyants, qu'il se passa quelque temps, avant qu'ils m'entendissent leur crier : « Tirez-nous, moi et ma » bête de somme, plus avant sur la plage. » Je craignais que la corde ne vînt à casser, et alors il y avait toute chance pour moi de m'en aller avec le caïman au fond des régions obscures et silencieuses de l'eau.

» Nos gens m'avaient maintenant remorqué à environ quarante mètres sur le sable. Après avoir fait des efforts répétés pour ressaisir sa liberté, le caïman céda, et devint tranquille par épuisement. Je me mis alors en devoir de lui lier les mâchoires. Nous eûmes encore une autre lutte à soutenir ; mais l'animal fut bientôt réduit et il redevint tranquille. Tandis que plusieurs de nos hommes appuyaient sur sa tête et sur ses épaules, je me jetai sur sa queue, et, la tenant abaissée sur le sable, je l'empêchai de nous redonner, comme on dit, du fil à retordre : — c'était, au contraire, lui, qui en avait un fameux dans la gorge ! Enfin, nous l'emportâmes dans notre canot, et, du canot, dans l'endroit où étaient nos hamacs. Là, je lui coupai la gorge, et, après que le déjeuner fut fini, je commençai la dissection. »

Dans le cours de l'année 1831, le propriétaire de Halahala, à Manille, dans l'île de Luçonie, m'informa qu'il avait plusieurs fois perdu des chevaux et des vaches dans une partie éloignée de sa plantation : les naturels assuraient que ces bêtes avaient été enlevées par un énorme alligator qui fréquentait un des courants, lesquels viennent se décharger dans le lac. Leurs descriptions étaient si colorées, qu'on les attribua à cet amour de l'exagération, auquel les habitants de cette contrée sont particulièrement enclins.

Tous les doutes sur l'existence de l'animal furent à la fin dissipés par la destruction d'un Indien qui avait essayé de passer le fleuve à cheval, — malgré les représentations de ses camarades, qui cherchaient à le détourner de son projet, et qui traversèrent le même fleuve, un peu plus haut, dans un endroit plus guéable. Lui gagna le centre du courant, et riait de la prudence timide des autres Indiens, lorsque l'alligator vint droit sur lui. Ses dents rencontrèrent la selle, que le reptile furieux arracha du cheval, tandis que le cavalier tombait de l'autre côté dans l'eau et cherchait à regagner la terre. Le cheval, refusant d'avancer, se tenait immobile, effrayé et tremblant, au moment où l'attaque avait eu lieu. L'alligator, dédaignant la bête, se mit à poursuivre l'homme, qui atteignit sain et sauf le rivage. — L'Indien aurait pu aisément remonter sur le bord, qui n'était pas très-escarpé ; mais, rendu plus hardi par sa fuite triomphante, il se plaça derrière un arbre qui était en partie tombé dans l'eau. Tirant alors un grand couteau, il s'appuya sur l'arbre, et, à l'approche de son ennemi, le frappa sur le nez. L'animal renouvela son attaque ; l'Indien redoubla ses coups ; mais l'assaillant, exaspéré à la fin par la résistance, se jeta sur l'homme, et le saisit par le milieu du corps, qu'il enferma tout entier dans ses larges mâchoires.

Les amis de l'Indien accoururent à son secours ; mais l'alligator quitta lentement le rivage, avec sa proie. La malheureuse victime, se tordant et criant dans les horreurs de l'agonie, avec son couteau à la main, semblait, selon l'expression de ses camarades « tendre le bras, comme un homme qui porterait une torche. » Ses souffrances ne furent pas de longue durée ; car le monstre plongea au fond de l'eau avec l'homme dans sa gueule et, peu après, reparut seul à la surface du fleuve. Là, calme et sans remords, il se chauffa aux rayons du

7.

soleil. Les spectateurs étaient frappés de terreur : la vue
de l'animal tranquille leur confirma la mort de leur camarade.

« Aussitôt après cet événement, raconte un voyageur
anglais, je fis une visite à Halabala, exprimant un fort
désir de prendre ou de détruire l'alligator ; mon hôte
m'offrit aussitôt ses services. L'animal avait été vu peu
de jours auparavant : sa tête et un de ses membres antérieurs reposaient sur le sable du rivage, et ses yeux suivaient les mouvements de quelques vaches qui paissaient
près de là. Notre rapporteur, qui était un Indien, com-
parait l'attitude du caïman à celle d'un chat guettant une
souris.

» Ayant entendu dire ensuite que l'alligator avait tué
un cheval, nous nous rendîmes sur les lieux, à environ
cinq milles de la maison de mon hôte. C'était un paysage
tranquille, et d'une singulière beauté — même pour cette
contrée où la nature est si belle. La rivière, à quelques
centaines de pieds du lac, se rétrécissait en un ruisseau ;
des bords verdoyants et frangés de bambous, des alterna-
tives de forêts et de clairières qui s'étendaient au loin et
au large, tel était le site admirable, gracieux, idéal, que
cette effrayante créature avait choisi pour y encadrer sa
hideur et ses appétits voraces. Quelques huttes de cannes
en petit nombre étaient situées à une courte distance
de la rivière ; nous rassemblâmes ce que ces huttes
contenaient d'hommes : ils étaient tout disposés à nous
prêter main-forte dans une expédition qui devait les
affranchir de leur dangereux ennemi. La terreur que le
monstre inspirait, surtout depuis la mort de leur compagnon, les avait empêchés de faire une tentative pour
se débarrasser du caïman ; mais ils se réjouissaient de
voir nos préparatifs, et, avec la dépendance habituelle de

leur caractère, ils se montraient prêts à suivre l'exemple que nous leur donnerions.

» Ayant des raisons pour croire que l'alligator était dans le cours d'eau, nous commençâmes les opérations, — je veux dire que nous tendîmes des filets à travers la bouche de la rivière. Ces filets étaient d'une grande force et appropriés à la chasse des buffles sauvages ; nous les attachâmes par des cordes aux arbres qui se trouvaient sur le rivage : ils formèrent ainsi un rempart complet, une sorte de clôture, qui interceptait les communications entre la rivière et le lac.

» Mon compagnon et moi, nous nous plaçâmes avec nos fusils sur un des côtés de la rivière, tandis que les Indiens avec leurs longs bambous allaient à la recherche de l'animal. Pendant quelque temps, l'alligator refusa de se montrer pour faire honneur à notre déclaration de guerre. Nous commencions à craindre qu'il ne fût hors des limites de notre chasse, quand un mouvement de l'eau me donna à penser. Je dirigeai l'attention des naturels sur une colonne liquide et mouvante qui tourbillonnait en spirale dans la profondeur du courant. L'effrayante créature se mouvait lentement au fond de la rivière dans la direction des filets, mais il ne les eut pas plus tôt touchés, qu'il tourna tranquillement et remonta la rivière. Il répéta ce mouvement plusieurs fois ; puis, ne se trouvant point en repos dans les limites où nous le tenions resserré, il essaya à plusieurs reprises de grimper sur le rivage. Une balle qu'il reçut dans le corps lui arracha un cri ou, pour mieux dire, un grognement semblable à celui d'un chien en colère. Plongeant alors dans l'eau, il traversa le courant et gagna la rive opposée à la nôtre ; là, il fut reçu et salué de la même manière : il essuya même une décharge en pleine gueule. Se trouvant attaqué de l'un et de l'autre côté de la rivière, il renouvela ses efforts pour escalader les bords ; mais tout ce qu'il montrait de son corps était à l'instant même criblé de balles. L'animal sentit alors qu'il était harcelé, et, oubliant ses formidables moyens d'attaque, il songea seulement à se mettre à couvert contre les dangers qui l'entouraient.

» Un endroit bas, qui séparait la rivière du lac, un peu au-dessus des filets, n'était point gardé, et nous craignîmes que l'animal ne nous échappât en se sauvant par cette ouverture. Il fut donc résolu qu'on lui opposerait, de ce côté-là, un front de bataille. L'ennemi fit, en effet, plusieurs tentatives pour forcer le passage ; nous le reçûmes avec des lances, des bambous et tout ce qui avait pu tomber sous la main de nos hommes : il battit en retraite. Une dernière fois, cependant, il parut déterminé à s'ouvrir un chemin : — écumant de rage, les mâchoires ouvertes, grinçant des dents, il s'élança avec un bruit trop terrible pour qu'on pût dédaigner ce présage du désespoir.

» Il semblait donc avoir réuni toutes ses forces, lorsque son progrès fut arrêté par un grand bambou enfoncé violemment dans sa gueule. L'animal furieux mit le bambou en pièces, et les doigts de l'homme qui tenait la lance furent paralysés, au point que, durant quelques minutes, il lui devint impossible de saisir son fusil. Les naturels étaient maintenant assez excités pour oublier toute prudence : les femmes et les enfants du petit hameau étaient descendus sur le rivage pour se joindre à l'enthousiasme général. Tous se rassemblèrent en foule, et ils se montrèrent si insoucieux du danger, qu'il fut nécessaire de les écarter — non sans quelque violence. Si le monstre avait connu sa force, et s'il avait osé s'en servir, il eût broyé, dans ce moment-là, ou entraîné avec lui dans le lac toute la population de ces lieux.

» Il n'y a rien d'étonnant à ce que le sentiment de conservation personnelle se fût effacé sous l'enthousiasme; car la scène était vraiment émouvante. L'effroyable bête, irritée par ses blessures et ses défaites réitérées, s'ouvrit un chemin à travers l'eau écumante, jetant un coup d'œil d'une rive à l'autre, dans l'espoir d'éviter ses ennemis. A la fin, fou de souffrances, désolé de se voir circonscrit dans un cercle étroit et d'être en butte à une persécution sans relâche, le caïman s'élança furieusement vers la bouche de la rivière et creva deux des filets. A ce moment-là, je laissai tomber mon fusil de désespoir, car il semblait que le chemin du lac lui fût maintenant ouvert. Mais le troisième filet l'arrêta; ses dents et ses griffes restèrent même embarrassées dans les mailles du réseau. Cela nous donna l'occasion de le saluer de plus près avec nos lances, comme on fait dans la chasse aux buffles. Nous avions éprouvé ces armes au commencement de l'attaque, et nous les avions trouvées plus efficaces que les fusils.

» Sautant dans un canot, nous plongeâmes aussitôt lance après lance dans la chair de l'alligator : une forêt semblait pousser de son corps, et cette forêt s'agitait violemment à la surface, tandis que l'animal se tenait à demi caché sous l'eau, où il se débattait. Les efforts frénétiques qu'il faisait pour se débarrasser avaient changé l'eau en une écume mêlée de sang : ces pertes ne semblaient point épuiser sa vitalité ni diminuer sa force de résistance, jusqu'au moment où une lance le frappa directement à travers le milieu du dos. Un indigène enfonça ensuite cette lance avec un morceau de bois, comme on enfonce un clou avec un marteau. Mon compagnon, d'un autre côté, cherchait maintenant à entraîner l'alligator vers le rivage, en tirant les filets dans lesquels le monstre s'était lui-même accroché; mais il n'avait pas avec lui des forces suffisantes pour en venir à bout. Comme j'avais plus de bras à mon service, nous travaillâmes, avec l'aide des femmes et des enfants, à attirer la tête et une partie du corps de l'animal vers la petite grève où la rivière se joint au lac; et, là, lui donnant le coup de grâce, nous le laissâmes exhaler le reste de sa vie sur le sable.

» Je mesurai alors le reptile : son ventre avait plus de treize pieds de circonférence, dilaté qu'il était par le repas immodéré que l'alligator avait fait.— On se souvient qu'il avait mangé un cheval. — Comme le monstre n'était encore qu'en partie hors de l'eau, je pris une corde qu'un Indien tendit vers la queue de l'alligator, tandis que je me plaçai à la tête. La longueur ainsi mesurée était de trente-deux pieds. Dans le moment, je doutai de la bonne foi de mon assistant, à cause de la répugnance qu'il manifestait à entrer dans l'eau, craignant, disait-il, que la femelle de l'alligator ne fût dans le voisinage. Un examen plus calme et plus attentif réduisit cette longueur à trente pieds, ce qui est encore formidable. En l'ouvrant, nous trouvâmes trois jambes du cheval entières et une grande quantité d'os, dont quelques-uns étaient du poids de plusieurs livres. »

Je ne finirais pas si je transcrivais tous les épisodes que j'ai entendu raconter au Mexique par des témoins oculaires. La guerre contre les alligators est toute une iliade, à laquelle il ne manque, jusqu'ici, qu'un Homère.

Le Claro n'est pas le plus important, mais c'est un des plus admirables fleuves du Mexique. Ses eaux sont belles et transparentes, et, comme si elles refusaient de se

mêler aux eaux moins pures de la Madeleine, elles se
répandent, au point de jonction, en un lac tranquille.
Quoique le caïman ou l'alligator ne remonte point le
Claro, il abonde — chose remarquable — dans ce lac.
Là, on peut voir ces animaux par milliers, et on les
prendrait volontiers pour des arbres récemment tombés,
mais revêtus néanmoins de leur écorce fraîche et verte.
Ils sont si étroitement serrés les uns contre les autres,
qu'ils ressemblent à des trains de bois, faits pour descendre le courant. Ces monstres vigilants se tiennent si
tranquilles quand ils sont en train de guetter leur proie,
qu'ils laisseraient un bateau effleurer leur impénétrable
cotte de mailles, sans changer de position. Heureusement, ils ne cherchent jamais à envahir les barques ;
mais, si quelque chose de bon pour eux tombe par-dessus bord, ou est jeté dans le lac, ils happent bravement
la nourriture, sans se soucier des cris et, dans quelques
cas, des coups de perche que leur infligent les hommes.

Une pauvre fille avait été tentée de cueillir des fruits
d'un arbre qui pendait sur l'eau de ce fleuve : elle
tomba d'une des branches et fut à l'instant même saisie
par un de ces terribles animaux. Son frère vit cet affreux
spectacle et donna l'alarme ; mais ce fut en vain ; elle
avait disparu pour jamais. L'inquiétude se répandit et
aussi le désir de détruire le monstre. On croyait, en
effet, que le caïman, qui avait mangé cette jeune personne,
retournerait à la même place, et, là, attendrait quelque
autre proie humaine.

On s'organisa donc pour une expédition. Des milliers
de balles furent lancées contre chaque caïman qui se
montrait ; on espérait ainsi venger la mort de la pauvre jeune fille ; mais les balles glissaient ou dansaient
sur le dos d'airain des impénétrables créatures. Ces rep-

tiles ne sont vulnérables qu'en deux endroits, l'œil et la jointure de l'épaule. — L'œil est petit et généralement demi-clos. L'autre point d'attaque ne se présente que quand l'animal marche à terre, ou quand il se chauffe au soleil sur le sable des petites îles.

Sur ces petites îles ou bancs de sable, les alligators déposent leurs œufs, qui ne sont guère plus gros que des œufs de cygne. La couleur est d'un gris sale, triste et pâle. La surface n'en est pas aussi polie que celle des œufs d'oiseaux ; elle est dure et désagréable au toucher, comme la surface du marbre brut. Les rayons du soleil couvent les jeunes caïmans, dont le premier soin, au sortir de l'œuf, est de se soustraire à la voracité de leurs terribles parents. L'activité des mouvements est alors pour cette intéressante progéniture le meilleur système de protection.

L'animal adulte a, comme nous l'avons dit, de la peine à se tourner ; les jeunes savent cela, et ils profitent de cette circonstance pour échapper, en fuyant çà et là, aux mâchoires du père, souvent même de la mère — mâchoires toujours ouvertes et toujours prêtes à détruire leur propre race !

Le caïman est très-poltron ; il saisit sa proie à la manière d'un voleur, bien plutôt qu'il ne l'attaque, surtout quand il prévoit de la résistance. J'ai vu prendre ces animaux avec les armes les plus simples — des cordes, des bâtons. La corde, nouée en manière de lacet, est jetée sur l'animal indolent et paresseux à se mouvoir. Les bâtons ou les pieux servent à maintenir les cordes, à bâillonner le caïman, à briser ses pesantes mâchoires. Ce divertissement n'est pourtant pas commun ; car il réclame un concours de circonstances favorables. Il faut rencontrer pour cela l'animal endormi ou renversé sur le dos après un repas copieux ; il faut, en outre, qu'il n'ait point de camarades autour de lui — ce qui est très-rare ; il faut enfin que la situation dans laquelle on le surprend permette de l'approcher sans trop de danger. Dix hommes d'un courage à l'épreuve et exercés à cette chasse ne sont pas de trop pour assurer le succès d'une telle entreprise. Quelquefois un bon tireur envoie au monstre une balle dans le cerveau, à travers l'orbite de l'œil — ce qui cause instantanément la mort. Mais telles sont généralement la crainte et l'horreur inspirées par ces formidables créatures, que la capture ou la mort d'un alligator est un événement. Les naturels célèbrent cet exploit par des cris de joie tumultueux.

Le fait suivant, raconté par un voyageur anglais, donnera une idée de la juste haine qui s'attache à ce dangereux animal :

« Nous crûmes bon, dit-il, de rester trois jours à Cara, un village voisin. Là, nous trouvâmes le corps d'un alligator qui avait été récemment détruit. Quelque instrument dur et tranchant avait, sans doute, été jeté dans sa gueule, car la langue était déchirée et presque arrachée, et le sang avait coulé avec une si grande abondance, que le sable, quoique brûlant, ne l'avait pas encore bu. L'animal gisait dans ce sang noir et coagulé. Il avait été évidemment tiré par force de la rivière. Une bande de vautours chauves nous regardait ; il leur tardait, sans doute, de commencer leur festin, et ils attendaient pour cela notre départ. Les chiens, eux, qui ne craignent point l'homme, avaient déjà porté de bons coups de dent à la langue pendante du monstre ; ils grognaient quand nous les écartions du festin : nous fûmes obligés de recourir au bâton, car nous voulions nous procurer une dent de l'alligator pour chaque homme de notre société. Il était

difficile de briser ces fortes dents, car nous n'avions sous la
main que des cailloux dont nous nous servîmes en guise
de marteaux; quant à arracher ces défenses implantées
dans d'énormes mâchoires, c'était une tentative impraticable. Nous comptâmes soixante et dix de ces dents destructives dans la tête de l'animal, qui avait douze pieds
de longueur. Une chaîne de rudes et pyramidales écailles
s'étendait de la tête jusqu'à la queue, et les pieds de devant étaient recouverts d'une substance si dure, que
nous brisâmes un canif en voulant en couper un morceau. Les pattes de derrière étaient beaucoup plus longues que les membres antérieurs et armées de plus formidables griffes.

» Notre examen fut interrompu par une bande de gens
qui s'avançaient d'un pas rapide et qui étaient évidemment sous le coup d'une grande excitation : une femme,
les cheveux épars, les yeux allumés par l'éclair du
triomphe, et brandissant à la main une lance ensanglan-
tée, criait d'une voix que l'excès de l'émotion rendait
presque rauque : « J'ai tué le caïman! j'ai tué le caïman! »
Elle frappa l'animal mort avec son arme; puis elle ne
put articuler une parole de plus; des sanglots de la plus
sauvage tristesse succédèrent aux accès de sa joie pas-
sionnée. Épuisée, elle s'évanouit et fut portée sans connaissance, par ses amis, au village voisin.

» Nous apprîmes bientôt la cause de cette amère douleur, mêlée d'une enthousiaste expression de vengeance.

» Une personne qu'on avait laissée dans l'endroit
même, en lui confiant la charge de veiller sur le caïman
mort, me dit :

» — Cette pauvre femme gagne sa vie à porter l'eau
de la rivière au village. Ce matin, Barranca — comme
nous l'appelons à cause de l'endroit qu'habite sa famille

—se penchait pour remplir sa calebasse, juste à l'endroit
où l'eau est ombragée par un bouquet d'arbres. Son enfant
tomba dans le courant et fut, à l'instant même, coupé en
deux par un alligator qui se tenait aux aguets. Barranca
se jeta hardiment dans la rivière, et sauva ce qui restait
de son enfant, — hélas! de tristes lambeaux, qu'elle disputa à la dent vorace du destructeur.

» L'acte de Barranca était audacieux : si quelqu'un
avait été présent dans ce moment-là, il aurait certainement détourné cette femme de son projet; mais elle est
toujours à l'ouvrage avant les autres habitants du village. Ce fut une matinée désastreuse. Par suite d'un
long commerce, Barranca connaissait très-bien les
mœurs du caïman et la manière de prendre cet animal;
mais, dans toute autre circonstance que sous l'impul-
sion du délire et du désespoir, elle n'aurait jamais osé
faire ce qu'elle a fait. Elle courut chez elle : prenant la
lance de chasse qui avait appartenu à son mari, elle
attacha deux couteaux tranchants et la lame d'un rasoir
à la pointe de l'arme. Puis elle amorça le tout avec ce
qui lui restait du corps de son enfant.

» Cela fait, elle se tint elle-même en embuscade derrière un arbre auquel l'instrument de mort était fixé par
un nœud de corde. Là, immobile, elle attendit que le
même caïman, alléché par le premier morceau, vînt rede-
mander la suite de son repas interrompu. Barranca
réussit dans sa terrible expérience; avec une force em-
pruntée à l'excitation du moment et aux entrailles d'une
mère, elle tira le monstre de son élément naturel, puis
le vit expirer sur le sable. »

Malgré le naturel féroce et brutal de l'alligator, j'hésite
à le déclarer indomptable. M. Jesse, un inspecteur des
travaux publics, attaché au gouvernement américain,

prit, un jour, un jeune alligator dans les marais. Il apprivoisa si bien l'animal, que ce dernier le suivait comme un chien. L'alligator cherchait à monter derrière lui les escaliers, lui témoignait toute sorte de tendresse et de docilité. Néanmoins, le principal favori du reptile était une chatte : je dois dire que cette amitié était réciproque. Quand la chatte était en train de se reposer devant un bon feu (c'était à New-York), l'alligator se couchait, plaçait sa tête sur celle de Minette, et, dans cette attitude, se livrait aux charmes du sommeil. Quand la chatte était absente, le crocodile témoignait de l'inquiétude ; mais il semblait toujours heureux quand la chatte revenait près de lui. La seule fois qu'il montra quelque férocité, ce fut dans une circonstance où il attaqua un renard qui était attaché dans le jardin. Probablement, il entrait, dans l'accomplissement de ce meurtre, des circonstances atténuantes ; le renard avait, sans doute, des torts : il eût fallu entendre sur ce point l'alligator plaidant lui-même sa cause. Quoi qu'il en soit, le reptile, en attaquant le renard, ne fit pas usage de sa gueule ; il se contenta de le battre avec sa queue. Ce traitement n'en fut pas moins si sévère, que, si le renard n'eût réussi à rompre sa chaîne, l'alligator l'aurait vraisemblablement tué sur place. On nourrissait ce reptile avec de la viande crue et quelquefois avec du lait — pour lequel l'animal témoignait la plus grande avidité. Pendant l'hiver, on le renfermait dans une boîte avec de la laine ; mais, une nuit, on oublia de prendre cette précaution, et l'alligator fut trouvé mort le lendemain matin.

Nous avons vu que, dans l'hiver et dans les temps de grande sécheresse, les alligators s'enfouissent euxmêmes sous le sol et, là, tombent dans un état de torpeur. Cette circonstance a, sans doute, donné lieu à

l'histoire que j'ai entendu plus d'une fois raconter dans
l'Amérique du Sud — celle d'un gardien qui avait élevé
sa hutte, sans le savoir, sur le dos d'un alligator :
l'homme ne s'aperçut de la chose qu'au moment où,
rappelé à la vie par une température plus favorable, le
reptile s'agita, et où la maison se mit en marche avec
l'animal.

LACERTIENS

LE MONITOR

Nous venons de traverser la famille des crocodiliens,
qui contient trois genres : le crocodile proprement dit,
au museau oblong et déprimé, aux dents inégales; — le
gavial, au museau grêle et très-allongé, aux dents à peu
près égales; — l'alligator, au museau large, obtus, aux
dents inégales, aux pieds à demi palmés.

La seconde grande division des sauriens comprend les
lacertiens ou lézards, dont les caractères sont une langue
mince extensible et terminée en deux filets comme celle
des couleuvres et des vipères, un corps allongé et des
pieds dont les cinq doigts sont armés d'ongles.

Les monitors sont des lézards de la plus grande taille.

8.

Ils habitent les deux hémisphères. Leur corps est recouvert d'écailles tuberculaires, distribuées en anneaux ou bandes sur le dos et sur les côtés. Leur langue est charnue, et ils ont le pouvoir de la darder à une distance considérable. Les uns vivent à terre et les autres dans les eaux. Dans les anciens temps, on les a pris plus d'une fois, à cause de leur grandeur, pour des crocodiles. Ils dévorent tout ce qu'ils peuvent atteindre.

Les monitors se rencontrent dans les précipices du sud de l'Afrique, au milieu des rochers, ou sur les montagnes pierreuses. Surpris, ils cherchent à se cacher dans les crevasses, les trous, les anfractuosités. Lorsque des saillies s'avancent à la surface des rocs ou des pierres, ils s'y attachent si fermement avec leurs orteils, que ce n'est point une petite difficulté que de les déloger de leur position. Dans ce cas, la force d'un homme est impuissante à détacher le monitor qui a atteint toute sa croissance. J'ai vu deux personnes employées à tirer l'un de ces animaux ainsi accroché au roc, et ce n'était pas trop de deux hommes, en vérité, quoique leurs efforts fussent secondés par une corde qu'on avait fixée aux pattes de l'animal. Au moment où il fut arraché de son roc, il se porta avec fureur sur ses ennemis, qui n'échappèrent que par la fuite aux cruelles morsures de l'animal. Quand il fut tué, on découvrit que les pointes de tous ses ongles avaient été brisées, sans doute au moment où il avait glissé malgré lui sur le granit, en l'égratignant.

Le monitor se nourrit de grenouilles, de crabes et de petits quadrupèdes. C'est la raison pour laquelle on le rencontre parmi les rochers qui se dressent sur le bord des sources ou des eaux courantes. Cette circonstance a été remarquée par les naturels, qui regardent cet animal comme sacré et qui croient qu'on ne peut l'offenser sans s'exposer au fléau de la sécheresse.

La sauvegarde est une espèce de monitor qui habite l'Amérique tropicale : elle vit dans les bois, les champs ; ont dit qu'elle fait des terriers dans les sables et qu'elle y passe l'hiver. Poursuivis, ces reptiles se jettent à l'eau. Leur chair est très-estimée. Toute leur nourriture consiste en fruits, en insectes, en serpents, en œufs et en miel. Selon d'Azara, ils attaquent les ruches d'abeilles en se précipitant sur ces ruches à plusieurs reprises et en les frappant avec la queue ; par ce moyen, ils chassent les abeilles de leur domicile et s'emparent du miel qui s'y trouve.

« Un jour, dit madame Bowdich, un monitor (je ne sais de quelle espèce) fut apporté à bord du navire sur lequel je visitais les îles de Los. Une femme du pays l'avait donné à un des hommes attachés au service du vaisseau. Il venait d'être tué, et la femme fit signe au marin de le manger. Celui-ci me fit la politesse de me le présenter, mais je déclinai cet honneur ; car, dans ce temps-là, j'éprouvais une sorte d'horreur à l'idée de manger des lézards. Les hommes de l'équipage se mirent donc à cuire le monitor pour eux-mêmes : ils le trouvèrent excellent et m'invitèrent à le goûter. Je n'eus point à me repentir de ma complaisance, car je le trouvai aussi bon que le poulet le plus délicat. »

On a dit que, dans certains cas, l'espèce des sauvegardes avertit l'homme de l'approche des crocodiles par un sifflement. C'est à cette croyance que l'animal doit son nom. Les monitors aquatiques passent pour rendre le même service. Mais beaucoup de naturalistes regardent cette admonition comme une erreur populaire. Ce qui est certain, c'est que le voisinage des eaux rapproche

quelquefois les monitors des crocodiles et des caïmans.
Ces monstres aquatiques (ce sont les monitors que je
veux dire) mangent les poissons, les tortues, les autres
lézards, les œufs d'oiseaux et les petits quadrupèdes.
Pour la chasse de ces derniers, ils se mettent en embuscade sur la rive et attirent leur proie dans l'eau. On
trouva, dans l'estomac d'un de ces reptiles, l'os de la
cuisse d'un mouton.

LES IGUANIENS

La langue épaisse des animaux de cette famille en fait
un groupe séparé. Les uns ont des dents ; les autres n'en
ont pas. Tous ont un fanon ou un repli de la peau qui
s'étend sous la tête et le cou, et qui ressemble à une
poche. Ils se nourrissent de végétaux, et leur nom
commun dans les Indes occidentales est *guana* ou
vénus.

Les naturels le considèrent comme le meilleur plat
qu'un épicurien puisse servir à ses amis, un jour de fête.
Les œufs sont aussi très-estimés : ils ont une couverture
extérieure lisse, et le jaune ne durcit jamais. Sir Robert
Schomburgk nous dit en avoir vu prendre des centaines
en très-peu de temps sur les bancs de sable de l'Essequibo, en Guyane. Jusqu'à ce qu'on les attaque, ils
ne mordent pas ; mais, si on les harcèle, ils deviennent
extrêmement féroces.

M. Gosse rapporte un exemple singulier du pouvoir
qu'exerce le son sur ces lézards. Il s'approcha doucement d'un iguanien en sifflant un air. Aussi longtemps
que cette musique continua, l'animal se tint tranquille ;

mais, quand le son cessa, il devint tout à fait sauvage et mordit tout ce qui se trouvait à sa portée. Sa couleur verte tourna au noir, puis à un bleu sombre, avec des bandes plus foncées sur le corps et une teinte brun noirâtre sur la queue ; la seule trace qui restât de sa couleur originelle se trouvait alors vers la région des yeux. Il saisit furieusement un morceau de linge et ne le lâcha point durant plusieurs heures de suite. Mis dans une cage, il cherchait à mordre hors des barreaux tout ce qu'il pouvait atteindre. A la nuit, il devint vert et les changements de couleur furent très-rapides. Après quatre semaines d'emprisonnement, il fit peau neuve et mourut.

Une effrayante espèce d'iguaniens se rencontre en Australie : on l'appelle le *moloch horrible*. Il est si recouvert d'écailles de différentes formes, si hérissé d'épines de diverse grosseur, si bariolé de sombres couleurs, qu'il dépasse tous les autres lézards en laideur et en singularité, surtout quand l'animal attire l'air extérieur dans les cavités de son corps.

Le fait suivant se rapporte à une espèce lilliputienne d'iguaniens.

« Il y a quelques années, j'avais deux exemplaires vivants du joli anolis vert des Indes occidentales — un lézard de la taille de nos plus petits lézards. J'avais l'habitude de le nourrir avec des mouches et d'autres insectes. Un jour, je plaçai dans sa cage une grande araignée de jardin (*epeira diadema*) ; un des deux lézards se jeta sur elle, mais la saisit seulement par la patte. L'araignée se mit aussitôt à courir en rond autour de la bouche du reptile, dévidant un très-gros fil autour des mâchoires, puis elle le mordit rudement à la lèvre ; — absolument comme fait cette espèce d'araignée avec les gros insectes

qu'elle a pris. Le lézard était dans un véritable état de détresse ; je tirai l'araignée hors de la cage, puis je dénouai
le fil qui liait la bouche du reptile et qui semblait le
gêner beaucoup ; mais, au bout de quelques jours, il
mourut. Il était, avant cet accident, c'est-à-dire avant la
morsure de l'araignée, dans un état de santé parfaite,
ainsi que son compagnon, — lequel vécut encore longtemps. »

LE LÉZARD

Combien je plains les personnes qui nourrissent des
préjugés contre cette classe d'animaux — les reptiles !
Combien surtout est répréhensible la conduite de ceux
qui inculquent aux enfants une aversion sans motif
contre des êtres innocents qui rampent à la surface de
la terre ! Ils privent ainsi les autres et se privent eux-
mêmes d'une des plus pures jouissances, celle d'étudier
les œuvres de Dieu avec un cœur ouvert et des yeux
bienveillants. Je dois au groupe de nos lézards britanniques des heures d'étude si calmes, si heureuses, si bien
employées !

La famille des lézards constitue, comme on a pu le
voir, un assemblage de créatures qui varient grandement
entre elles par la taille, par les formes et par les habitudes : ces reptiles habitent les bois, les eaux, les ruines,
les plaines, les déserts. C'est dans les pays chauds que
se développent, chez ces animaux, les plus vives couleurs,
l'aspect le plus étrange, les formes les plus gigantesques
et les plus redoutables. A mesure que nous quittons les
terres brûlées par le soleil et que nous nous avançons

vers le Nord, nous arrivons bientôt à la limite de leur
puissance ; ils diminuent en nombre, en grandeur et en
force. Dans les régions boréales, il est aisé de voir que
nous avons passé les bornes de leur distribution géographique. Dans notre île, par exemple, — l'Angleterre —
nous possédons seulement deux espèces de lézards : le
lézard commun, *zootoca vivipara*, et le lézard des sables,
lacerta agilis.

Les halliers, les bruyères, les bords des ruisseaux et
des rivières, les vergers sont les gîtes favoris de notre
petit lézard commun, qui est si gracieux, si prompt, si
agile dans ses mouvements ! Ces animaux abondent surtout dans certaines localités. Je me promenais, un jour
d'été, et par une belle chaleur, le long d'un banc de
sable, recouvert de bruyère. C'était dans le Berkshire :
je comptai plus d'une douzaine de lézards dans un
espace de quelques mètres : ils se chauffaient au soleil
et probablement guettaient les insectes, dont ils font
leur nourriture. Il est étonnant de voir avec quelle vé-
locité ces agiles créatures plongent en un clin d'œil et
disparaissent sous la verdure comme des poissons sous
l'eau.

Les lézards ne sont ni moins prompts, ni moins alertes
pour saisir leur proie. Du moment qu'un insecte vient
vers ces reptiles ou se pose sur une feuille à une distance convenable, les yeux brillants des lézards le visent,
et, le moment d'après, il est pris, avalé. L'acte est merveilleusement vif et instantané. Il faut que la vue de ces
petits animaux soit bien perçante et leur ouïe bien fine.
Au moindre bruit, au mouvement d'une branche, au
frôlement des feuilles contre les feuilles, je les ai vus
s'élancer vers leurs terriers. Après un certain temps,
ils reparaissent en se tenant sur leurs gardes, et, à la

moindre alarme, ils cherchent de nouveau un refuge dans leurs retraites.

Différent de la plupart des autres lézards — qui produisent des œufs recouverts d'une membrane et qui les déposent dans le sable ou dans tout autre endroit, pour les faire couver par la chaleur du soleil, — notre lézard commun met au jour des petits vivants. Les œufs sont couvés, cette fois, dans le corps de la mère. Cette espèce est donc ovovivipare. La membrane qui enveloppe les œufs est très-mince, et la femelle, au mois de juin, passe une grande partie du jour à se chauffer au soleil. Elle agit vraisemblablement ainsi en vue de recevoir la chaleur vivifiante qui est nécessaire pour l'éclosion des petits. Ce qui se passe ailleurs sur le sable se passe ici dans l'animal.

Le nombre de jeunes auxquels le lézard vivipare donne naissance est de quatre ou cinq. On les voit quelquefois dans la compagnie de leur mère ; mais il est difficile de dire s'il existe entre eux et elle un lien de famille. Le plus probable est que les jeunes demeurent dans l'endroit où ils sont nés et où leur mère a son terrier : ils s'en éloignent par degrés, à mesure qu'ils croissent en taille et en force. A partir du jour de leur naissance, ils sont, d'ailleurs, en état de courir çà et là, et ils se montrent bientôt capables de chasser leur proie.

Ces lézards sont recouverts de petites écailles imbriquées.

Le lézard des sables (*lacerta agilis*) est une espèce plus grande que le lézard vivipare : on en trouve quelquefois qui ont un pied de longueur.

Il paraît y avoir deux variétés : l'une — la plus commune — est d'un brun sablonneux, plus ou moins riche, avec des raies longitudinales, et une série de petites taches noires ocellées, dont chacune a un point blanc ou jaunâtre au centre; l'autre variété a la partie supérieure du corps d'un vert brun.

La résidence ordinaire de ce lézard est dans les bruyères sablonneuses. Quoique moins rapide dans ses mouvements que le lézard vivipare, il court avec une agilité extraordinaire. La surface de son corps imite exactement les couleurs du sable et de la bruyère. La variété verte recherche les localités verdoyantes. Sa retraite est un terrier qui diffère en profondeur, et qui s'ouvre sous une touffe d'herbe ou entre les racines d'un arbre. C'est dans ce terrier que le lézard prend ses quartiers d'hiver, après avoir eu soin de fermer l'entrée avec de la terre et des feuilles sèches. Il ne reparaît plus avant le retour de la belle saison.

Ce reptile se nourrit d'insectes. Ses mouvements sont serpentins. Saisi au moment où il cherche à se sauver, il se retourne et mord. Pris, il supporte mal la captivité, évite l'œil de l'observateur et finit toujours par mourir. Il est par nature extrêmement timide et, différent en cela du beau lézard vert de l'Europe méridionale (lacerta viridis), il ne se laisse jamais apprivoiser.

Le lézard des sables est ovipare; il dépose ses œufs — au nombre de quatorze ou de quinze — sur le sable, dans des trous qu'il a creusés pour les recevoir; puis il les recouvre soigneusement, se fiant pour le reste aux rayons incubateurs du soleil. Les petits, au moment où ils sortent de l'œuf, sont actifs et mènent tout de suite une existence indépendante.

Je me reposais, un jour d'été, au bord d'une fontaine qui réjouit mon petit bois de son babillage. Sur le sable fin et doré, courait au soleil un couple de lézards, appartenant à l'espèce commune. Leur petite armure luisait au

9

soleil comme une cotte de mailles. Le ciel bleu et incan-
descent me rappelait, ce jour-là, l'Égypte ou l'Inde, berceau de l'humanité. Ce ruisseau me fit l'illusion du Nil
ou du Gange : l'imagination n'est-elle point un verre
grossissant? Les deux lézards étaient deux crocodiles.
Et je me dis : « A quoi bon quitter son pays? à quoi
sert à l'homme de courir le globe au milieu des dangers
et des fatigues? Ne trouve-t-on pas ici — sur une petite
échelle, je l'avoue, mais sur une échelle, après tout, que
la rêverie peut agrandir — toutes les merveilles de la
nature? La science a cela de merveilleux que les infiniment petits valent à ses yeux les infiniment grands. Les
uns et les autres ne sont-ils pas tombés de la même main
toute-puissante? N'est-ce point, d'ailleurs, un abîme de
réflexions digne du philosophe et du naturaliste que de
rechercher les causes géographiques qui ont réduit, dans
nos climats, les formes colossales et presque fabuleuses
du crocodile aux proportions du lézard? »

M. Beltrami communiqua, il y a quelques années, à
l'Académie des sciences de Paris, quelques détails curieux
sur un lézard à deux têtes qui vécut cinq mois. Lui pré-
sentait-on un insecte, les deux têtes de l'animal cherchaient à le saisir, et celle des deux têtes qui avait
manqué la proie, essayait de l'arracher à l'autre. Quand,
néanmoins, une des deux têtes était rassasiée, l'autre refusait la nourriture; mais, si on lui offrait de l'eau, la
bouche qui était vide buvait pour celle qui avait mangé ;
et cette dernière, à son tour, refusait de boire, quand la
soif de sa compagne était étanchée.

L'animal avait cinq pattes, dont quatre, placées dans
la position ordinaire, lui servaient à la locomotion; la
cinquième était située au point d'intersection des deux
cous. Cette dernière patte avait neuf orteils distincts, —

circonstance qui résultait évidemment de la réunion des deux membres antérieurs. Elle servait à l'animal pour porter alternativement la nourriture aux deux bouches. On observa qu'elle ne présentait jamais les aliments deux fois de suite à la même tête, et, quand elle avait commencé par la tête droite, elle finissait toujours par la gauche. Les deux têtes et les deux cous étaient, d'ailleurs, parfaitement formés et d'une dimension égale. L'animal appartenait à un apothicaire d'Argelles, M. Rigal, qui chercha à le défendre contre le froid de l'hiver, en le tenant dans son lit pendant la nuit ; mais, un matin, il le trouva étouffé. Ce monstre bicéphale fut conservé dans l'esprit-de-vin et déposé au secrétariat de l'Académie.

LE DRAGON VOLANT

Qui n'a entendu parler du dragon ? — Les anciens ont fait de ce monstre volant un des ornements de leur mythologie. Il est ensuite devenu célèbre dans les légendes du moyen âge. Que dis-je ? les naturalistes eux-mêmes nous ont laissé des récits éloquents sur les exploits de cette race d'êtres, doués d'une puissance mystérieuse et terrible.

Pline nous raconte qu'on trouvait les dragons en Éthiopie et dans le voisinage du mont Atlas ; que quelques-uns d'entre eux étaient ailés et capables de vomir des flammes ; que d'autres n'avaient point de pieds. Aristote, le grave Aristote lui-même, dit qu'ils empoisonnent l'air avec leur souffle. Élien nous les représente comme les ennemis jurés des aigles, et un grand nombre d'autres auteurs ont débité sur leur compte bien d'autres merveilles.

On lui attribuait, dans ces divers récits, une puissance extraordinaire : il immolait, disait-on, ses victimes d'un seul coup d'œil ; il se transportait d'un lieu à un autre à travers les nuages et avec la rapidité de l'éclair ; il dissipait les ténèbres de la nuit par la splendeur terrifiante de ses yeux flamboyants ; il réunissait l'agilité de l'aigle à la force du lion et à la taille du grand serpent. Quelquefois, même, on le représentait avec une figure humaine — et on lui accordait une intelligence presque divine. Proclamé ainsi par la voix sévère de l'histoire et de la science, célébré en tout lieu, décrit d'âge en âge avec un soin particulier, adoré encore de nos jours par les habitants de l'Empire Céleste, le dragon s'est montré partout — excepté dans la nature.

Ce n'est pas, en effet, cet animal fabuleux que nous avons en vue en parlant du dragon ; c'est une petite créature inoffensive, qui n'a rien de commun avec le dragon des anciens que le nom et la propriété de voler — plus ou moins.

On se demande naturellement comment des créatures imaginaires, dont la race n'exista jamais que dans le cerveau de l'homme, ont pu donner lieu à tant d'histoires merveilleuses, qui se sont pourtant imposées à la crédulité publique. Qui de nous n'a rêvé de dragons ? Qui ne se souvient du rôle important que jouaient ces êtres surnaturels dans les contes de nos grand'mères ?

On peut d'abord rapporter cette croyance, si généralement répandue, à l'insatiable besoin d'inventer des fictions. A l'origine, la fable des dragons volants n'avait, sans doute, pas d'autre fondement que l'imagination des peuples à l'état d'enfance. Plus tard, les brillantes descrip-

tions des poëtes, des historiens et des naturalistes, forti-
fièrent la foi du genre humain en l'existence de ces êtres
chimériques. Enfin l'artifice s'en mêla : de temps en
temps, il se trouva d'habiles mystificateurs qui en impo-
sèrent aux philosophes eux-mêmes. Dans les cabinets de
curiosités, dans les anciens laboratoires comme dans les
exhibitions de bateleurs forains, il n'était pas rare de
trouver des exemplaires secs d'animaux hideux et surnaturels qu'on rapportait tous à la famille des dragons.

Ces monstres étaient artificiellement composés avec
les peaux d'autres animaux et étaient, dans plus d'un
cas, si ingénieusement construits, que, à l'état sec, il
était extrêmement difficile de découvrir la fraude. L'un
de ces dragons, habilement formé avec la peau du serpent, les dents de la belette, les serres des oiseaux, fut
montré à Hambourg, lorsque le grand naturaliste Linné
passait dans cette ville. Il découvrit tout de suite la
fraude et la fit connaître. Le propriétaire du faux dragon
entra alors dans une telle rage, que Linné jugea prudent
de quitter Hambourg immédiatement, pour éviter les
effets d'une vengeance personnelle.

Avant cet événement, le même genre de supercherie
s'était pratiqué à Oxford. Un M. Bobard, surintendant du
Jardin botanique, trouva un jour un rat mort et lui donna
la ressemblance des peintures communes de dragons, en
modifiant la tête et la queue ; il fourra ensuite des petits
bâtons qui distendirent la peau de chaque côté, de manière à lui donner l'apparence d'ailes, puis il laissa
sécher le tout. Les savants eux-mêmes, à la vue de cet
exemplaire, prononcèrent immédiatement que c'était un
dragon. Une description minutieuse de l'animal fut envoyée au grand-duc de Toscane et l'on composa plusieurs pièces de vers pour célébrer la découverte. A la

9.

fin, cependant, M. Bobard confessa le tour ; les raisonnements, les discussions des savants sur la matière se trouvèrent ainsi terminés. L'artifice avec laquelle cette figure était construite était si parfaite, que, après s'être longtemps moqué du monde, le dragon figura encore longtemps dans le Musée de l'école d'anatomie comme un chef-d'œuvre d'art et de patience.

Les vrais dragons sont, comme nous l'avons dit, de petits animaux tout à fait innocents, qui vivent dans forêts de l'Asie et de l'Afrique : ils se nourrissent d'insectes. Ils sont vifs et adroits dans leurs mouvements, lorsqu'ils sautent d'une branche à l'autre ; mais ils rampent avec difficulté sur la terre, où, d'ailleurs, on les trouve rarement.

On en distingue plusieurs espèces.

Le dragon volant (*draco volans* ou *draco viridis*), dont parle Bontius, est un joli reptile, très-commun dans l'île de Java. Il enfle — quand il vole — ses abat-joues jaunâtres, sans pour cela être capable de traverser un grand espace. Il ne fait que voleter d'un arbre à un autre — une distance d'environ trente pas — et produit, par l'agitation de ses ailes, un léger bruit. Il n'est ni venimeux ni méchant. Les habitants de Java le manient sans crainte et sans danger. Il devient souvent la proie des serpents.

Shaw le décrit comme une curieuse créature, longue de neuf ou dix pouces, y compris la queue, qui est extrêmement longue en proportion du corps. La tête est d'une forme singulière. Une triple poche descend du gosier ; elle est destinée à se gonfler d'air et à diminuer la pesanteur spécifique de l'animal volant. La bouche est large et fournie de nombreuses petites dents, ainsi que d'une langue grande et épaisse. La couleur de la peau est un joli bleu pâle, ou un vert bleuâtre sur la partie supérieure, avec des ondulations brunes sur le dos et la queue. Les ailes sont élégamment tachetées de points noirs, bruns et blancs, et ont une bordure blanche.

Une autre espèce, le *draco lineatus*, est un reptile très-rare. Il habite les grands bois de l'île de Java.

Le dragon brun (*fuscus draco*), ainsi appelé à cause de sa couleur, est plus long et plus gros que les deux autres; il a aussi les ailes plus larges, et sa queue est moins allongée que celle du dragon vert.

Le genre de sauriens auquel a été donné le nom de dragon, comprend, comme on le voit, des animaux qui se distinguent, au premier coup d'œil, de tous les autres lézards, par une extension des six premières côtes en une ligne droite, supportant une production de la peau qui forme une sorte d'aile. Ces ailes se développent à la volonté de l'animal et le supportent comme un parachute, lorsqu'il saute de branche en branche, mais elles n'ont point assez de force pour l'élever dans les airs.

LE GECKO

Je me souviendrai toujours de la première nuit que je passai aux Indes. On m'avait logé dans une chambre à coucher dont, à ma prière, un jeune garçon du pays fit soigneusement l'inspection; car, je l'avoue, j'apportais quelques-uns de nos préjugés européens relativement au voisinage des reptiles, des scorpions, des araignées, des mille-pattes et des autres animaux soi-disant sordides qui pullulent dans les contrées très-chaudes. Rencontrer ces animaux dans la nature, au milieu des bois, des

plaines, sur le bord des fleuves, passe encore! mais les
avoir dans sa chambre pour compagnons de nuit, dormir
avec eux... Cette pensée m'agitait. Le jeune Indien, qui
parlait parfaitement anglais, m'assura qu'il avait fait la
visite des lieux, de la manière la plus scrupuleuse, et que
je pouvais dormir tranquille. Je me couchai sur la foi de
sa parole; mais à peine avais-je éteint ma lumière, qu'une
voix presque humaine s'éleva tout près de mon oreille.
J'appelai au secours; l'Indien arriva.

« Djaddi, lui dis-je, il y a quelqu'un ici. »

L'Indien chercha sous le lit, derrière les rideaux de la
fenêtre, partout.

« Vous voyez, me dit-il, qu'il n'y a personne. Vous
avez, sans doute, parlé vous-même dans le sommeil, et
vous avez pris votre voix pour celle d'un étranger. »

Il fallut se contenter de cette explication. L'Indien se
retira.

A peine me retrouvai-je seul dans la nuit, que la même
voix articula distinctement les mêmes notes.

« Djaddi! Djaddi! Oh! pour cette fois, j'ai bien entendu! Je ne suis pas seul dans la chambre. Il faut que
tu éclaircisses ce mystère. »

Djaddi était un brave garçon : il me regarda d'un air
consterné.

« Mais, enfin, qu'avez-vous entendu?

— J'ai entendu une sorte de bruit fait avec les lèvres,
comme celui d'un homme qui excite des chevaux : *Djek!
djek!*

— Oh! ce n'est rien; c'est le gecko. »

En parlant ainsi, il prit dans sa main une sorte de
lézard d'un aspect lourd, d'une couleur sombre, et pourvu
d'ongles rétractiles comme un chat. L'animal avait une
queue fragile et des yeux verts qui regardaient fixe-

ment. Son corps me sembla phosphorescent dans la nuit.

Djaddi m'expliqua alors que le gecko était regardé comme l'ami des habitations, où il servait à détruire les insectes et les autres animaux incommodes. Puis il me demanda s'il devait le reposer sur le mur — à l'embouchure de son trou — tout près de mon lit.

J'avoue que l'idée de considérer cet affreux reptile comme mon protecteur, comme le génie familier de la maison, m'humiliait un peu; cependant, comme je répugne par système à la destruction de tous les êtres vivants, — et comme l'argument de Djaddi m'avait ébranlé — je me résignai à passer la nuit avec ce compagnon de chambre.

Le gecko vit dans toutes les régions torrides du globe. Il change de peau, opération quelquefois très-laborieuse, car les fragments de sa dépouille pendent quelquefois sur lui pendant plusieurs jours. La surface interne de ses orteils est ainsi conformée, qu'il peut courir sur les plafonds comme font les mouches. L'intérieur de son large gosier est fortement coloré, tantôt d'une teinte jaune ou orange brillante, et tantôt d'un noir foncé. Ses mouvements habituels sont lents; il guette patiemment les insectes, durant des heures entières, à l'embouchure d'un trou; mais il s'avance, la nuit, avec plus d'activité à la recherche de sa proie.

« Un individu d'une petite espèce de gecko, raconte madame Bowdich, avait l'habitude de sortir, chaque soir, d'une crevasse formée dans le mur d'une des chambres à Annamaboo — une forteresse où je vécus plusieurs mois. Il paraissait toujours à la même heure, était toujours seul, prenait toujours le côté gauche de la fenêtre et s'évanouissait dans un trou sous la croisée. La régularité de ses visites et de ses mouvements attira mon attention : je le nourris de tranches de fruits que je plaçais d'abord au bout d'un bâton dans la crainte de l'alarmer ; mais, à la fin, il apprit à manger dans ma main. Si mon offrande n'arrivait pas, il retardait sa marche comme dans l'attente du morceau accoutumé. »

LE CAMÉLÉON

A l'état de captivité, ce sont des créatures lourdes et lentes dans leurs mouvements, d'un aspect désagréable, avec leurs yeux recouverts de peau, dont l'un reste immobile, tandis que l'autre remue. Dans l'état de liberté, et au milieu de leurs gîtes naturels, les caméléons se montrent, au contraire, très-différents du pauvre invalide que nous donne l'emprisonnement. Hasselquist, qui les avait étudiés, en parle avec enthousiasme : il les appelle d'*élégants animaux ;* tant il est vrai que tout dépend du point de vue, et que tous les êtres vivants deviennent beaux quand on les contemple du haut d'une idée sympathique et éclairée, comme le Créateur les contemple lui-même, *et vidit quod essent bona.*

La propriété qu'ont ces reptiles de changer de couleur a été connue depuis les temps les plus anciens. On a cru longtemps que le caméléon modifiait les teintes de sa peau selon la nature des objets et des nuances qu'on plaçait devant lui. Les expériences faites dans ces derniers temps n'ont point justifié cette opinion.

Ce que nous connaissons de plus intéressant sur l'histoire du caméléon nous a été transmis par l'entreprenant et malheureux Belzoni.

Il y a trois espèces de caméléons, avec des couleurs qui leur sont particulières. L'espèce la plus commune est généralement verte : quand l'animal est content, ce champ vert prend de chaque côté des marques noires et jaunes, qui ne sont point jetées confusément, mais qui ont, pour ainsi dire, été tracées au crayon. Ce caméléon abonde, et n'a jamais d'autre couleur — à l'exception d'un vert plus brillant quand il dort, et d'un jaune pâle quand il est malade.

« Sur une quarantaine d'individus, dit Belzoni, que je m'étais procurés, lorsque j'étais en Nubie, je n'en avais qu'un — et encore un très-petit, avec des marques rouges. Un caméléon vécut, dans ma possession, huit mois, et la plus grande partie de ce temps, je le tins fixé, par une ficelle, au bouton de mon habit : il avait coutume de se reposer sur mon épaule ou sur ma tête. J'observai que, quand je l'avais tenu renfermé dans une chambre pendant quelque temps, et que je le portais en plein air, il se mettait à respirer avec force, et que, si on le posait sur quelque marjolaine, l'action de cette plante odoriférante avait sur lui un effet merveilleux ; sa couleur devenait plus brillante. Je prévois les conséquences qu'on ne manquera pas de tirer d'un pareil fait. Si les caméléons, direz-vous, ne changent pas de couleur, lorsqu'ils sont renfermés dans une maison, et si ce phénomène ne se produit que quand on les met dans un jardin, on peut supposer que ce changement est une conséquence de l'odeur des plantes. Mais voici un autre fait qui complique la difficulté. Lorsque l'animal se trouve dans une maison et qu'on le lave, on le voit changer toutes les dix minutes. Tantôt il est d'un vert plein, tantôt toutes ses belles couleurs s'évanouissent, et, lorsqu'il est en colère, il devient d'un noir foncé : on le voit,

en outre, se gonfler comme un ballon, et, au lieu d'un des
plus beaux animaux qui existent, vous n'avez plus alors
sous les yeux qu'une des plus laides créatures. Il est bien
vrai que les caméléons aiment l'air frais : quand on les
met à une fenêtre — d'où pourtant il n'y a rien à voir —
ils prennent un sensible plaisir à respirer en liberté. Ils
engouffrent aussitôt l'air, et leurs couleurs en deviennent
plus brillantes. Je crois que ce phénomène résulte, en
grande partie, de leur tempérament, car un rien les met
de mauvaise humeur. Si, par exemple, vous les arrêtez
quand ils sont en train de traverser une table, et si vous
cherchez à leur faire prendre une autre route en les re-
tournant, ils ne bougeront pas. Ces animaux sont très-
obstinés. Leur ouvrez-vous la bouche, vous les voyez
entrer en fureur ; ils s'arment contre vos taquineries, en
se gonflant et en tournant au noir ; quelquefois même
ils sifflent, mais faiblement.

» La troisième espèce de caméléon que j'avais apportée
de Jérusalem, était la plus singulière que j'aie jamais
vue. Cet animal était d'un caractère extrêmement sagace
et rusé. Il n'appartenait point à la famille des caméléons
verts, il était d'une couleur marron assez désagréable,
et cette couleur ne varia pas une seule fois pendant deux
mois. A mon arrivée au Caire, j'avais l'habitude de le
laisser ramper par la chambre. Souvent il trouvait
quelque cachette sous les meubles ; mais il avait soin de
choisir une place d'où il pût me voir sans être vu. Parfois,
quand, après être sorti, je rentrais dans la chambre, il se
rétrécissait sur lui-même et se faisait si petit, mais si
petit, qu'il se mettait de niveau avec n'importe quel
objet qui pouvait se rencontrer sur son chemin.

» J'y ai souvent été trompé moi-même. Un jour, l'ayant
perdu de vue depuis un certain temps, j'en conclus qu'il

était caché quelque part dans la chambre; mais, après
l'avoir cherché en vain, je finis par croire qu'il avait pris
la clef des champs. Le soir, pendant que la chandelle était
allumée, j'allai à une corbeille; là, je vis mon caméléon;
mais sa couleur avait changé entièrement et ne ressemblait
en rien dans ce moment-là à tout ce que j'avais vu auparavant; l'ensemble du corps, la tête et la queue étaient
bruns avec des points noirs, et de belles taches de couleur orange foncée régnaient autour du dos. J'étais
enchanté; mais, au moment où je le troublai, toutes ces
couleurs s'évanouirent. Cela différait beaucoup de ce
qui se passe chez les autres caméléons, où les couleurs
vives se montrent, au contraire, dans les instants d'émotion et de colère. La première chose que je fis le lendemain matin, ce fut de l'observer : il avait repris les
mêmes teintes.

» La principale nourriture de tous mes caméléons,
c'étaient les mouches. Cet insecte (la mouche) ne meurt
pas immédiatement après avoir été avalé; car, en prenant le caméléon dans ma main, il était aisé de sentir la
mouche bourdonner jusque dans le corps du reptile :
surtout au moment où l'animal attire l'air extérieur dans
la cavité des poumons. Le caméléon s'enfle, pour ainsi
dire, à volonté et se gonfle, dans certains cas, comme un
ballon. Il ne paraît pas être très-sensible aux chutes, si ce
n'est à l'endroit de la bouche, qu'il se meurtrit quelquefois en tombant. Souvent il passe trois ou quatre jours
sans boire, et, quand il s'y met, il reste volontiers
une demi-heure à se désaltérer. J'ai tenu un verre dans
une main, tandis que le caméléon appuyait ses deux
pattes de devant sur le bord du verre, les deux autres
pattes de l'animal restant dans mon autre main. Il se
tenait debout en buvant, portant la tête élevée comme un

oiseau. Sa langue sortait de la bouche — longue comme tout son corps — et il attrapait la mouche qui pouvait s'aventurer derrière sa tête. Le caméléon boit volontiers du bouillon de mouton. »

Lorsque j'étais en Italie, un professeur d'histoire naturelle avait reçu deux de ces animaux qui lui avaient été envoyés de la côte de Barbarie, mais ils ne vécurent pas longtemps. Il les disséqua, et son idée sur le changement de couleur est que le caméléon a quatre peaux extrêmement fines, qui occasionnent l'apparition des différentes teintes. Cela peut être; mais je suis positivement certain d'un fait — quelle qu'en puisse être la cause — c'est que l'animal a différentes couleurs distinctes et indépendantes les unes des autres.

Les caméléons sont des ennemis invétérés pour leur propre espèce : ils se mordent entre eux si on les renferme dans la même cage; il leur arrive alors de s'emporter les uns aux autres la queue et les pattes.

Une autre circonstance singulière, c'est que le caméléon semble avoir de l'antipathie pour la couleur noire. Un individu que possédait Forbes, évitait avec un soin persévérant une planche noire, qui était clouée dans la chambre et, — ce qui est encore le plus remarquable — quand l'animal était porté de force devant cette planche, il tremblait violemment et prenait lui-même une couleur noire. Cette antipathie pour certaines couleurs ne paraît point être, d'ailleurs, un fait particulier au caméléon. Les bœufs et les dindons passent pour détester l'écarlate — circonstance dont il est permis de douter, mais qui est affirmée par tous les gens de la campagne.

Je vais achever, en peu de mots, le portrait de ce reptile. Les caméléons ont tous la peau chagrinée par de petits grains écailleux; leur corps est comprimé et leur dos semble comme tranchant; la queue est ronde et prenante. Leur poumon est si vaste, que, quand cet organe de la respiration se gonfle, leur corps paraît transparent. Ces animaux se tiennent presque constamment sur les arbres.

Le règne animal se reflète dans le genre humain. Il n'y a guère de caractère dans la nature dont on ne retrouve l'équivalent dans nos sociétés. On a donné le nom de caméléons aux hommes qui changent de couleur politique ou religieuse pour s'assortir à la nuance des événements. Aujourd'hui blancs, demain bleus, après demain rouges, souvent tricolores, ils n'ont qu'une couleur, après tout, celle du succès. Cette comparaison — qui ne cesse point d'être juste au fond — repose sur une opinion fausse ou tout au moins douteuse, celle que le caméléon conforme sa palette à la nuance des objets qui l'entourent. Plus noble en cela que le caméléon humain, le reptile dont nous parlons change bien de couleur, mais il puise en lui-même, dans ses propres sentiments, le motif de ces transformations qui nous étonnent. Nous avons, d'ailleurs, vu que cette faculté n'appartient pas au caméléon seul : elle s'étend plus ou moins aux autres lézards.

Nous ajouterons que les Chinois mangent le caméléon : que ne mangent-ils pas?

Manger des reptiles ! ces mots sonnent mal aux oreilles civilisées. Il est pourtant certain que plusieurs nations de la terre estiment cette nourriture, qui fournit aux plaisir de la table plus d'un mets délicat. Nous avons vu le crocodile, cet ennemi de l'homme, mangé à son tour par l'homme lui-même. Le guana est connu en Amérique pour l'excellence de sa chair, qu'on sale et qu'on exporte, par quantités considérables, hors des contrées où il abonde. Cet animal était autrefois commun dans les îles des Indes occidentales, il est rare maintenant, par suite de la grande consommation qui en a été faite. On le prend dans des piéges ou on le chasse avec des chiens. Sa chair est blanche, comme nous l'avons dit, et d'un goût exquis. Les serpents eux-mêmes ne sont point dédaignés à titre de comestibles. Le monstrueux boa fournit une nourriture abondante et recherchée. Les Indiens du nord de l'Amérique font bouillir le serpent à sonnettes. En Italie, on se sert encore des vipères pour faire un bouillon fortifiant. Quelques-uns de ces reptiles sont de la nature la plus venimeuse, mais cela n'arrête point les amateurs; car, la tête une fois coupée, le reste du corps peut être mangé sans inconvénient.

La famille des sauriens se noue à celle des ophidiens par des formes intermédiaires et fugitives; car, même dans les régions inférieures de la vie, la grande loi des gradations se maintient intacte (1). Enlevez à certains sauriens les pattes qui existent, d'ailleurs, à l'état rudimentaire, chez certains serpents, et vous aurez les traits principaux de ces reptiles à marche coulante et ondoyante qu'il nous faut maintenant décrire.

(1) L'*anguis fragilis* forme la transition entre les formes du lézard et celles de la couleuvre.

SERPENTS

Qu'est-ce qu'un serpent?

C'est un reptile à sang froid, qui se nourrit de chair, qui marche sans pieds, qui nage sans nageoires, qui dort les yeux ouverts, et qui respire avec un seul poumon (1).

Les serpents ont un plus grand nombre de côtes qu'aucun autre animal vivant; il y en a qui en possèdent jusqu'à deux cent cinquante paires, toutes mobiles. Ces côtes jouent le rôle de pattes.

La paupière du serpent est une membrane unique,

(1) Les serpents boas forment, sous ce rapport, une exception : ils ont un poumon et demi.

rude et claire, qui ne remue jamais, une sorte de verre naturel à travers lequel l'œil du reptile voit sans loucher. Lorsque le serpent fait peau neuve, — ce qui, dans certaines espèces, arrive chaque mois durant l'été — cette paupière s'en va avec le reste. A cette période de la mue, l'animal est littéralement aveugle, la nouvelle paupière se trouvant à l'état de formation et l'ancienne n'étant point encore tout à fait expulsée.

La tribu des serpents se divise, d'après les idées communes, en deux familles : les venimeux, dont on compte environ cent genres, et les non venimeux, dont on connaît environ quatre cents genres.

On ferait un livre de tous les préjugés et de toutes les erreurs qui existent, par rapport à l'histoire naturelle. Le plus triste à dire, c'est que les poëtes, les écrivains de tous les âges ont concouru à maintenir et à propager ces idées fausses. Trop souvent même, ils ont été les auteurs de ces fables scientifiques, dont tous les esprits se montrent ensuite possédés. Aujourd'hui même, que les lumières de l'histoire naturelle sont plus répandues, Dieu merci ! que dans les siècles précédents, on étonnerait encore bien des gens instruits — ou qui se croient instruits — en leur apprenant que le serpent n'a pas de dard. Les poëtes anciens et modernes ont écrit de si beaux vers sur ce terrible dard, qui n'a jamais existé que dans leur imagination ! Il en résulte que cette expression si commune : *piqué par un serpent*, est tout à fait inexacte : le serpent ne pique pas ; il mord. Ce que l'on a pris si longtemps pour le dard du serpent, est la langue de l'animal, langue parfaitement inoffensive.

L'Écriture sainte compare la langue du méchant à celle du serpent qui donne la mort. Les méchants peuvent être assimilés, sans aucun doute, aux reptiles venimeux; mais plût à Dieu que leur langue ne fît pas plus de mal que celle de la vipère! Le dard des serpents — si c'est leur langue qu'on veut dire — ne *perce* pas et ne contient aucun poison. On peut s'en assurer par l'expérience suivante : un serpent de l'espèce la plus dangereuse, dont on a extrait les véritables armes, mais auquel on a laissé le dard ou la langue, devient aussi innocent qu'une anguille. Rien n'empêche ensuite de le manier avec impunité.

La célèbre Cléopâtre n'a point été *piquée* par un aspic, comme aiment à le croire, depuis deux mille ans, les poëtes et les artistes; car les reptiles, même quand ils ont l'honneur de donner la mort à une reine, ne sauraient inventer d'autres moyens que ceux dont ils ont été pourvus par la nature. Il faut en dire autant d'Eurydice, qu'Orphée alla retrouver vivante, non dans les enfers, mais dans le royaume ténébreux des mystères ou des initiations; car les prêtres de l'Égypte possédaient, selon toute vraisemblance, l'art de guérir la morsure de certains serpents, regardée comme mortelle par le vulgaire.

Ceci dit pour l'honneur de la science, et aussi pour l'honneur de la nature — qui n'a point voulu que la langue, ce moule de la parole, cet organe révélateur de l'intelligence et du sentiment, devînt, dans aucune espèce vivante, un dard chargé de poison, — nous devons expliquer le mécanisme en vertu duquel le serpent donne la mort.

Plusieurs serpents (je parle ici des non venimeux) réduisent leur proie par la violence; les grandes espèces des tropiques embrassent la victime dans les plis et les replis de leur corps. Ces nœuds, contractés alors par une grande force musculaire, compriment et écrasent tout ce qu'ils enserrent. D'autres espèces se trouvent douées d'une puissance encore plus fatale : leur bouche est armée de deux dents longues, crochues, tubulaires, implantées dans la mâchoire supérieure. Ces dents crochues sont ouvertes à chaque extrémité ; la base communique avec une vésicule, qui est le réservoir du poison le plus actif, sécrété par les glandes répandues sous les joues. Lorsqu'il attaque, l'animal dresse généralement la tête et la porte en arrière ; alors, avec une rapidité électrique, il mord son ennemi avec les crochets projetés en avant de sa bouche. Au même instant, la poche du venin, qui vient de se remplir par la sécrétion des glandes, et qui se trouve comprimée dans un accès de rage par des muscles *sui generis*, verse le fluide mortel qui s'injecte, à travers les dents creuses, dans la blessure.

On comprend, sous le nom général de serpents, une grande quantité d'espèces et de familles qui varient considérablement entre elles par la taille, par la forme, par les couleurs et par les habitudes. Le caprice, la fantaisie de la nature s'est de préférence exercé, comme nous l'avons vu, dans la création des reptiles. Il semble d'abord que la classe des serpents fasse exception à cette règle ; attendez, pourtant, avant de prononcer.

Les serpents ont, entre eux, des traits communs qui font que le vulgaire les confond volontiers dans un seul type naturel ; mais, quand on les examine de près, on reconnaît qu'il existe entre eux autant de différences qu'entre les individus des autres familles zoologiques. Une première circonstance qui les distingue les uns des autres, c'est la taille. Quoi de plus différent, par exemple, que le grand liboya de Surinam, qui atteint jusqu'à trente-six pieds de longueur, et le *petit serpent* du cap de Bonne-Espérance ou du nord de la rivière du Sénégal, qui n'a pas plus de trois pouces, et qui couvre de ses multitudes les déserts sablonneux ?

Chez cette famille d'animaux (les serpents), comme chez celle des poissons, les variations de la taille semblent n'avoir point de limites. Leurs os sont, en grande partie, cartilagineux et se montrent, par conséquent, capables d'une grande extension. Plus un serpent vieillit, plus il grandit; et, comme ces animaux paraissent vivre jusqu'à un âge avancé, ils arrivent, dans certains cas, à une taille énorme.

Leguat nous assure avoir vu, à Java, un serpent qui avait cinquante pieds de longueur. Carli fixe la croissance de ces animaux à quarante-cinq pieds. Nous avons maintenant au British Museum une peau de serpent qui donne la mesure exacte de trente-deux pieds d'étendue. M. Wentworth, qui avait longtemps séjourné en Amérique, m'a assuré plus d'une fois que, dans certaines parties peu connues du nouveau monde, ces reptiles atteignent une longueur prodigieuse. Il envoya, un jour, un soldat avec un Indien à la chasse des oiseaux sauvages pour garnir sa table : ils s'avancèrent, en conséquence, à quelques milles du fort. Pendant qu'ils étaient à la poursuite du gibier, l'Indien qui, généralement, ouvrait la marche — commençant à se sentir fatigué — alla pour se reposer sur ce qu'il croyait être le tronc d'un arbre tombé. Mais, au moment où il allait s'asseoir, le tronc d'arbre remua, et, le pauvre sauvage s'apercevant alors qu'il s'était approché d'un liboya — la plus grande espèce de tous les serpents connus — tomba par terre comme s'il eût été en proie à l'agonie de la peur. Le soldat, ayant vu à distance ce qui venait de se passer, visa le serpent à la tête, et eut le bonheur de le tuer. Il continua néanmoins son feu jusqu'à ce qu'il se fût assuré que l'animal était bien mort : — avec les serpents, et surtout avec le liboya, il ne faut pas faire les choses à demi.

S'avançant alors au secours de son compagnon, qui était tombé immobile sur le flanc, il le trouva, à son grand étonnement, mort, oui, mort de peur, à côté du cadavre du monstre.

Le soldat retourna au fort et raconta ce qui était arrivé : M. Wentworth donna des ordres pour que l'animal lui fût apporté. Il le mesura et trouva qu'il avait trente-deux pieds de longueur. Il fit empailler la peau, et l'envoya en Europe comme un cadeau au prince d'Orange, dans le cabinet duquel je l'ai vue à La Haye. Mais la peau s'est resserrée, en séchant, de deux ou trois pieds.

Dans les Indes orientales, certains serpents atteignent aussi une taille énorme, particulièrement dans l'île de Java, où l'on m'assura que l'un d'eux avait attaqué et tué un buffle.

Dans une lettre publiée par les *Éphémérides allemandes*, nous avons le compte rendu d'une semblable bataille entre un grand serpent et un buffle — combat raconté par un colon qui assure avoir été témoin du fait. Le serpent avait longtemps monté la garde au bord d'un étang, dans l'attente d'une proie quelconque, lorsque le buffle parut. S'élancer sur l'animal effrayé, l'envelopper dans ses volumineux anneaux, fut l'affaire d'un instant. Sous chaque nœud du reptile, on entendit les os de la victime craquer avec le bruit d'un coup de canon. Ce fut en vain que le pauvre animal lutta et beugla : son énorme ennemi l'enlaçait trop étroitement, pour qu'il y eût la moindre chance de délivrance. Enfin, lorsque tous les os du buffle furent écrasés comme ceux d'un malfaiteur sur la roue, et que tout le corps fut réduit à une masse informe, le serpent desserra ses plis pour avaler sa proie à loisir.

Cette première toilette (j'emprunte le langage des anciens cuisiniers) fut encore suivie d'une autre préparation : le serpent lécha toute la surface du corps — ou plutôt de ce qui avait été le corps de l'animal — et le couvrit ainsi d'une sorte de mucus. L'intention du reptile était évidente : c'était pour que la matière broyée glissât plus librement à travers son gosier. Il se mit ensuite à engloutir la chose morte par le côté qui offrait le moins de résistance. Durant le repas, il avalait, d'une seule bouchée, des morceaux qui étaient trois fois gros comme son corps. Des voyageurs nous assurent que l'on rencontre assez souvent des serpents de cette famille (le boa) avec le cadavre d'un cerf dans le gosier. Les cornes, que le boa ne peut avaler, sortent alors du canal alimentaire et s'attachent aux parois de la bouche. — Quelles arêtes !

La voracité de ces créatures est, d'ailleurs, un bienfait pour l'homme, et elle reçoit, dans plus d'un cas, son châtiment. Lorsqu'un de ces serpents s'est gorgé de cette manière-là, son corps se dilate outre mesure, et il tombe dans un état de torpeur. Lourd, stupide, inoffensif et sommeillant, il cherche alors quelque retraite où il puisse se cacher durant plusieurs jours de suite et digérer tranquillement son repas. C'est le moment de le surprendre ; car il est presque incapable de résister — hors d'état même de fuir. Dans de telles circonstances, l'Indien nu ne craint pas de l'attaquer : il l'approche fièrement et le détruit sans danger ; mais il en est tout autrement lorsque cette période du sommeil digestif est terminée. Le serpent sort, dans ce dernier cas, de sa retraite avec un appetit famélique, et tous les animaux de la forêt — l'homme lui-même — fuient devant lui comme saisis de terreur.

Nous trouvons donc, chez cette famille de serpents, deux conditions qu'on s'étonne de voir assemblées : la sobriété et la gloutonnerie. Ces animaux de proie surportent la faim avec une patience incroyable; mais, quand l'occasion se présente de satisfaire leur appétit longtemps en souffrance, ils s'en donnent à cœur joie. Cette faculté complaisante s'accorde avec l'ordre général des faits dans lequel la nature a circonscrit l'existence de ces reptiles carnassiers. Leur lenteur relative et la taille des victimes auxquelles ils s'adressent les condamneraient à de pénibles jeûnes, si leur digestion paresseuse et l'excès de nourriture dont ils se chargent, ne leur permettaient, en même temps, de mettre de longs intervalles entre leurs repas.

D'un autre côté, la haute température des régions dans lesquelles vivent les serpents constricteurs corromprait bien vite les matières animales broyées et écrasées, si ces reptiles ne se hâtaient de leur donner pour tombeau leur conduit intestinal. Cet appétit intermittent rentre, d'ailleurs, dans l'économie de la nature, qui a voulu la mort violente, mais qui a eu soin, en même temps, de mettre des bornes à la destruction, dans la crainte que quelque branche de la vie ne finît par disparaître de la surface du globe sous des hécatombes trop répétées. Plus la force des destructeurs est grande, plus elle rencontre en elle-même — c'est-à-dire dans les besoins alimentaires de l'animal — une limite qui maintient une sorte d'équilibre entre les espèces dévorantes et les espèces dévorées.

N'ayant point de dents pour mâcher leur nourriture, les serpents sont obligés de l'avaler tout entière. Il y a pourtant des cas où les proies absorbées sont deux ou trois fois plus grosses que le reptile lui-même. On avait placé une chèvre dans la cage d'un serpent boa qui avait seize pieds de longueur et six pouces de circonférence. Le premier mouvement du boa fut de darder sa langue fourchue : élevant en même temps la tête, il saisit la chèvre avec les dents par les quatre pattes et la renversa. Ceci fait, il l'enroula de son long corps — chaque anneau se superposant à un autre anneau comme pour ajouter plus de force à la pression. Cette dernière action fut si rapide, que l'œil ne pouvait suivre les progrès de cet enlacement. Lorsque la chèvre ne donna plus aucun signe de vie, le serpent desserra les nœuds de son étreinte et laissa le mammifère tomber insensible à terre. C'était maintenant l'heure d'avaler la victime. Plaçant sa tête en face de l'animal mort, le boa commença par couvrir de salive la partie qui était devant lui ; puis, attirant dans sa bouche le museau de la chèvre, il l'avala autant que les cornes voulurent bien le permettre. Cela présenta quelque difficulté ; car les cornes, comme on pense bien, étaient pointues. Cependant, elles disparurent bientôt — j'entends à l'extérieur. A l'intérieur, au contraire, on pouvait suivre leur marche dans le canal alimentaire, et la pointe de ces cornes menaçait, à chaque instant, de percer la peau. L'opération dura plusieurs heures, et, pendant plusieurs jours, il était aisé de voir distinctement la dilatation du corps du reptile dans le voisinage de l'estomac.

Il existe au Jardin des Plantes de Paris — tout près de la maison des reptiles — une rangée de loges dans lesquelles on élève des lapins. Ces innocents rongeurs sont les victimes qu'on engraisse pour le plaisir de Leurs Majestés les serpents. Cela me fit souvenir de ces jeunes garçons que les prêtres nourrissaient dans les temples du Mexique et qu'on immolait ensuite, quand on les jugeait assez frais et assez gras pour contenter l'appétit des dieux. Les prêtres, dans le cas dont il s'agit, sont les professeurs du Muséum d'histoire naturelle : l'autel

est la cage des serpents. J'assistai à un de ces sacrifices.
Les dieux avaient faim : ils intimaient leurs ordres par
de sombres et sinistres sifflements. Ils furent obéis. Un
jeune lapin fut jeté dans une des premières loges où se
trouvait un serpent de moyenne taille, livide et pares-
seusement roulé sur lui-même, mais dont la tête, portée
çà et là, indiquait je ne sais quelle inquiétude farouche.
La victime, je dois le dire, ne mit point, dans l'offrande
d'elle-même, cette soumission imbécile et cette bonne
volonté des esclaves mexicains, qui tendaient, dit-on, le
cou, avec respect, sous le couteau des sacrificateurs.
Le lapin, lui, ne paraissait pas du tout trouver que le
dieu allait lui faire, *en le mangeant, beaucoup d'honneur*.
Son poil se hérissa, un petit cri se fit entendre. Le
moment d'après, l'animal vivant était dans la gueule du
monstre.

Ici commença la lutte. Le lapin, qui n'avait pas d'abord
opposé de résistance — frappé qu'il était de terreur et
de saisissement — refusa obstinément d'entrer dans son
nouveau domicile. Le conflit se prolongea. Il était facile
de suivre l'action des deux combattants aux convulsions
qui agitaient le gosier naguère flasque, maintenant enflé
et dilaté du reptile. Le serpent suffoquait; vomir sa
victime, il l'eût voulu sans doute, et le lapin, de son côté,
n'aurait pas demandé mieux; mais il y avait à cela un
obstacle : — les dents crochues de cette épouvantable
gueule, qui ne permettaient ni au bourreau de lâcher sa
proie, ni à la proie de se délivrer par la fuite. Le lapin
se roidissait, faisait la boule et s'agitait horriblement sur
le bord de son tombeau, cherchant à remonter et à revoir
la lumière. Le serpent n'en pouvait plus ; ses yeux
injectés trahissaient l'agonie du vainqueur que le vaincu
mord à la gorge. Les deux animaux étaient visiblement

mécontents l'un de l'autre : celui-ci se plaignait, et à bon droit, d'être mangé ; celui-là se plaignait de ne pouvoir imposer le repos à sa turbulente victime. Enfin les souffrances du reptile s'éteignirent par degrés avec la résistance et avec la vie de son adversaire. Le morceau n'en était pas moins rude et difficile à avaler. Pendant quelques minutes, le serpent continua de faire des efforts incroyables.

Les anciens ont comparé l'entrée de l'enfer à celle de la gueule du serpent, *serpens avernus*. Il faudrait avoir passé par ces deux ouvertures, pour savoir si la comparaison est juste; mais ce que je puis dire, c'est que, dans le cas dont j'ai été témoin, l'enfer souffrait autant que le damné.

Cette déglutition laborieuse me fit réfléchir. Si le serpent est, parmi les êtres vivants, l'un des plus cruels et l'un des plus affreux destructeurs, il en est bien puni. L'acte de la nourriture, qui, pour d'autres animaux — surtout pour les animaux herbivores — est une source sans cesse renaissante de plaisirs, est, au contraire, pour lui — au moins dans la plupart des cas — la cause d'un véritable supplice. Toutes les douleurs qu'il inflige aux autres, il les éprouve lui-même. — O nature, tes lois sont justes et tes décrets sont admirables !

Le tyran mange la victime, mais la victime l'étouffe : et le philosophe, ému, se demande ce qu'il doit le plus plaindre, — ou des convulsions de l'animal qui se débat dans ce gouffre vivant, ou des strangulations du sacrificateur, qui ne peut ni rejeter ni engloutir sa proie. Le remords n'entre pas, que je sache, dans le crâne étroit et plat du serpent; mais, ce remords, la nature l'a, pour ainsi dire, attaché sous une forme matérielle et saisissante à la gorge du reptile. Ce n'est pas impunément qu'il se repaît de la chair des créatures innocentes.

Un autre spectacle m'a vivement intéressé. C'était dans le Jardin zoologique d'Anvers. Je visitais le domaine des reptiles ; dans une cage gisait immobile un grand serpent dont le corps traînait, çà et là, comme un câble jeté sur le pont d'un navire. Près du serpent et dans la même cage, j'aperçus un couple de pigeons. Évidemment, ces deux oiseaux avaient été introduits dans la cage pour servir de nourriture au reptile, quand il plairait au monstre d'avoir faim. Je ne sais si, à leur entrée dans ce cachot, les deux condamnés à mort avaient manifesté de l'horreur et s'ils avaient reconnu leur bourreau dans le nonchalant reptile ; mais ce qui est certain, c'est qu'au moment où je les vis, les blanches créatures avaient l'air d'être passablement rassurées. Elles voletaient, elles piquaient à terre avec leur bec des grains qu'on avait jetés avec intention ; elles roucoulaient, les malheureuses ! et, au son de leur voix, je reconnus qu'elles roucoulaient les notes du sentiment.

Je ne pus me défendre d'un serrement de cœur. — Cette cage, c'était la vie ; le serpent, c'était le destin.

Combien de jeunes filles se croient libres, et assurées de la vie, parce qu'elles se sentent des ailes. On leur dit bien qu'un monstre — la mort ! — les enveloppe de ses plis silencieux ; mais elles croient que ce monstre les oublie parce qu'il est endormi et repu. Prenez garde ! La tête du serpent, naguère aplatie contre terre, se dresse ; ses yeux s'animent et jettent deux éclairs ; son corps, tout à l'heure traînant et abandonné, se noue en une spirale dont les malheureuses victimes occupent le centre. C'est à peine si elles se doutent encore du danger qui les menace : elles continuent de bâtir des colombiers en

Espagne et de roucouler la chanson de l'amour... Le serpent a ouvert sa gueule : tout est fini.

La digestion du serpent est particulièrement lente. La nourriture ne se décompose et ne s'assimile à l'animal que parvenue assez loin dans le cours du long canal alimentaire qui engloutit la proie. Il m'est arrivé d'ouvrir le ventre à des couleuvres que je rencontrais dans nos bois et de trouver dans leur conduit digestif des crapauds encore vivants, qui, rendus ainsi à l'air libre, ouvraient de grands yeux étonnés, et se mettaient ensuite à sauter — autant que peut sauter un crapaud — comme pour me remercier du miracle auquel ils devaient leur délivrance. Ces Jonas du monde des reptiles auraient, sans doute, eu beaucoup de lecteurs, s'ils avaient été à même d'écrire leurs impressions de voyage dans le ventre du léviathan.

L'histoire naturelle se rattache par trop de liens à l'histoire du genre humain et des sociétés, pour que nous ne jetions pas un regard sur la distribution ancienne et moderne des serpents.

La lutte contre les serpents a tenu une place considérable dans l'épopée de tous les peuples primitifs. On retrouve des traces de cette lutte dans toutes les traditions de l'antiquité. C'est, en effet, par la destruction de ces monstres qu'a commencé successivement, dans toutes les parties de la terre, l'état social. Avant de fonder des habitations durables, de jeter quelques essais de culture, de tracer l'enceinte des villes, l'homme a dû livrer une guerre acharnée, persévérante, aux reptiles — premiers occupants du sol — hôtes incommodes des marais infects — ennemis mortels de toute la nature vivante. Il serait trop long de rapporter l'histoire de tous les serpents célèbres dont on retrouve la description dans les

11.

poëtes grecs ou latins. L'imagination a, sans doute, exagéré le caractère dangereux de ces adversaires contre lesquels s'exercèrent le courage et la force des premiers Hercules. Mais les poëtes ne sont pas les seuls qui nous aient laissé un effrayant tableau des ravages causés par les anciens pythons.

Les historiens et les naturalistes de l'antiquité ont accueilli ces mêmes récits, qu'on aime à reléguer aujourd'hui parmi les fables. Lorsque Régulus conduisit son armée sur les bords de la rivière Bagrada, en Afrique, un énorme serpent lui disputa le passage. Pline, qui dit avoir vu la peau de ce monstre, nous assure qu'il avait cent vingt pieds de long et qu'il détruisit plusieurs hommes de l'armée romaine. On amena contre lui des machines de guerre ; ce fut un siége en règle, et le serpent succomba. Ses dépouilles furent portées à Rome, et le général décréta que cette victoire serait célébrée par une ovation. Il faut se souvenir que l'ovation était à Rome un honneur remarquable décerné à des exploits signalés, mais qui, pourtant, ne méritaient pas le triomphe. Voilà, certes, un événement historique qui semble bien avéré ! — la peau de l'animal fut conservée longtemps au Capitole, et c'est là que Pline prétend l'avoir vue. Pline était, je l'avoue, un écrivain crédule ; mais il est difficile d'admettre qu'il ait menti sur un fait dont tout le monde était alors à même de vérifier l'exactitude ou la fausseté.

Aujourd'hui, ces ravages de serpents sont rares, il est vrai, même dans les aventures de voyage ; mais il faut songer que la civilisation a visité presque toutes les parties de la terre et qu'elle a purgé les solitudes des anciens monstres qui les infestaient. En Afrique et en Amérique, on rencontre encore aujourd'hui des serpents assez puissants pour braver les assauts de plusieurs hommes, et plus d'un Hercule à peau jaune ou à peau noire — dont l'histoire mythologique ne nous a point conservé les exploits, ni le vrai nom — ne s'est pas moins signalé pour cela dans cette lutte sans gloire, sinon sans danger.

Au moyen âge, ces traditions de la lutte primitive de l'homme contre la nature animale vivaient encore. On en retrouve, à chaque instant, des vestiges dans l'histoire de la chevalerie. Le blason, cette page allégorique des annales du temps, est rempli du souvenir de ces monstres, plus ou moins fabuleux, contre lesquels les ancêtres des familles nobles avaient, dit-on, exercé leur lance. On n'était pas bon chevalier sans avoir tué un dragon dans sa vie. L'histoire ou, si l'on veut, la légende britannique a conservé le nom de ces monstres et celui des héros qui les détruisirent; je veux bien admettre qu'il y ait un peu de poésie dans tout cela — j'avouerai même qu'il y en a beaucoup trop pour que l'histoire naturelle s'y arrête; mais le merveilleux d'aujourd'hui pourrait bien avoir été, jusqu'à un certain point, la réalité des âges primitifs. L'homme combattait alors *pro aris et focis*, non-seulement contre l'homme, mais aussi contre les seigneurs féodaux de la nature, ces grands reptiles qui désolaient toute une province. C'est surtout dans la fameuse expédition des croisades que les chevaliers, écaillés de fer, prétendirent avoir rencontré et dompté ces terribles rivaux. La vérité est que la civilisation dépoétise la surface du globe, —si par poésie, du moins, on entend la sublime horreur des forêts peuplées d'êtres vivants que l'imagination assimile volontiers au génie du mal.

Une question intéressante reste à résoudre, et cette question se rattache de trop près à l'histoire naturelle des reptiles pour que nous puissions la négliger. Est-ce seulement par la destruction des individus que l'homme, dans les pays civilisés, est venu à bout d'exterminer la race des anciens reptiles? Ces monstres qui — si nous en croyons les historiens — pullulaient à l'origine sur toute la terre, ont-ils été anéantis par la lance ou par l'épée? La guerre a, sans doute, contribué, selon les temps et les lieux, à restreindre les ravages des serpents et des autres monstres. Mais notre conviction est que l'absence actuelle de ces ennemis dans des contrées autrefois le théâtre de leur désastreuse puissance, est due principalement à un ensemble d'autres causes. Les animaux sont, comme nous l'avons vu, les créations nécessaires des milieux où ces animaux s'agitent : changez les circonstances extérieures, et vous aurez détruit, pour certains êtres vivants, leur raison d'être. Or, aux reptiles il faut la bouche sauvage des rivières, les forêts profondes et les marais éternels. Le venin que le serpent distille dans son alambic vivant, il le prend autour de lui dans la nature extérieure, dans l'eau et l'air empoisonnés des marécages, dans les herbes vénéneuses, dans les fétides exhalaisons d'une terre inculte et humide qui sue la mort.

Le serpent n'est point seulement l'hôte de ces retraites malsaines et pestilentielles, il en est la personnification terrible. N'allez pas croire qu'il crée les conditions de cette puissance meurtrière et venimeuse qui épouvante toute la nature animée; il ne les crée pas; il les résume, il les concentre, il les exprime. Le serpent était dans le monde, si l'on ose ainsi dire, avant le serpent lui-même : il existait en germe dans l'état général de l'atmosphère, dans l'humidité visqueuse du sol, dans l'ombre des forêts, dans les eaux dormantes et croupissantes des lacs convertis en marais par la chaleur du soleil. — Il devait être, il fut.

Tout le travail économique, agricole, industriel de la civilisation a tendu, depuis l'origine des sociétés humaines, à modifier ces conditions du monde primitif : donc, la civilisation a fait disparaître ces animaux, en détruisant, si l'on ose ainsi dire, les racines de leur puissance ; nettoyer les contrées sur lesquelles les sociétés se sont établies, c'était pour l'homme proclamer la déchéance de ses ennemis. Faites maintenant la contre-épreuve : supposez l'homme absent des régions sur lesquelles s'exerce maintenant sa main infatigable ; supposez les villes, les villages, les habitations, les cultures effacées par une catastrophe quelconque ; le temps ramènerait, sans aucun doute, les anciens jungles, les forêts triomphantes, les marais inhabitables et inhabités — si ce n'est par les êtres qui rampent sur le ventre. Alors, selon les climats, la vipère, la couleuvre, tous les serpents glisseraient, fourmilleraient, siffleraient, se tordraient dans l'abondance sauvage des grandes herbes. Le règne des reptiles reviendrait ; car les mêmes causes appellent dans la nature les mêmes effets.

Il faut nous occuper maintenant des mœurs du serpent et de sa manière de vivre.

La plupart de nos savants herpétologistes, qui croient connaître les serpents, les ont étudiés dans les ménageries, où ces reptiles réussissent à vivre — je me sers du mot de l'abbé Sieyès — grâce à la chaleur artificielle du poêle et aux moelleuses couvertures dont on les enveloppe. Ce n'est pourtant pas dans les serres chaudes du règne animal qu'il faut étudier les mœurs de nos belliqueux ophidiens. La captivité les engourdit, les dégrade, les dénature. Le serpent n'est beau — car toute créature a sa beauté — que quand il jouit de la liberté de ses mouvements. On me permettra donc de recourir encore une fois aux récits des voyageurs et des naturalistes qui ont observé le caractère du serpent dans l'état sauvage.

Je commence par ses instincts de combativité.

« Un jour, dit un observateur anglais, j'étais assis, solitaire et pensif, dans une tonnelle formée par des pousses de chanvre sauvage : mon attention fut captivée par une sorte de bruissement étrange. Je regardai tout autour de moi et n'aperçus rien ; mais enfin, à mon grand étonnement, je vis deux serpents d'une longueur considérable ; l'un poursuivait l'autre avec une grande vitesse à travers un champ de chanvre coupé. L'agresseur était noir et avait six pieds de longueur ; le fugitif était un serpent d'eau (1), à peu près de la même taille. Ils se rencontrèrent bientôt avec une extrême furie ; en un instant, ils parurent entortillés l'un dans l'autre comme deux branches, et, tandis que leurs queues unies battaient le sol, ils cherchaient avec leur bouche ouverte à s'entre-déchirer.

» Quel féroce spectacle était celui-là ! Tête contre tête, ils s'affrontaient avec une violence égale ; leurs yeux jetaient du feu ; mais, après ce premier conflit, qui dura environ cinq minutes, l'un des deux serpents trouva moyen de se dégager de l'autre, et se sauva en toute hâte vers un fossé. Son antagoniste prit aussitôt une nouvelle attitude, et, moitié rampant, moitié dressé en l'air — avec une sorte de majesté abjecte — il surprit et attaqua de nouveau son ennemi, qui se plaça, lui aussi, dans la même posture, et qui se prépara à le recevoir.

» La scène était extraordinaire et belle : ainsi opposés ils combattirent à outrance, mâchoire contre mâchoire,

(1) Cette expression n'est pas très-heureuse ; car tous les serpents vont dans l'eau : mais il en est qui semblent plus familiers que d'autres avec cet élément.

se mordant l'un l'autre, avec une rage excessive. Malgré
ces preuves mutuelles d'un courage partagé, le serpent
d'eau parut encore une fois avoir le désir de battre en
retraite et de gagner le fossé; là se trouvait son élément
naturel, en même temps que son moyen de défense.
Cette intention n'échappa point à l'œil perçant du serpent noir. Enlaçant alors sa queue autour d'une tige de
chanvre, et saisissant son adversaire par la gorge — non
au moyen de ses mâchoires, mais au moyen de son
cou deux fois enroulé autour du cou de l'autre serpent —
il le poussa loin du fossé. Dans la crainte d'une défaite,
ce dernier, étreignant également une tige de chanvre, et
appuyé sur ce point de résistance comme sur une base,
redevint un vaillant champion pour son farouche agresseur. Alors ce fut un choc étrange et impossible à décrire que celui de ces deux grands serpents fixés par
leur queue à la terre, attachés l'un à l'autre par des
étreintes furieuses, dressés de toute leur longueur, se
poussant et se repoussant, mais sans aucun résultat dé-
cisif.

» Dans les moments les plus animés de la lutte, la
partie de leur corps qui était entremêlée se montrait
extrêmement petite, tandis que le reste paraissait renflé,
et, de temps en temps, convulsé par de fortes ondulations
qui couraient çà et là. Leurs yeux semblaient sur le point
de sortir de la tête. Un moment, le conflit parut vouloir
se décider; le serpent d'eau ressaisit l'avantage; le moment d'après, l'autre serpent reprit la supériorité; les
efforts et les chances se balançaient ainsi; la victoire
indécise inclinait tantôt d'un côté, tantôt d'un autre,
lorsque la tige à laquelle le serpent noir s'était attaché
céda soudain; la conséquence de cet accident fut que les
deux serpents tombèrent à la fois dans le fossé. L'eau

n'éteignit point leur rage ni leur vengeance; car, aux agitations du liquide ému, on pouvait encore suivre leurs attaques. Ils reparurent bientôt à la surface, entremêlés, entortillés l'un dans l'autre, comme avant leur chute ; le serpent, noir semblait maintenir son ancienne supériorité ; car sa tête était fixée au-dessus de la tête de l'autre serpent qu'il plongeait toujours sous l'eau, jusqu'à ce qu'il l'eût enfin étouffé et englouti. Le vainqueur ne vit pas plus tôt son ennemi hors de combat, que, l'abandonnant au courant de l'eau, il retourna vers le bord et disparut. »

Nous venons de surprendre le serpent dans un des épisodes de sa vie — le combat. Les autres détails de son histoire naturelle ne sont pas moins curieux et ne peuvent être bien étudiés que sur le théâtre même de sa furtive et ténébreuse existence. Le serpent connaît son gîte : il s'y retire toutes les fois qu'il se croit menacé. Si vous le poursuivez chez lui, oh ! alors commence, de sa part, une résistance terrible ; car le serpent connaît ses droits ; il a, comme d'ailleurs tous les animaux, le sentiment de l'inviolabilité du domicile. Ces faits relatifs à la vie privée du reptile méritent d'être racontés, d'après le témoignage de ceux qui ont eu le courage de les observer, au péril même de leur vie. La science est comme les femmes, elle ne se révèle qu'à ceux qui se dévouent.

Une circonstance s'oppose à ce que le serpent ait été étudié avec le même soin que l'on a mis à pénétrer l'histoire d'autres espèces animales : je veux parler de la répugnance qu'inspirent, en général, ces êtres rampants. La beauté de leurs couleurs, la grâce de leurs mouvements ne sauraient nous réconcilier avec eux ; cette antipathie n'est pourtant pas universelle.

Un inspecteur des terres m'informa que, dans une de ses courses — alors qu'il était en train de lever le plan d'une propriété — il avait été accompagné par un homme qui avait, parmi ses camarades, la réputation d'être un sorcier. Ce qui le recommandait surtout à l'attention publique, c'était une sorte de sympathie extraordinaire pour le serpent commun. Interrogé sur ce sujet, il proposa de saisir la première occasion qui lui serait offerte pour montrer, chez ce reptile, des propriétés particulières et peu connues. C'était par une belle matinée de printemps : l'homme, par une manœuvre habile et très-simple, s'empara à l'instant même de deux serpents qui avaient atteint toute leur grosseur, et revint vers son compagnon avec les deux reptiles roulés autour de ses mains et de ses poignets. Après les avoir examinés pendant quelque temps en silence, et les avoir admirés avec un vif sentiment de satisfaction : « Je les connais, monsieur, s'écria-t-il (en parlant de leurs mœurs et de leurs habitudes), aussi bien qu'ils se connaissent eux-mêmes. »

Il offrit alors de me montrer un trait de leur caractère ; — ce trait se rapportait, disait-il, à la description que nous en donnent les saintes Écritures : *Serpens callidissimus* (le serpent est le plus rusé des animaux). En arrivant à une route voisine, l'homme plaça un des serpents sur la terre dure. Puis il prit une mince baguette, et en frappa doucement le reptile sur la tête. L'animal vint droit à lui ; mais l'homme présenta sa main à la gueule ouverte du serpent, et continua de jouer en lui donnant de petits coups de baguette sur la tête. « Maintenant, dit-il, il va contrefaire le mort. »

Et, en effet, le serpent se coucha sur la terre comme une chose inanimée. Les gens qui étaient là crurent même qu'il était mort pour tout de bon ; mais l'amateur

de serpents insistait, disant que l'animal feignait seulement de dormir, — que *c'était un malin.* « Il restera ainsi,
ajoutait-il, sans faire aucun mouvement, tant que vous
aurez les yeux sur lui. » On s'éloigna à une distance de
vingt ou trente mètres, et l'on vit alors le serpent se
glisser lestement vers la haie la plus voisine.

La mue marque une période intéressante dans la vie
du serpent.

Une fois, mais une fois seulement, cet amateur avait
eu l'occasion de voir un serpent qui était en train de se
dépouiller de sa peau. Je me servirai de ses propres ex-
pressions : « Cela me rappela, disait-il, un ouvrier tirant
sa blouse par-dessus sa tête. » Il ajoutait que la tête du
serpent était environ à mi-chemin dans la vieille peau,
et que le reptile se dégagea de son vêtement usé en
passant le corps à travers ce qu'on peut appeler l'orifice
de la chemise. L'animal semblait être dans un état de
langueur et d'épuisement; mais la nouvelle peau était
d'une couleur et d'une beauté parfaites.

Tout le monde sait que le serpent fait peau neuve;
mais la manière dont l'animal se débarrasse de sa vieille
robe n'est pas encore très-connue. Je pourrais citer
quelques expériences personnelles qui me semblent dé-
mentir, sur certains points, le récit de notre amateur. La
question est de savoir si le serpent tire l'ancienne peau
ou s'il la retourne, en s'en dépouillant.

Vers le milieu du mois de septembre, je trouvai, dans
un champ près d'une haie, la peau d'un assez grand serpent, qui semblait avoir été récemment abandonnée. On
pouvait la retourner comme un bas ou comme un gant de
femme. Les écailles des yeux étaient, pour ainsi dire,
pelées avec tout le reste et paraissaient, à l'endroit de
la tête, comme une paire de lunettes. Au moment de

changer de vêtement, le reptile s'était engagé dans une herbe épaisse et dans des roseaux, afin que le frottement des tiges et du tranchant des feuilles l'aidât à se débarrasser de son étroite robe. Cette dernière circonstance était, d'ailleurs, connue des anciens.

> . . . *Lubrica serpens*
> *Exuit in spinis vestem...*
>
> Lucrèce.

La convexité des écailles de l'œil sur la dépouille indiquait assez que la peau avait été retournée ; ajoutez à cela que l'intérieur était plus foncé que l'extérieur. Si vous regardez à travers les écailles des yeux, du côté concave, comme fait le serpent, vous trouverez que ces lunettes amoindrissent les objets.

Il paraît certain que les serpents sortent de leur propre peau, la tête la première, et quittent en dernier la partie de la queue — absolument de la même manière que les anguilles sont dépouillées par la main d'une cuisinière.

Les oreilles du serpent sont placées sous la peau : on serait tenté de conclure de cette circonstance anatomique qu'il a l'ouïe un peu dure. Et, pourtant, on trouve chez ce reptile, dans certains cas, le sens musical. Un gentleman rencontra un jour des enfants — cet âge est sans pitié ! — qui tourmentaient un serpent de l'espèce la plus inoffensive. Il eut compassion de l'animal, le sauva des mains qui le maltraitaient et le porta chez lui. Là, il le plaça dans une corbeille suspendue par une ficelle au plafond de sa chambre. Un soir, ce gentleman faisait de la musique pour son plaisir : il jouait du violon, en se promenant de long en large dans son appartement.

Quelle fut sa surprise de voir le petit reptile fixé par la queue au rebord extérieur de sa corbeille et suivant, par le mouvement de la tête et du corps, les mouvements du musicien qui jouait et se promenait. Ce dernier tira le serpent de la corbeille, le plaça autour de son cou et recommença à jouer du violon. Le reptile demeura immobile comme s'il était dans une extase de plaisir. Le gentleman recommença plus d'une fois ses expériences sur les facultés musicales du serpent, et, à chaque fois, le serpent montra des signes non équivoques de dilettantisme.

D'après nos idées, c'est dans la bouche d'un animal qu'on cherche ses dents : il y a pourtant, dans le sud de l'Afrique, un serpent qui a les siennes dans l'estomac. Ce reptile vit d'œufs d'oiseaux ; si ses dents se trouvaient placées dans l'endroit ordinaire, l'œuf serait brisé aussitôt que saisi, et beaucoup du contenu se perdrait. La nature a prévu cela. Quelques-uns des os de l'épine dorsale envoient, en conséquence, des projections qui entrent dans l'estomac de l'animal et qui s'y recouvrent d'émail, de manière à jouer le rôle de véritables dents. Quand l'œuf est saisi, il passe sans obstacle par la bouche et le gosier, revêtus d'une membrane lisse ; mais, dans l'estomac, il rencontre les dents, qui le scient et qui l'ouvrent.

Les serpents se divisent, comme nous l'avons dit, en deux classes : il y a les venimeux et les non venimeux.

Nous commencerons par les derniers.

LE BOA

Ces formidables reptiles, la terreur de tous les endroits qu'ils habitent, sont exclusivement limités au nouveau monde.

Le boa est le plus grand animal de la famille des reptiles. Ses mâchoires ne sont point attachées l'une à l'autre, d'où il résulte qu'elles se montrent capables d'une dilatation énorme. Cette ouverture s'élargit autant que le permet l'élasticité de la peau. La force de ce roi des serpents—car les hommes ont donné ce nom de rois, dans les différentes classes de la nature, aux animaux qui les dévorent vaillamment et puissamment,—est, assure-t-on, prodigieuse; mais c'est une force particulière.

Le boa possède une puissance terrible à laquelle il doit son second nom : — la puissance d'étreindre. Sa méthode de chasse consiste à se rouler autour de sa proie, puis alors, rétrécissant ses cercles concentriques, il écrase sa victime, il la broie, il la réduit en une sorte de pâte qu'il avale ensuite gloutonnement.

Ses dents sont longues, pointues et recourbées en dedans. La queue est prenante, c'est-à-dire capable de saisir et de retenir un objet. Les écailles sont petites, surtout vers la tête. Sa couleur, qui se confond avec certaines terres, est brune ou d'un gris jaunâtre, marquée de raies et de taches irrégulières. Non-seulement le boa n'est pas venimeux, mais même il règne, au Brésil, une opinion singulière. On croit que les individus qui ont été mordus par ce reptile n'ont plus rien à craindre de la morsure des autres serpents : — ils ont pour cela de bonnes raisons, car bien peu survivent aux attaques du boa.

Les boas avalent des chiens, des daims, des chèvres —même des bœufs et des hommes quand ils en rencontrent l'occasion. Lorsque l'antagoniste du serpent est fort, la lutte peut bien être terrible ; mais, si la victime est faible, vous surprenez à peine quelques mouvements inutiles de résistance, des cris — puis tout est fini.

Il y a quelques années, le capitaine d'un vaisseau qui se trouvait dans l'Amérique du Sud, envoya une nacelle dans une des criques pour obtenir de l'eau fraîche et des fruits. Ayant gagné la terre, l'équipage amarra le bateau sur un banc de sable et laissa un des hommes en sentinelle. Durant l'absence de ses compagnons, le marin, accablé par la chaleur, se coucha sous les rebords du bateau et s'endormit. Pendant qu'il était dans cet état où l'homme perd la conscience du danger, un énorme boa constrictor sortit de la savane, gagna le bateau et enroula ses anneaux monstrueux autour du corps du dormeur ; — il allait certainement le broyer, lorsque, par bonheur, les camarades du marin qui avait été laissé pour garder le vaisseau, revinrent. Ils attaquèrent le monstre et lui coupèrent une partie de la queue, ce qui le désarma. L'animal fut alors aisément détruit : il avait, dit-on, soixante-deux pieds six pouces de longueur.

Voici une autre anecdote mieux circonstanciée : — Un officier résidait avec un de ses amis dans la Guyane anglaise. Il se livrait à la chasse et à la pêche dans les rivières voisines. Par une journée étouffante, fatigué de se livrer à la recherche infructueuse du poisson et du gibier, il jeta ses lignes, et tira le canot sur le bord de la rivière, pour se rafraîchir en se plongeant lui-même dans l'eau. Après s'être baigné, il s'étendit à demi habillé sur les bancs du canot, — non sans placer son fusil chargé derrière sa tête. Dans cette position, il ne tarda pas à s'endormir.

« Je ne sais pas, continue-t-il, combien de temps je puis avoir dormi ; mais je fus tiré de mon sommeil par une curieuse sensation, comme si quelque animal était en train de me lécher le pied. Dans cet état de demi-stupeur qui suit immédiatement le réveil, je tournai mes yeux vers la terre... — Jamais, non jamais, jusqu'au jour de ma mort, je n'oublierai le frisson de terreur qui passa sur toute mon organisation, quand j'aperçus la tête et le cou d'un monstrueux serpent qui couvrait mon pied de salive.

» Une idée terrible traversa mon cerveau : je connaissais assez les mœurs de ce reptile pour savoir que c'était l'opération préparatoire à laquelle se livre le boa, pour faciliter la déglutition des corps vivants. Il me léchait, mais c'était pour m'avaler. J'avais rencontré plusieurs fois la mort en face, sur l'Océan, sur le champ de bataille ; — mais, jusque-là, je n'aurais jamais cru qu'elle pût m'approcher sous une forme si terrible. Un moment, mais un seul moment, je fus comme fasciné. La certitude du sort qui m'attendait vint à mon secours : je retirai lestement mon pied de la bouche du monstre, qui, tout le temps, me regardait avec des yeux de basilic. Soudain, je saisis mon fusil, qui, comme je viens de le dire, reposait chargé derrière moi.

» Le reptile parut troublé par mon mouvement. Il m'avait sans doute pris pour un cadavre, à cause de mon immobilité. Je le vis abaisser sa tête au-dessous du niveau du canot. J'avais juste assez de temps pour me lever : je pointai le canon du fusil dans la direction du serpent, — lorsque sa tête et son cou reparurent, avec un mouvement d'arrière en avant, comme s'il cherchait l'objet qu'il avait perdu. Le canon de mon fusil était à un ou deux pieds du boa; j'avais le doigt sur la détente : je fis feu. Il reçut le coup dans la tête. Il leva une partie de son corps dans les airs avec un horrible sifflement, qui glaça mon sang dans mes veines. Ses contorsions développèrent alors une grande partie de son énorme taille, qui avait, jusque-là, échappé à ma vue. Il semblait prêt à se jeter sur moi et à m'embrasser dans ses monstrueux replis.

» Je déposai mon arme, et, d'un seul coup des palettes, je fis si bien, que le canot remonta le courant et se trouva hors de la portée de mon ennemi. Au moment où je m'échappais, j'eus tout juste le temps de remarquer que le coup de fusil n'avait pas été sans effet; car le sang commençait à couler de la tête du serpent. Mais la blessure semblait avoir plutôt servi à l'irriter qu'à le réduire. Par malheur, toutes mes provisions de guerre étaient épuisées. Autrement, je lui aurais certes envoyé — à une distance respectueuse — un autre salut du même genre que celui que je venais de lui donner. »

L'officier retourna le plus vite qu'il put à la maison de son hôte et raconta ce qui lui était arrivé. Il fut résolu que l'aventure ne finirait pas ainsi. Un autre officier, un domestique noir et deux autres nègres partirent avec le premier. On prit ses précautions; car, blessés, ces serpents-là deviennent extrêmement furieux. Deux des domestiques avaient des bâtons, et le troisième tenait une hachette. Ils descendirent rapidement le courant; le sang de l'animal sur les roseaux marquait l'endroit où la rencontre avait eu lieu et prouvait que la blessure n'avait pas été légère. On fit l'inspection des armes : le nègre armé de sa hachette ouvrit la marche : il annonça qu'on était près de l'animal.

La tête n'était point visible, mais on pouvait découvrir que le serpent était en partie roulé sur lui-même, et en partie étendu çà et là. Troublé et irrité par l'approche de ces hommes, il parut prêt à les assaillir. Les deux chefs de la petite expédition visèrent à la tête de l'animal et firent feu. Le serpent tomba en sifflant et en se roulant sur lui-même dans une variété de contorsions plus épouvantables les unes que les autres. Il eût été dangereux, dans ce moment, de s'approcher du monstre. César (le nègre de confiance) fit signe aux deux blancs de ne plus tirer, se fraya un sentier à travers les roseaux, et, faisant un circuit, se présenta en face de l'animal. Il lui assena un coup violent qui l'étourdit complétement. La répétition de la même manœuvre lui assura la victoire. Le serpent avait près de quarante pieds de longueur et était d'une grosseur proportionnée à sa taille.

On raconte l'histoire d'un jeune homme qui vit, un jour, une perruche entrer dans le trou d'un arbre; il grimpa, et, croyant que c'était le nid de la perruche, il introduisit la main dans le creux pour prendre l'oiseau ou les petits de l'oiseau. Il toucha quelque chose de lisse, et supposa que c'étaient, sans doute, les petits non encore revêtus de plumes. Néanmoins, il jugea prudent de reconnaître la vérité du fait, et, enfonçant un bâton, il ouvrit l'embouchure du trou. Quelle fut sa surprise de trouver un grand boa jaune! La bouche du reptile était frangée, pour ainsi dire, avec les plumes de la perruche, qu'il venait de dévorer. Il est, je pense, inutile de dire que le jeune homme se sauva à toutes jambes.

Humboldt a observé par lui-même un détail intéressant et curieux de la vie de ces reptiles. « Dans les savanes d'Essequibo, dit-il, je vis un merveilleux mais terrible spectacle. Nous étions dix hommes à cheval, dont deux tenaient la tête de la caravane, pour reconnaître les passages. Moi, j'avais préféré longer les vertes forêts. Un des noirs qui formaient l'avant-garde retourna au grand galop et me dit : « Monsieur, venez voir les » serpents empilés. » Et il nous montrait du doigt quelque chose d'élevé au milieu de la savane, et qui ressemblait à un monceau d'armures. Un de mes compagnons me dit alors : « Ce doit être un de ces assemblages de serpents » qui s'entassent les uns sur les autres après une vio- » lente tempête. J'ai entendu parler de cela, mais je n'ai » jamais rien vu de semblable. Soyons prudents et ne » nous avançons pas trop près d'eux. » Quand nous fûmes à une vingtaine de pas de ce groupe, la terreur de nos chevaux nous empêcha d'approcher davantage : je dois, d'ailleurs, dire qu'aucun de nous n'était très-porté de cœur vers cette réunion.

» Tout à coup, la masse pyramidale s'agita ; d'effroyables sifflements en sortirent ; des milliers de serpents se roulèrent les uns sur les autres en spirale, dressèrent leurs têtes hideuses en dehors du cercle, nous présentant leurs yeux farouches. J'avoue que je fus un des premiers à battre en retraite ; mais, lorsque je vis cette formidable phalange rester en place et paraître plutôt disposée à la défense qu'à l'attaque, je chevauchai autour d'elle pour observer sa manière de livrer bataille. Je réfléchis alors au but de ce nombreux rassemblement, et je conclus que cette espèce de serpent (le boa) craignait quelque ennemi colossal — qui pouvait être un grand serpent ou un caïman — et qu'ils réunissaient leurs forces, après avoir vu l'ennemi, pour l'attaquer ou lui résister en masse. »

Ainsi les serpents ont l'instinct de l'association : ils savent — ce que les hommes ne savent pas toujours —

se coaliser, en vue de résister à un autre reptile plus fort qu'eux ou plus méchant. — Oh ! que le sage a raison, quand il dit : « Adresse-toi aux animaux les plus abjects, homme si fier de ton intelligence, et apprends d'eux ce que tu dois faire ! »

Quoique les boas se laissent quelquefois approcher par le voyageur et qu'ils se montrent, dans certains cas, des créatures inoffensives, on ne saurait douter de leurs appétits féroces. Quand ces appétits sont excités par un long jeûne, il n'est guère d'animal vivant qui soit à l'abri de leurs attaques. Dans les îles Philippines, un criminel avait échappé aux officiers de police et s'était caché dans une cave. Le père seul découvrit la retraite de son malheureux fils, et il allait, chaque jour, lui porter de la nourriture. Une fois qu'il se rendait à la cave comme d'habitude, il y trouva un énorme serpent. S'étant procuré du secours, il tua le monstre et, dans le corps de ce monstre, il trouva le cadavre de son fils.

LES PYTHONS

Les pythons peuvent être définis les boas de l'ancien monde.

Leur circonscription géographique s'étend pourtant au delà de ce qu'on est convenu d'appeler le vieux monde ; ils se rencontrent en Australie.

Selon quelques naturalistes, les pythons et les boas respirent librement, même lorsque leur gosier est entièrement rempli et obstrué par la nourriture ; cette circonstance est due, ajoutent-ils, au mécanisme des muscles, qui, dans ce cas, élèvent l'appareil respiratoire, même au delà des mâchoires inférieures. Ce fait semble contredire nos observations sur la souffrance physique à laquelle leur appétit destructeur condamne les serpents. Mais, en admettant même que cette souffrance soit modifiée par une circonstance organique, il n'en résulte pas du tout qu'elle n'ait pas lieu dans le moment où le serpent avale un corps plus gros que lui-même. Sans l'existence de ce mécanisme, auquel nous voulons bien croire, l'animal ne souffrirait pas seulement, il étoufferait.

Le python-tigre est le plus beau de tous ses congénères : son dos est marqué d'une série de taches brunes avec une marge noire.

Un fait très-remarquable a été récemment découvert : la femelle du python couve ses œufs. Un individu de cette famille avait été envoyé au Jardin des Plantes par M. Kuhl, excellent naturaliste et voyageur. C'était une femelle : ayant réuni les quinze œufs qu'elle avait pondus, elle se forma en spirale conique ; — la tête occupait le sommet de cette spirale et les œufs étaient placés au centre. La température naturelle du serpent s'accrut durant le temps de l'incubation : il ne mangea rien, mais but avidement durant cinquante-six jours. Aussitôt que les petits furent nés, la mère les abandonna à eux-mêmes, quoiqu'elle n'eût jamais quitté ses œufs pendant toute la période de la fécondation.

Un voyageur anglais nous raconte, dans les termes suivants, la rencontre périlleuse d'un homme et d'un python :

« J'avais, dit-il, pour compagnon de mes courses et de mes chasses un jeune Hollandais, nommé Groot Willem. Un de ses amis et des miens, le docteur ***, qui était un amateur d'histoire naturelle, et principalement d'erpétologie, lui avait demandé les peaux des serpents rares qu'il pourrait rencontrer, mais surtout celle du grand serpent de roche. Un jour que Groot Willem cheminait sur la côte, il eut le bonheur d'apercevoir le reptile en question. Les yeux de Groot Willem étincelèrent. Il y avait quelque chance de se procurer une dépouille que, jusque-là, il avait cherchée en vain.

» Groot avait encore une autre raison de se féliciter de cette rencontre : c'était — outre la valeur du trophée — l'honneur qui s'attacherait à une victoire remportée sur un dangereux ennemi. Tuer un serpent de vingt pieds de longueur, et gros comme le corps d'un enfant — car le python semblait avoir cette taille-là — n'était point une petite affaire. Groot Willem était très fort à la chasse des antilopes; mais il ignorait la manière d'attaquer ce nouveau genre de proie. Il fit avec le serpent comme il aurait fait avec un quadrupède, c'est-à-dire qu'il lui envoya une balle. La balle alla frapper le reptile. Celui-ci sentit le coup; et soudain, se dépliant, il se mit en devoir de fuir. La rapidité avec laquelle il glissait sur le sol montrait bien que la blessure ne lui avait pas fait grand mal. Le chasseur songeait à recharger son arme, lorsqu'il vit le serpent gagner en toute hâte les rochers qui gisent empilés par grandes masses sur le bord de la mer.

» Dans ces rochers était certainement la retraite du monstre, et Willem savait bien que, si le serpent venait une fois à atteindre sa tanière, il ne le reverrait plus jamais. Au lieu donc de recharger son fusil, il courut parmi les arbres et suivit la direction tracée par le fuyard. Quoique ce genre de serpent glisse avec une rapidité considérable, ils ne peuvent aller aussi vite qu'un homme; en moins d'une douzaine de secondes, Groot Willem avait atteint le python.

13

» Il se trouvait maintenant en face de ce monstre à
mine farouche; mais la question était de savoir par quels
moyens l'attaquer. Il commença par frapper sur le corps
du serpent avec la crosse de son fusil; mais, quoique ses
coups fussent assenés d'une belle manière, le talon ferré
de l'arme ne fit que glisser sur la peau d'ivoire du serpent, sans lui nuire le moins du monde, — et même sans
retarder la marche du reptile vers les récifs.

» Le monstre ne chercha même point à user de repré-
sailles; tout son désir était de regagner son repaire. Il
allait y réussir; car, quoique Groot Willem pesât sur lui
de toutes ses forces, le serpent atteignit les rochers, et
avait déjà enseveli la moitié de son long corps dans une
crevasse, — sans aucun doute, l'entrée de son gîte. Le
chasseur n'avait point encore changé de méthode : il
frappait toujours, et toujours sans succès. C'était le
moment critique; encore quelques secondes, et la
moitié du serpent, qui restait exposée à l'air libre, allait
s'enterrer dans la profondeur obscure du trou, et alors
bonsoir! — Que dirait, en ce cas, Groot Willem à son
ami le médecin?

» Cette pensée renouvela son énergie; il jura de
triompher. Le serpent n'était point d'une espèce venimeuse, et, en conséquence, la rencontre avec cet adversaire ne devait pas être très-dangereuse. Willem pouvait
être mordu, mais il s'était plus d'une fois battu contre
des animaux armés de toutes dents, — il avait été mordu,
et cela ne l'avait point empêché de les vaincre. Il allait
donc essayer directement ses forces contre le serpent.
Cette détermination prise — et elle le fut à l'instant
même — Willem jette son fusil, se baisse, saisit la queue
du serpent dans ses deux mains, et se met à la tirer. Du
premier effort, il ramena le reptile de plusieurs pieds en

arrière ; mais alors, ô surprise ! le serpent résiste : les bras de Willem deviennent impuissants à vaincre cette force d'inertie. L'animal avait, sans aucun doute, enroulé la partie antérieure de son corps contre un des angles saillants du rocher, et, à l'aide de sa peau écailleuse, il se tenait là, ferme, inébranlable.

» Groot Willem, lui, tirait toujours : un marin, dans un jour de tempête, n'aurait point imprimé une tension plus désespérée à la corde du mât ; efforts héroïques, mais inutiles, car la partie visible du python ne s'allongeait pas seulement d'un pied. Environ la moitié du monstre était maintenant visible à l'œil nu ; mais l'autre moitié — c'est-à-dire dix pieds de longueur — plongeait encore dans l'impénétrable et ténébreuse retraite du rocher. Pendant quelques minutes, Groot Willem continua d'exercer ses forces, tirant le long cylindre jusqu'à entendre les vertèbres craquer, mais sans gagner un pouce sur l'animal. Au contraire, il avait déjà perdu du terrain ; car, à chaque fois qu'il lâchait prise, pour reprendre haleine, le python s'avançait un peu, et ce terrain perdu ne pouvait plus ensuite se regagner.

» Tout l'avantage était donc maintenant du côté du monstre. Si, du moins, Groot Willem avait eu quelqu'un avec lui pour administrer quelques bons coups sur le corps de l'animal ; mais le camp était à une très-longue distance de là, et derrière les arbres. Ses camarades ne pouvaient donc ni le voir ni l'entendre. Une idée traversa comme un éclair le cerveau du chasseur : « S'il y avait là, à côté de lui, un petit arbre ! » — Par bonheur, il s'en trouvait un. Willem continua son raisonnement : « Si je pouvais attacher la queue du serpent au tronc de cet arbre, je pourrais ensuite me mettre à l'ouvrage avec un bâton et frapper à loisir l'animal, jusqu'à ce qu'il meure. » C'était un habile garçon que Groot Willem, et quelques moments lui suffirent pour exécuter son plan.

» Par bonheur encore, il avait une forte corde dans la grande poche de sa jaquette : cette corde devait lui servir à remporter la victoire s'il pouvait seulement attacher bel et bien le monstre par la queue. Il se mit à l'œuvre. A cheval sur le serpent, dont il pressait un des anneaux entre ses genoux, Willem parvint à serrer étroitement la corde autour de la queue. Le moment d'après, l'autre extrémité de cette corde se trouva nouée autour du tronc d'un arbre. Cela fait, Groot Willem coupa un jeune arbrisseau, déterminé qu'il était à frapper la partie du python exposée à la vue ; il le forcerait bien ainsi à montrer la tête ou à dire pourquoi. Groot n'avait pas asséné plus d'un coup, lorsque le reptile accepta le défi ; tout son corps glissa alors rapidement hors de la crevasse — si rapidement, en vérité, que Groot Willem n'eut pas le temps d'éviter l'attaque de l'ennemi furieux. Tout à coup, il se trouva enveloppé dans les plis et les replis du serpent.

» Il vit la tête du monstre se dresser sur lui — les mâchoires ouvertes. Son premier mouvement fut de sauter de côté ; mais il sentit alors les écailles froides du reptile qui lui frottaient les membres. Bientôt, il fut balayé par une force terrible. Il eut tout juste alors le temps de s'apercevoir que les replis du serpent enroulés autour de ses côtes l'étaient de même autour du tronc de l'arbre ; que ces plis se nouaient et se serraient graduellement, en se fermant sur lui ; qu'il occupait en un mot le centre d'une spirale vivante, dont les cercles se rétrécissaient de moment en moment.

» Soudain, il vit la tête du monstre, dont la gueule

ouverte montrait toutes les dents, se poser devant sa
tête, et les yeux du python étinceler directement sur ses
yeux. La situation était affreuse; mais Groot Willem
n'était pas homme à perdre le courage ni la présence
d'esprit. Emprisonné dans le serpent, il lui restait du
moins les bras de libres; il empoigna le monstre à la
gorge. Saisir la tête du python était tout ce qu'il pouvait
faire avec ses deux mains et avec toutes ses forces, mais
c'était l'étreinte du désespoir. Heureusement pour Willem, la queue de l'animal était attachée par la corde, et le
serpent se trouvait de la sorte maintenu par les deux
bouts. Si la tête ou la queue eût été libre, de manière
que l'animal pût développer sa force de constriction,
Groot Willem, hélas! eût été écrasé en moins de
quelques secondes; mais, cette force se trouvant comprimée, les nœuds du serpent demeurèrent entr'ouverts autour des membres de la victime.

» Le serpent tordit son cou et changea la figure de la
spirale; mais en vain, Willem tenait bon. Combien de
temps ce terrible conflit devait-il durer? Cela dépendait
d'une autre question : en combien de temps la force d'un
des deux athlètes devait-elle être épuisée? Groot Willem
ne pouvait se délivrer des plis de son antagoniste; car
ses deux jambes étaient prises et liées contre l'arbre; il
savait, d'ailleurs, que, s'il lâchait un instant la tête du
python, celui-ci ne manquerait pas de le tuer. Cependant,
il n'avait pas la force de l'étrangler, quoiqu'il appuyât de
son mieux sur la gorge du monstre, et il sentait faiblir
ses bras. Il allait donc succomber dans la lutte, — sans
un plan que lui suggéra le sentiment de sa propre défense. Durant tout le temps du duel entre lui et le serpent, Groot n'avait point encore fait usage de son couteau. L'idée ne lui était pas même venue de recourir à

une pareille arme contre un pareil ennemi. Ce couteau
pourtant était à sa ceinture. Quoique un ou deux nœuds
du serpent entourassent la poitrine du lutteur, il pouvait
voir le manche du couteau par-dessus ce rempart animé :
d'un geste soudain, il saisit l'arme et la brandit au-
dessus de sa tête. Par bonheur, la lame était aussi affilée
que celle d'un rasoir; et, quoique le serpent eût profité
de ce mouvement pour dégager en partie sa tête, le tranchant du couteau avait presque coupé le corps en deux.
Une seconde entaille fut faite dans une autre partie de
l'animal, puis une troisième, et celle-ci encore plus profonde ; le hardi chasseur eut ainsi la satisfaction de voir
la spirale qui menaçait sa vie tomber tronçon par tronçon. Le moment d'après, le python mort gisait lourdement à ses pieds, et Groot Willem jouissait vaillamment
de son triomphe. Il quitta pourtant le champ clos avec
un regret : c'était celui d'avoir gâté la peau du serpent. »

LE COULACARANA

Attaque et prise d'un grand serpent dans l'Amérique
du Sud.

« J'avais promis une récompense à celui des nègres
qui trouverait un serpent de belle taille dans la forêt, et
qui me ferait connaître le gîte du reptile. Les noirs, en
conséquence, avaient plusieurs fois été à la recherche de
cet animal, mais ils étaient toujours revenus désap-

pointés. Un matin, je rencontrai l'un d'eux dans la forêt, et je lui demandai où il allait. Il me répondit qu'il allait à la crique de Maratilla pour chasser. Il avait avec lui son petit chien. En revenant vers midi, le chien se mit à aboyer devant la racine d'un grand arbre qui avait été culbuté par le vent.

» Le nègre me dit qu'il croyait que son chien aboyait après un acouri qui avait probablement cherché un refuge sous l'arbre, et il s'avança dans l'intention de le tuer. Il vit alors un serpent et revint en toute hâte sur ses pas pour m'annoncer cette nouvelle.

» Le soleil venait de passer le méridien dans un ciel sans nuage. On ne voyait pas un oiseau ; car les hôtes ailés de la forêt, comme accablés par la chaleur, s'étaient retirés dans l'épaisseur du feuillage ; ç'aurait été le silence de minuit, n'était la voix perçante du pi-pi-yo qui résonnait, de temps en temps, d'un arbre éloigné. J'étais assis sur ce qui avait été autrefois les marches d'un escalier conduisant à une maison aujourd'hui démantelée et qui s'émiettait en poussière. Le nègre et son petit chien descendirent la hauteur en toute hâte, et je fus bientôt informé qu'ils venaient de découvrir un serpent, mais c'était un jeune, appelé *le maître des broussailles* : espèce rare et venimeuse.

» Je me levai à l'instant même, et, saisissant ma lance, qui était à côté de moi (une lance de huit pieds) : « Bien, » Daddy, » m'écriai-je, « nous irons donner un coup d'œil au » serpent. » J'avais les pieds nus : tout mon accoutrement consistait en un chapeau, une chemise à carreaux bleus, un pantalon et une paire de bretelles. Le nègre avait son coutelas, et, au moment où nous montions la colline, un autre nègre, armé aussi d'un coutelas, nous joignit : — il avait jugé, à notre pas, qu'il y avait là quelque chose à faire. Le petit chien était de l'expédition, et, quand nous eûmes marché environ un mille dans la forêt, Daddy s'arrêta et montra du doigt l'arbre tombé; tout était calme et silencieux. Je dis aux nègres de ne point bouger de l'endroit où ils étaient et de garder le chien avec eux : « Pour moi, » ajoutai-je, « j'irai reconnaître » le serpent. »

» J'avançai vers la place indiquée, lentement et avec circonspection. Le serpent était bien caché; à la fin, pourtant, je le fis sortir : — c'était un coulacarana, non venimeux, mais assez grand pour nous écraser tous. Cette espèce est très-rare, et plus grosse en proportion de sa longueur que tous les autres serpents de la forêt. Un coulacarana de quatorze pieds de long est aussi gros qu'un boa commun de vingt-quatre pieds.

» Après avoir constaté la taille du serpent, je revins lentement par la route que j'avais suivie en venant; puis je promis quatre dollars au nègre qui avait découvert le coulacarana, et un dollar à l'autre nègre qui s'était joint à nous. Comme le jour était sur son déclin et comme la nuit aurait mis obstacle à la dissection du reptile, la pensée me vint que je pourrais le prendre vivant. J'imaginai que, si je pouvais le frapper avec la lance derrière la tête et le piquer contre terre, je réussirais ainsi à m'en emparer. Lorsque je dis cela aux nègres, ils me prièrent de les laisser aller pour chercher un fusil et requérir plus de force; car, ajoutaient-ils, ils étaient sûrs que le serpent tuerait quelqu'un d'entre nous.

» J'étais depuis des années à la recherche d'un grand serpent, et, maintenant que j'en avais enfin rencontré un, je ne voulais point qu'il m'échappât. Prenant donc un coutelas de la main d'un des nègres, et rangeant les deux esclaves derrière moi, je leur dis de me suivre et les

menaçai de les couper en pièces s'ils faisaient mine de
fuir. Je souriais en leur parlant ainsi, mais eux secouaient
la tête en silence, et semblaient considérer de mauvais
cœur ces deux perspectives : être coupés en pièces par le
coutelas ou être tués par le serpent.

» Lorsque nous arrivâmes, le serpent n'avait pas
bougé, mais je ne voyais point sa tête, et je jugeai, par
les replis du corps, qu'elle devait être dans le coin le
plus enfoncé de la tanière. Une espèce de liseron avait
formé un manteau sur les branches de l'arbre couché à
terre — manteau impénétrable à la pluie et aux rayons
du soleil. Probablement, le reptile s'était retiré depuis
longtemps dans cet endroit-là, car tout portait les traces
d'une ancienne occupation des lieux.

» Je pris mon couteau, pour couper le liseron et pour
briser de mon mieux les jets vivaces de ce parasite attaché au cadavre de l'arbre ; je cherchais toujours la tête
du serpent. Les deux nègres montaient la garde à côté de
moi, l'un avec sa lance, et l'autre avec son coutelas. Le
second coutelas que j'avais pris des mains du premier
nègre était déposé à terre, pour le cas où j'en aurais besoin.

» Après avoir travaillé dans un profond silence pendant un quart d'heure, un genou posé en terre, j'avais
assez nettoyé la place pour voir la tête du serpent. Elle
paraissait sortir d'entre la première ou la seconde spirale du corps, et se montrait à plat sur le sol. C'était la
position que j'aurais donnée au reptile, si je l'avais ar-
rangé moi-même.

» Je me levai avec précaution, et reculai très-lentement,
faisant signe aux nègres de suivre mon exemple. Le chien
se tenait à quelque distance, dans une muette observation. Je pus alors lire sur la figure de mes nègres qu'ils

considéraient l'affaire comme déplaisante ; ils firent
une nouvelle tentative pour me persuader qu'il serait
bon d'aller chercher un fusil. Je souris de l'air le plus
naturel et fis semblant de les abattre avec l'arme que je
tenais dans la main. Ce fut toute ma réponse, et ils
avaient l'air d'être très-mal à l'aise. Je dois faire observer
que nous étions maintenant à vingt mètres de la tanière
du serpent. Je rangeai mes deux nègres derrière moi,
puis je dis à l'un deux de tenir le manche de la lance au
moment où j'aurais cloué le serpent, et à l'autre de
suivre avec attention tous mes mouvements.

» Il ne restait plus qu'à leur enlever leur coutelas ;
car j'étais sûr que, si je ne les désarmais point, ils cher-
cheraient à frapper le serpent au moment du danger —
et, en faisant ainsi, ils auraient gâté pour jamais la peau
de l'animal. Je pris donc leur coutelas ; mais, autant
que je pus en juger par le jeu de leur physionomie, ils
parurent considérer ceci comme un acte de la plus intolé-
rable tyrannie. Rien, probablement, n'eût pu les empêcher
de prendre la fuite, si ce n'eût été la considération que
je me trouvais entre eux et le serpent. En vérité, je dois
le dire, mon cœur, en dépit de moi-même, battait plus
vite qu'à l'ordinaire. Je connus alors cet ordre de sensations qu'on éprouve en temps de guerre, à bord d'un
vaisseau marchand, lorsque le capitaine commande à
tous ceux qui sont sur le pont de se préparer pour
l'action — et qu'en effet, un vaisseau étranger s'approche
sous des couleurs suspectes.

» Nous marchâmes en silence, sans remuer les bras
ni la tête, afin de ne point alarmer le serpent, qui, usant
alors d'un droit naturel — celui de la propre défense —
aurait sans doute glissé d'entre nos mains ou nous
aurait attaqués. Je portais la lance perpendiculairement

devant moi, la pointe tournée en bas et à un pied du sol.
Le serpent n'avait point remué : je le frappai avec l'arme
derrière le cou et le piquai contre terre. Il fit entendre un
sifflement aigu et terrible. Aussitôt le nègre qui était le
plus près de moi saisit la lance et la maintint d'un
poignet ferme à l'endroit où je l'avais clouée, tandis que
j'avançais la tête dans la tanière pour saisir le serpent
à bras-le-corps et pour m'emparer de sa queue. Le chien
courait çà et là, en aboyant.

» Nous eûmes un rude démêlé à soutenir dans la tanière, pas tant encore contre le serpent que contre les
branches vermoulues de l'arbre qui se répandaient de
de tous côtés ; j'appuyais sur elles, elles résistaient ;
c'était, de part et d'autre, à qui obtiendrait la supériorité.
Je fis appel au second nègre, car je ne me sentais point
assez pesant. Il poussait sur moi et le poids additionnel
de son corps me rendit grand service. J'avais maintenant
saisi d'une main ferme la queue du serpent; et, après
un ou deux violents efforts, l'animal céda, se sentant
dominé. C'était le moment de s'assurer de lui. Aussi,
tandis que le premier nègre continuait d'appuyer solidement le fer de la lance contre terre et que le second
m'aidait dans ma lutte contre le reptile, je détachai mes
bretelles et en liai la bouche du serpent.

» Le monstre se trouvait à présent dans une situation
désagréable; il chercha à rétablir ses affaires et se mit
résolûment à l'œuvre; mais nous l'accablâmes. Nous
le fîmes s'enrouler lui-même autour du manche de la
lance, et, dans cette position, nous convînmes de l'emporter hors de la forêt. Je m'emparai de sa tête, que je
tenais fermement sous mon bras, un des nègres sup-
portait le corps et l'autre la queue. Dans cet ordre, nous
nous acheminâmes lentement vers la maison, nous repo-

sant une dizaine de fois; car le serpent était trop lourd pour que nous ne fussions pas obligés de chercher à réparer nos forces. Pendant la marche, il combattit plus d'une fois, et rudement, pour sa liberté; mais toutes ses tentatives furent inutiles.

» Le jour était trop avancé pour que je songeasse à le disséquer. « Si je le tue, » me disais-je, « la putréfaction » s'emparera de quelques-uns de ses organes avant » le matin. » J'avais apporté avec moi dans la forêt un sac, assez grand et assez fort pour contenir tel animal que j'eusse envie de disséquer. Ce moyen me parut le meilleur pour conserver vivant le reptile. Après avoir lié de nouveau la bouche du coulacarana, de manière qu'il ne pût la rouvrir, je le poussai donc dans le sac et l'abandonnai à son sort jusqu'au lendemain.

» Je ne puis dire qu'il me laissa passer une nuit tranquille. Mon hamac était à l'étage au-dessus de lui, et le plancher qui nous séparait était à moitié effondré, de sorte que, dans certaines parties, il ne se trouvait pas même l'épaisseur d'une planche entre sa chambre à coucher et la mienne. Il était très-remuant et très-irrité; et, si Méduse elle-même eût été ma femme ou ma voisine, elle n'aurait pas rempli la chambre, cette nuit-là, de sifflements plus continus ni plus désagréables. Au point du jour, j'envoyai quérir dix nègres qui étaient occupés à couper du bois, à quelque distance; j'aurais pu me tirer d'affaire avec la moitié de ce nombre-là; mais je jugeai prudent de m'entourer d'une grande force, pour le cas où le serpent chercherait à s'échapper de la maison, au moment où j'ouvrirais le sac.

» Nous déliâmes la bouche du sac, et chacun me prêtant main-forte pour tenir le serpent, je lui coupai la gorge.

Il saigna comme un bœuf. Vers six heures du même jour, il était complétement disséqué. Je le mesurai : il avait plus de quatorze pieds de longueur. Après l'avoir dépouillé, je pus fourrer aisément ma tête dans sa bouche, car la forme singulière des mâchoires rendait ce gouffre capable d'une dilatation merveilleuse. J'examinai ses dents et j'observai qu'elles étaient toutes recourbées en dedans comme des clous à crochet. Elles n'étaient point aussi fortes ni aussi grandes que je l'aurais cru ; mais, après tout, elles s'adaptaient exactement au rôle qui leur avait été imposé par la nature. Le serpent ne mastique point la nourriture ; le seul service que ses dents puissent donc lui rendre est de saisir la proie et de la retenir jusqu'à ce qu'il l'avale tout entière. »

Ce récit est de M. Waterton, un naturaliste enthousiaste, qui a fait plusieurs excursions en Guyane et dans le sud de l'Amérique, avec l'intention d'observer, par lui-même, les mœurs des animaux.

OLIGODONS

C'est le nom technique donné par les naturalistes à toute une famille de serpents non venimeux, parmi lesquels figure l'animal qui accompagne les statues d'Esculape. — Notre serpent commun, qu'on rencontre dans les champs, mange les oiseaux, les souris, les lézards et les grenouilles — qu'il attire dans sa gueule. Comme les mâchoires n'agissent qu'alternativement, ce serpent engloutit sa proie par degrés ; la grenouille, ab-

sorbée, demeure vivante tout le temps que dure l'introduction violente dans le gosier; elle continue même
d'exister et de se débattre après être entrée dans le corps
du reptile. S'il arrive au serpent de bâiller — ce qui lui
arrive souvent, quelques minutes après son repas — la
grenouille fait des efforts désespérés pour sortir.

Dans les temps d'ignorance, le serpent était considéré
comme un être mystérieux et sacré. En Égypte, le serpent mordant sa queue et décrivant un cercle était le
symbole de l'éternité. Dans le caducée de Mercure, les
deux serpents enroulés représentaient la sagesse. Au
Mexique, on adorait ce reptile sous des formes hideuses,
et on lui offrait des victimes humaines.

En Syrie, une paire de serpents a pris possession
du terrain sous le rez-de-chaussée de presque chaque
maison, et les habitants craignent de les chasser, parce
que, disent-ils, un mauvais sort attend ceux qui maltraitent les reptiles. Les Syriens croient aussi que lorsqu'une fille se marie et se met en ménage, les deux
serpents qui résident sous la maison de son père envoient deux de leurs petits dans la maison du jeune
couple pour lui porter bonheur.

En Italie, le petit serpent d'Esculape est tout à fait un
favori domestique : il entre dans les maisons et il en sort
en toute liberté, à cause des services qu'il rend comme
destructeur de souris.

Dans la province de Ceylan, un autre serpent, qu'on
nomme le boyuna, jouit des mêmes priviléges, et, dans
l'île de Java, il y a deux ou trois variétés de serpents qui
font société avec les hommes.

Arrivons maintenant à la classe des serpents venimeux.

LES SERPENTS A SONNETTES OU CROTALES

Une famille d'émigrants avait établi sa cabane sur la pente d'un coteau, à un endroit où se trouvait précisément une tanière de serpents à sonnettes. Réveillés par le premier feu qu'on alluma dans l'âtre de cette cabine, les terribles reptiles sortirent de leur trou en grand nombre et avec fureur, pendant la nuit; ils se précipitèrent dans la chambre où toute la famille dormait. Comme c'est l'habitude en pareil cas, quelques personnes de la famille couchaient dans des lits et d'autres à terre. Les animaux se répandirent à travers la chambre et montèrent sur chaque lit. Les enfants furent attaqués dans les bras mêmes de leurs parents et dans les bras les uns des autres. L'imagination ose à peine se figurer les horreurs d'une telle scène. Plusieurs des individus de la famille furent surpris et mortellement mordus : — ceux mêmes qui purent sauter à bas de leur lit, trouvant toute la cabine occupée par ces affreux visiteurs, qui agitaient leurs écailles en sifflant, ne réussirent à s'échapper qu'en enlevant une partie du toit et en se sauvant par cette ouverture.

Les crotales ou serpents à sonnettes sont célèbres par la violence de leur venin. Il faut pourtant être juste, même envers ses ennemis; or, l'impartialité du naturaliste nous oblige à dire que le serpent à sonnettes ne mord que dans deux circonstances : — la première, lorsqu'il est provoqué, et la seconde, lorsqu'il a faim.

Je parle, bien entendu, du serpent à sonnettes dans l'état de nature ; car la captivité change le caractère des reptiles comme celui des autres animaux.

Le crotale rampe lentement. Quoiqu'il ne grimpe pas aux arbres, il fait sa principale nourriture d'oiseaux, d'insectes, etc. Ses moyens de destruction résident, comme chez toutes les vipères, dans les crochets à venin qui arment la gueule de ce sinistre reptile.

Les cas de mort violente causés par la morsure des serpents à sonnettes sont malheureusement trop authentiques. Un charpentier avait été voir l'exhibition d'un de ces reptiles vivants. Curieux probablement d'entendre le bruit particulier que fait l'animal en se mouvant, il le tourmenta avec sa règle. Par malheur, notre homme laissa tomber cette règle dans la cage. Il chercha à reprendre son instrument de travail ; mais, au moment où il le ressaisissait, le serpent le mordit à la main. Il fut conduit dans un des hôpitaux de Londres, reçut les secours des meilleurs médecins anglais et résista si longtemps aux effets du poison, qu'on commençait à former des espérances. Mais le choc porté à la constitution de cet homme avait été trop fort, et, après avoir langui pendant plusieurs jours, le malheureux succomba aux conséquences de sa morsure.

Cet accident évoque dans ma mémoire un autre souvenir.

Le grand Geoffroy Saint-Hilaire, que j'ai eu l'honneur de connaître et qui fit un voyage à Londres en 1837, me communiquait, un jour, ses inquiétudes à propos des exhibitions de serpents à sonnettes vivants, que transportent d'une ville à l'autre, dans des cages plus ou moins grossières et mal fermées, les propriétaires de ménageries foraines. « Si jamais, me disait-il, un mâle

et une femelle de ces dangereux reptiles venaient à
s'échapper, le climat de la France et celui de l'Angleterre étant aussi favorables que le climat des États-Unis
d'Amérique à la reproduction de cette race de reptiles,
nous serions, en très-peu de temps, infestés par les
mortels ennemis dont la nature a bien voulu nous épar-
gner la société. Si j'étais autre chose qu'un pauvre ci-
toyen de la république des sciences, et si j'avais voix
dans les conseils de l'État, j'appellerais l'attention du
gouvernement sur les mesures de police à prendre pour
éviter un si grand malheur, dont les conséquences seraient peut-être irréparables. » Les craintes du naturaliste étaient fondées sur un fait alors récent. — Voici ce
fait :

M. Drake avait montré, à Londres, une collection de
reptiles que j'eus le bonheur de voir et qui était, je dois
le dire, une belle horreur. De Londres, il arriva un jour
à Rouen, avec trois serpents à sonnettes vivants et
quelques jeunes crocodiles.

Malgré les soins qu'il avait pris pour préserver du
froid ces rares créatures, il eut la douleur de perdre le
plus beau des trois serpents. L'animal mort fut tiré de
sa cage, et la cage elle-même, avec les deux autres serpents, fut placée dans la salle à manger, auprès du poêle.
Là, M. Drake se mit à exciter les serpents avec un bâton ;
mais, s'apercevant que l'un des deux ne faisait aucun
mouvement, il ouvrit la cage, prit l'animal par la tête et
la queue, puis s'approcha d'une fenêtre pour voir si la
vie était tout à fait éteinte.

L'animal tourna la tête à demi et fixa un de ses crochets sur la partie externe de la main gauche de M. Drake
Celui-ci poussa un cri, prononça quelques mots en anglais, et replaça le serpent dans la cage ; mais, dans ce

moment même, le serpent le remordit à la paume de la même main. M. Drake courut dans la cour en criant : « Un médecin ! un médecin ! »

Ne trouvant pas d'eau (on était au mois de février), il frotta sa main contre de la glace qu'il vit sur le seuil de la porte. Deux minutes après, s'étant procuré une corde, il pratiqua lui-même une ligature sur le bras, au-dessus de la main. Malgré ces précautions, l'agitation du blessé et ses craintes sur les conséquences de l'accident s'accrurent jusqu'à l'arrivée du docteur, M. Pihorel.

La présence du médecin calma les inquiétudes de M. Drake ; il vit arriver avec une vive joie les fers à l'aide desquels la blessure devait être cautérisée. L'opération fut faite à l'instant même, et le patient prit intérieurement un verre d'huile d'olive. M. Drake semblait maintenant avoir recouvré sa tranquillité. Mais, au bout de quelques minutes, des symptômes annoncèrent que le cas était désespéré, et le malheureux mourut huit heures trois quarts après les deux morsures.

Le corps fut ouvert. Les organes intérieurs parurent sains ; le cerveau et le cordon de la moelle épinière n'étaient point altérés. On observa pourtant que la membrane qui couvrait ces parties était d'une teinte rougeàtre. Les veines ne présentaient aucune trace d'inflammation : le seul indice de désordre, dans le système vital, consistait dans l'état du sang, qui était figé et caillé dans les veines de toute la partie affectée.

Le fait parut assez grave et assez intéressant pour que le ministre de l'intérieur transmît alors, à l'Académie des sciences, un rapport de M. Duméril sur cette mort si triste.

M. Audubon, un savant voyageur qui a étudié les mœurs des reptiles dans le grand livre de la nature vivante, croit que les crochets venimeux du serpent à sonnettes, même arrachés de l'animal, conservent, pendant des années, leur puissance meurtrière. Une personne avait été mordue par un serpent à sonnettes à travers de fortes bottes. Il mourut sans que la cause de sa mort pût être bien connue. La paire de bottes échut, par droit d'héritage, à son fils, qui, après les avoir mises, tomba soudainement malade et mourut. Les effets du défunt furent vendus ; et un plus jeune frère, ayant envie des bottes, ou voulant conserver quelque souvenir de son frère et de son père, les acheta. Il les porta seulement une fois, puis lui aussi se coucha pour ne plus se relever. Les médecins, qu'une telle conjonction de faits avait engagés—mais un peu tard—à rechercher la cause de ces trois décès successifs, déchirèrent enfin les fatales bottes et trouvèrent fixé, fortement, dans la substance du cuir, le crochet du serpent à sonnettes. La dent avait ainsi causé — quoique séparée de l'animal — la mort de trois personnes (1).

Les serpents à sonnettes, fait encore observer M. Audubon, se rencontrent souvent enroulés sur eux-mêmes et dans un état de torpeur, lorsque la température est basse. Ce savant faillit s'exposer, un jour, à un accident qui eût pu être sérieux, et cela en donnant trop de confiance à la torpidité de ces animaux. Il avait trouvé un excellent exemplaire de serpent à sonnettes, roulé comme un écheveau de corde et parfaitement immobile ; il le mit dans son havre-sac en compagnie de quelques

(1) M. E. Rousseau s'est convaincu par des expériences, faites avec les crochets des serpents à sonnettes morts, que le venin de ces animaux conservait une vertu malfaisante pendant longtemps, même dans nos climats et à une saison de l'année très-avancée. Un pigeon, blessé en hiver par une de ces dents, mourut presque aussitôt.

canards sauvages qu'il avait tués d'un coup de fusil. Le mouvement et la chaleur naturelle du corps humain, à laquelle s'ajouta la chaleur d'un feu de chasseur allumé dans les bois pour cuire le dîner, ranimèrent le reptile. Les mouvements du havre-sac indiquèrent qu'il y avait à l'intérieur quelque chose de vivant. M. Audubon crut d'abord qu'un de ses canards, mal tué, avait trouvé sa position incommode, et qu'il témoignait de l'impatience ; mais le souvenir de la principale trouvaille de sa journée— le serpent à sonnettes —passa comme un trait de lumière dans son esprit ; il jeta donc loin du feu son havre-sac, contenant canards et reptile. Une température plus froide ramena le serpent à son état de torpeur. M. Audubon porta l'animal chez lui ; et cet exemplaire figure maintenant dans le musée du Lyceum d'histoire naturelle à New-York.

Les crotales ont plusieurs pièces écailleuses au bout de leur queue. Ces pièces sont attachées les unes dans les autres, mais si librement, qu'elles font du bruit lorsque l'animal rampe ou secoue sa queue. Ce bruit avertit de l'approche du reptile : c'est comme si le serpent disait à l'homme : « Ote-toi de mon chemin. » Une nouvelle écaille s'ajoute à l'instrument sonore, chaque fois que le serpent change de peau. Nous verrons que d'autres vipères, non moins dangereuses par l'intensité de leur venin, ont également une autre méthode pour prévenir leur victime de se tenir en garde. La nature n'a pas voulu que les plus terribles ennemis du règne animal donnassent la mort sans sommation préalable. Tant pis pour l'être assez négligent ou assez téméraire pour mépriser l'avis qui lui est donné par le reptile lui-même !

Le serpent à sonnettes, plus généreux que les empoi-

sonneurs de profession, sonne devant lui le glas de
la mort.

Si terrible que soit ce venimeux reptile, l'expérience
prouve qu'il n'est point incapable d'éducation. Un Français, M. Nalos, se trouvant alors dans le nord de la
Caroline, chercha à se procurer quelques serpents à
sonnettes, en vue de faire une collection. Quelques-unes
de ses observations et de ses expériences le portèrent à
croire qu'il était possible d'apprivoiser ces reptiles venimeux. Il essaya donc, et ses tentatives furent couronnées
de succès.

Quels moyens employait-il? Voilà ce qu'on n'a jamais
su. Il se servait probablement de la puissance que
donne à l'homme le contrôle exercé sur l'appétit des
animaux. Il parlait aussi beaucoup lui-même de l'influence qui s'attache aux charmes de la musique. Il
éleva deux serpents à sonnettes. Le mâle avait quatre
pieds huit pouces de longueur et possédait huit écailles
ou huit sonnettes à la queue — preuve matérielle qu'il
comptait neuf ans d'âge ; car ces reptiles, comme nous
l'avons dit, portent sur eux leur certificat de naissance.
Il était, depuis quatre années, sous la main de son maître.
La femelle était beaucoup plus petite, avait seulement
cinq sonnettes et n'appartenait à M. Nalos que depuis
deux années et neuf mois.

Leur docilité était parfaite. Après avoir dit quelques
mots dans un jargon insignifiant, M. Nalos prenait l'un
des deux serpents, le frottait doucement avec la main
comme une corde, le laissait ramper sur sa poitrine et
sur son visage, se faisait caresser et baiser par le reptile,
le mettait autour de son cou ; puis, tandis que ce serpent
pendait ainsi comme une cravate dénouée, il prenait
l'autre animal et le montrait.

Cela me fait souvenir d'un de mes amis qui gardait quelques serpents dans une boîte ; souvent, avant de se lever, il prenait la boîte qui était placée dans sa chambre à coucher, l'ouvrait, prenait les serpents dans son lit et jouait avec eux. Sa fille partageait les mêmes jeux : l'un des serpents formait une collerette autour de sa gorge et l'autre une ceinture autour de sa taille.

M. Byam, un Anglais distingué, allait, un jour, rendre visite à un de ses amis. Il entrait dans la chambre de réception, lorsqu'il trouva un serpent à sonnettes qui était en train de jouer sur le dos d'un fauteuil. A la vue de l'étranger, le serpent glissa à terre, se forma en rond, la tête et le cou placés au milieu de la spirale, et sonna furieusement. M. Byam jugea prudent de battre en retraite et referma la porte derrière lui. Cependant il retourna bientôt dans la même chambre avec son ami, qui dit au serpent de se retirer dans un coin. Le maître de la maison raconta alors à son hôte que cet animal lui avait été donné — il y avait de cela trois années — qu'il lui avait extrait les crochets à venin et que le serpent était, depuis ce temps-là, apprivoisé comme un jeune chien.

Le lendemain, M. Byam trouva son ami avec le serpent sur ses genoux. L'animal sonnait avec rage. L'ami insérait une paire de pinces dans la gueule du reptile, tandis qu'un domestique le tenait par le cou. Lorsque l'opération fut terminée, il raconta à M. Byam que le serpent avait l'habitude de grimper sur sa chaise, pendant le déjeuner ; — ce jour-là, l'animal s'était montré d'une gourmandise si importune à l'endroit du lait, que son maître lui avait donné un bon coup de cuiller sur la tête. L'animal, indigné, sauta à terre, s'enroula sur lui-même, sonna avec colère et montra à son maître ses deux crochets. C'étaient les dents menaçantes que l'ami était en train de tirer, au moment où M. Byam entra dans la chambre. Les deux nouveaux crochets n'étaient point insérés au même endroit de la gueule d'où les anciens avaient été extraits, — mais plus avant dans la mâchoire supérieure. Ils étaient, sans aucun doute, destinés à remplacer la paire de dents qui avait été arrachée. Ainsi que les anciennes, ces nouvelles dents étaient mobiles, creuses et avaient une poche de poison à leur racine.

Ce serpent fut plus tard tué par un Indien qui, entrant dans la chambre, et entendant sonner l'animal, le frappa sans savoir que le serpent était apprivoisé et pouvait distinguer ses amis des étrangers.

Malgré ces faits qui témoignent de la puissance exercée par l'homme, dans certaines circonstances, sur les plus abominables reptiles, c'est toujours une mauvaise rencontre que celle des serpents à sonnettes. Le capitaine Stedman nous raconte qu'un M. Francis Rowe, de Philadelphie, allait, un matin, rendre visite à un de ses amis. Il était à cheval, mais, tout à coup, sa monture refusa d'avancer. L'animal était effrayé par un grand serpent à sonnettes qui se trouvait couché en travers de la route. M. Rowe croyait à la puissance de fascination qu'on suppose exister chez les serpents ; il mit pied à terre et conduisit le cheval par la bride autour du reptile. Pendant ce temps-là, le crotale s'était roulé en spirale, il fit sonner ses funèbres écailles et regarda fixement l'homme en plein visage, avec tant de feu dans les yeux, qu'une sueur froide couvrit M. Francis Rowe de la tête aux pieds. Le malheureux n'osait ni reculer ni avancer : il s'imaginait être rivé au sol. Cependant la raison lui restait, et finit par l'emporter sur la crainte ; d'un coup de bâton, il abattit la tête du reptile.

Lorsque le serpent à sonnettes imprime sa mortelle blessure, la pression fait sortir une petite goutte de venin à travers le tube des dents; cette goutte passe par l'orifice externe, ou la fente située à la partie concave des deux crochets. Si un serpent à sonnettes inflige plusieurs morsures de suite, sans se ménager un intervalle suffisant pour refaire son venin,—les morsures suivantes deviennent de moins en moins dangereuses.

Un amateur, qui avait un serpent à sonnettes dans une cage, mit un rat avec le serpent; ce dernier frappa le rat, qui mourut en deux minutes. Il introduisit alors un autre rat, qui se mit à se sauver loin du serpent avec des cris de détresse. Durant une demi-heure, le serpent ne donna point de signes d'hostilité; mais, irrité sans doute par les mouvements de son camarade de chambre, il mordit le rat, qui mourut en vingt minutes. Un troisième rat — celui-ci remarquablement gros — fut alors jeté dans l'intérieur de la cage; il ne témoigna aucune crainte du serpent, et le serpent ne fit aucune attention à lui. L'observateur, après les avoir guettés l'un et l'autre pendant toute la soirée, alla se coucher, et, quand il regarda la cage, le lendemain matin, le serpent était mort : la partie musculaire du cou avait été mangée par le rat.

Il faut donc au serpent un certain temps pour réparer les pertes du venin. Cette circonstance explique comment des personnes mordues par des vipères — de l'ordre le plus dangereux — ont pu survivre à ce funeste accident. La puissance de donner la mort par le poison avait, en quelque sorte, été usée chez ces reptiles par l'usage plus ou moins répété qu'ils en avaient fait sur des corps animés.

En principe, la blessure est d'autant moins grave et

les conséquences en sont d'autant moins actives, que l'animal a eu recours plus récemment à ses armes terribles. Des médecins ont même fait, en Amérique, des expériences intéressantes sur la quantité de venin nécessaire pour que la morsure des vipères les plus cruelles produise une mort certaine. Ce venin rentre ainsi dans la nature de tous les poisons, qui demandent à être pris en dose suffisante, pour ne point manquer leur but.

La nature équilibre les fléaux et limite le mal par le mal. Le serpent à sonnettes a un ennemi dans sa propre race : c'est le serpent noir du centre de l'Amérique. Ce dernier est presque de la taille du boa — mais bien plus agile que le boa — très-vicieux et d'un mauvais caractère, quoique non venimeux. Partout où ces deux ennemis se rencontrent, il s'ensuit un terrible combat, qui se décide le plus souvent en faveur du serpent noir. Les naturels de l'Amérique prétendent même que le venin du serpent à sonnettes n'a généralement point d'action sur son adversaire, qui est, jusqu'à un certain point, de la famille. « Serpent contre serpent, disent-ils, on se bat mais on ne s'empoisonne pas. »

Cette circonstance a lieu d'étonner, et, pour mon compte, je n'y crois pas.

Le serpent à sonnettes a d'autres ennemis. Les porcs qui rôdent dans les bois de l'Amérique lui déclarent une guerre d'extermination. Ces porcs savent d'instinct ce que les anatomistes ont appris par l'observation. Ils savent, dis-je, que l'activité du poison dépend de la partie du corps qui se trouve attaquée par les dents du reptile. Si c'est une veine qui reçoit la morsure, l'action du venin est très-rapide, car ce venin opère seulement sur le sang, qu'il décompose et qu'il fige dans les veines et les artères. Si c'est, au contraire, un muscle qui se trouve frappé, l'action est plus lente, et, enfin, si c'est la matière graisseuse, la morsure devient presque inoffensive.

Les porcs de l'Amérique aiment beaucoup les serpents comme nourriture. Ils engagent une lutte désespérée avec les plus féroces de ces reptiles et cela avec un sang-froid et un courage que, d'après les idées communes, on ne s'attendrait guère à trouver chez le cochon. Lorsqu'un de ces porcs aperçoit un serpent à sonnettes, il donne le signal de la lutte en faisant claquer ses défenses. Ses poils se hérissent et ses mouvements prennent un air de vie et de détermination que l'animal ne manifeste point dans d'autres circonstances. Le serpent se forme en une spirale, car c'est seulement dans cette position qu'il peut frapper sa victime. Le cochon s'agenouille et s'approche ainsi de son ennemi dans une situation assez gauche. Le reptile donne le fatal coup de dent et le porc — connaissant assez d'anatomie pour savoir la partie du corps qu'il peut exposer avec impunité aux attaques de son adversaire — reçoit la morsure dans les replis graisseux qui pendent sur le côté de sa mâchoire; si même, il juge la chose utile, il tend l'autre joue pour recevoir un second outrage. Tout en suivant en cela le conseil de l'Évangile, le malin porc n'agit point ainsi, il s'en faut de beaucoup, par charité chrétienne. Il sait que ces deux morsures épuisent le venin du serpent et assurent la victoire à son antagoniste. Avant que le reptile ait eu le temps de s'échapper, le cochon se lève, pose un pied sur la queue du serpent à sonnettes et, avec les dents, arrache la chair de son ennemi, qu'il dévore avec des grognements de satisfaction.

L'utilité des porcs, comme exterminateurs de serpents, est si bien reconnue, que, dans l'ouest et le sud de l'Amérique, quand un champ ou une ferme se trouvent infestés par de dangereux reptiles, on y met une truie avec sa portée. Ces braves pachydermes ne tardent point à faire disparaître le fléau.

On a fait quelques expériences curieuses — quoique cruelles — sur la force et l'activité du venin des serpents à sonnettes. On fit mordre successivement trois chiens par un de ces reptiles. Le premier chien mourut au bout de quinze minutes ; le second, au bout de deux heures et dans d'affreuses convulsions. Un jeune chien de trois mois suivit les deux autres et mourut au bout de quatre minutes. Après cela, on enferma, dans la cage du serpent à sonnettes, un gros serpent noir, et la lutte commença. Le serpent noir se défendit bien ; mais, ayant reçu une morsure dans le combat, il se retira dans un coin de la cage, comme s'il avait la conscience du sort qui l'attendait. Au bout de huit minutes, il était mort. On fit alors si bien que le serpent à sonnettes se mordit lui-même ; au bout de douze minutes, il mourut de ce suicide involontaire.

VIPÈRES

Le nombre de décès causés par la morsure des serpents, dans les villes et les villages de l'Inde soumis à la domination anglaise, attira, dernièrement, l'attention des autorités. M. Bettington, commissaire de police, adressa, sur ce sujet, une lettre au gouvernement britannique.

« J'ai l'honneur de vous informer, dit-il, que, dans le seul district de Dharwar-Zillah, seize personnes au moins ont perdu la vie, le mois dernier, à la suite de blessures faites par les serpents. Il semble qu'il y a plus de décès occasionnés par ces reptiles que par les tigres. Je vous propose d'offrir une récompense pour la destruction des serpents : huit annas pour un serpent quelconque, et douze pour un cobra. Il est nécessaire que le payement soit prompt et la récompense suffisante. J'engage à ne point faire d'exception, car les serpents qu'on rencontre ici le plus communément sont tous ou presque tous venimeux. »

Le gouvernement approuva et sanctionna le conseil du commissaire de police. Le peuple, encouragé par la récompense promise, se mit à détruire ces malfaisants reptiles avec la plus grande activité. Chaque jour, près de trois cents serpents morts furent apportés aux magistrats.

M. Bettington en vit lui-même un nombre immense de toute espèce : le plus terrible et peut-être le plus commun de tous est le foorsa, contre la morsure duquel le chirurgien de Rutnagherry ne connaît point de remède. L'ammoniaque et les autres stimulants, appliqués à temps, sont des antidotes efficaces contre le venin du cobra et de quelques autres serpents, mais non contre celui du foorsa. Le venin de ce dernier n'agit point sur le système nerveux, comme celui du cobra ; il agit sur le sang seul, qu'il décompose d'une manière toute particulière.

Un serpent très-venimeux du cap de Bonne-Espérance avait eu la tête coupée. Environ dix minutes après cette

exécution, un chien vint à passer ; il flaira la tête du reptile, comme font la plupart des individus de la race canine,
et la poussa çà et là sur le sol avec son museau. La tête
coupée le mordit et le chien mourut au bout de deux
heures.

Cette vitalité extraordinaire est un trait qui distingue
le serpent dès l'âge le plus tendre. Si vous ouvrez les
œufs de la vipère quand les petits n'ont encore qu'un
pouce de long, ces petits lèveront la tête avec un air
menaçant, comme s'ils allaient vous mordre.

Si puissant que soit le venin de certaines vipères, on
peut l'avaler sans crainte. Tozzi, aide-naturaliste de
Mangili, but tout le poison qu'il put obtenir de quatre
grandes vipères : il n'en fut nullement incommodé. Le
docteur Herring avala le venin de quelques serpents du
sud de l'Amérique : ce breuvage lui causa quelques
douleurs dans la gorge et l'estomac, et produisit une
sorte d'ivresse, mais rien de plus. Ceux qui se livrent à
ces expériences doivent bien prendre garde à une chose
— c'est qu'il n'y ait point de blessure dans les lèvres, la
langue, les gencives ni le palais; car le poison entre-
rait par là et se mêlerait à la circulation du sang.

La succion par les lèvres humaines est le meilleur
antidote qu'on ait découvert jusqu'ici contre la morsure
des serpents venimeux. Aucun mal ne peut en résulter
pour la personne qui suce la blessure, si la bouche et les
lèvres sont saines. Les poisons qui agissent sur le sang
n'agissent point sur l'estomac. Lorsque la reine Éléanor
sauva la vie de son époux, en suçant la blessure que lui
avait faite au bras une flèche empoisonnée, elle se conduisit en vertu du même principe. Il en était de même
des psylles qui suivaient les armées romaines dans leur
marche en Afrique et qui guérissaient les soldats mordus

15.

par les serpents, en suçant les blessures de ces soldats.

Le venin de la vipère agit sur les végétaux aussi bien que sur les animaux. Le docteur Gilman inocula ce poison dans plusieurs plantes vigoureuses. Le lendemain, elles étaient mortes et flétries, comme si elles avaient été frappées par la foudre.

Je m'occuperai seulement ici de la vipère commune, sur laquelle M. Thomas Bell a publié une excellente monographie, dans son ouvrage intitulé : *les Reptiles britanniques.*

La vipère commune est heureusement le seul représentant du groupe des serpents venimeux, qui vive dans nos contrées. Elle abonde dans toutes les parties de l'Angleterre et du pays de Galles, où elle fréquente les bruyères, les bois et le bord des rivières. En Écosse, elle est plus nombreuse que le serpent commun; mais on ne l'a jamais vue en Irlande.

La vipère se trouve distribuée dans toute l'Europe. Partout on la redoute, et avec raison, à cause de son venin. Ce venin est moins violent sans doute que celui de beaucoup d'autres espèces : il suffit pourtant à produire de graves symptômes ; quelquefois même, dans les climats plus chauds, il devient fatal. Dans nos pays, je n'ai jamais vu de cas où la morsure de la vipère commune ait déterminé la mort, et je n'ai jamais été à même de vérifier si les cas de décès annoncés dans les journaux étaient authentiques.

Il paraît, néanmoins, que cette morsure a des effets plus désastreux sur les enfants que sur les grandes personnes. Un jeune homme de seize ans avait un serpent, qu'il était dans l'habitude de manier. Le 7 juin 1857, il jouait avec le reptile, qui semblait, ce jour-là, plus animé qu'à l'ordinaire. Au moment où il remettait le serpent dans sa boîte, le serpent se retourna et le mordit au pouce. Le pouce, la main et le bras enflèrent. Ces symptômes furent suivis bientôt de vives douleurs, d'envies de vomir, de dépression et de mal à la tête. Le jeune homme entra, le soir même, à l'hôpital. Il se plaignait d'une sensation brûlante dans le membre lésé. Le pouls était faible et paresseux. On le mit au lit, et, au bout de cinq jours, il était rétabli. Le serpent avait été apporté à l'hôpital le même soir que sa victime y était entrée. C'était une vipère commune.

White raconte avoir surpris une grosse vipère, qui semblait très-lourde et très-enflée; elle reposait dans l'herbe et se chauffait au soleil. « Lorsque nous nous approchâmes, dit-il, nous trouvâmes que l'abdomen était entouré de jeunes, au nombre de quinze. Les plus petits avaient sept pouces et étaient, à peu près, de la grosseur d'un ver de terre. Ces jeunes vipères venaient au monde avec le véritable esprit de leur race; à peine étaient-elles dégagées du ventre de la mère, qu'elles se montraient alertes et entreprenantes. Elles se tortillaient et s'enroulaient çà et là, elles se dressaient; touchées par un bâton, elles ouvraient la gueule toute grande, en donnant des signes manifestes de menace et de défiance, quoiqu'elles n'eussent point encore de dents visibles, même à l'aide de la loupe.

» Pour l'esprit d'un penseur, rien n'est plus merveilleux que cet instinct précoce, qui grave, chez les jeunes animaux, la notion de leurs armes naturelles et l'usage qu'ils doivent en faire pour leur défense, même avant que ces armes existent. C'est ainsi qu'un jeune coq cherche à éperonner son adversaire avant même que ses éperons soient poussés; c'est ainsi qu'un veau ou un agneau pousse avec sa tête avant que ses cornes aient sailli ; c'est encore ainsi que les jeunes vipères essayent de mordre avant que leurs dents soient formées. »

La structure de la bouche, chez la vipère et les autres serpents venimeux, présente une circonstance particulière : il n'y a point de dents à la mâchoire supérieure, et ces dents absentes se trouvent remplacées par les deux crochets qui servent de canal au venin.

Les habitudes de la vipère commune sont assez connues ; comme tous les esprits qui font le mal, elle recherche les lieux bas et solitaires. Un de ses caractères extérieurs est une tête large, mais plate, recouverte de petites écailles.

J'ai déjà parlé de la ponte de la vipère ; je dois ajouter quelques détails sur la reproduction de ce reptile indigène.

Un de mes voisins tua et ouvrit une femelle de vipère, vers le 27 mai : il trouva l'intérieur rempli d'une chaîne de onze œufs, à peu près de la grosseur des œufs de merle ; mais aucun d'eux n'était assez avancé pour contenir quelque rudiment de jeune. Quoique ovipares, ces reptiles sont en même temps vivipares, en ce sens qu'ils couvent leurs petits dans l'intérieur de leur ventre et qu'ils les mettent alors au jour, tandis que les serpents ou couleuvres pondent, chaque été, des chaînes d'œufs dans mes couches de melons, en dépit de tout ce que font mes gens pour les empêcher de prendre cette liberté.

Des personnes intelligentes croient encore aujourd'hui que la vipère ouvre la bouche en cas de danger et reçoit ses petits dans son gosier, absolument comme la femelle de l'opossum reçoit sa progéniture dans une poche située sous l'abdomen. Les jeunes de la vipère se réfugient, dit-on, dans cet asile maternel, sous le coup des mêmes circonstances que les jeunes du didelphe, c'est-à-dire lorsqu'ils sont effrayés et surpris par une rencontre soudaine. Cette habitude, ajoute-t-on, aurait donné lieu à une fable et à une erreur populaire : quelques gens de la campagne, témoins de cette scène étrange, ont imaginé que la vipère était assez dénaturée pour dévorer ses enfants.

Les naturalistes modernes ont généralement nié, non-seulement que la vipère dévorât ses petits, mais même qu'elle les reçût dans sa gorge comme dans une retraite. Quant à moi, je n'ai jamais eu le bonheur d'être témoin du fait ; ce qui n'est point une raison, je l'avoue, de le révoquer en doute ; mais tant de fictions se sont glissées dans le champ de l'histoire naturelle, qu'on ne saurait trop tenir sa foi sur la défensive, quand il s'agit d'un détail de mœurs, appuyé seulement par de vagues récits. Un chasseur de vipères m'a affirmé n'avoir jamais rien rencontré de semblable, et son autorité est grave, car il possède des connaissances toutes particulières, fondées sur un long commerce avec les individus de cette famille.

La vipère, comme nos autres serpents, ne mange, je crois, que dans une saison de l'année : elle se nourrit de grenouilles, de crapauds, de lézards et de jeunes oiseaux qu'elle avale tout entiers, quoique le morceau soit souvent trois fois gros comme son corps. Les gens de la campagne parlent beaucoup, dans mon voisinage, d'un serpent d'eau ; mais j'ai des raisons de croire qu'ils en parlent sans aucun fondement ; car la couleuvre commune (*coluber natrix*) aime à s'ébattre dans nos ruisseaux et nos étangs, peut-être dans l'intention de se procurer des grenouilles ou quelque autre proie.

Les vipères — comme, d'ailleurs, tous les autres serpents — ont pour certaines nourritures et certaines bois-
sons un goût particulier. On accuse quelques-unes
d'entre elles de sucer le pis des vaches qui paissent dans
les prés. Le fait a été contesté ; mais on ne saurait nier
l'appétit de ces animaux pour le laitage. Un chasseur de
vipères rentra chez lui, un soir, chargé d'un abondant
butin. Il mit ses prisonnières dans un baquet qu'il oublia de refermer, comme à l'ordinaire, avec un couvercle
de bois. Harassé de fatigue, il se coucha et dormit d'un
sommeil lourd. Le lendemain, il se réveilla enlacé par
mille nœuds froids et vivants. Les vipères, attirées par
la chaleur, s'étaient glissées sous les couvertures et
s'étaient entortillées, dans le lit, autour du malheureux.
Celui-ci, à son réveil, ne poussa point un cri, ne fit
point un mouvement ; il connaissait assez le caractère
des serpents pour savoir que, s'il effrayait ou irritait ces
animaux, il serait, à l'instant même, couvert de dangereuses morsures. Il attendit qu'on entrât dans sa chambre.
A peine quelqu'un eut-il ouvert la porte, que l'homme,
qui était dans le lit, commanda d'apporter une terrine
pleine de lait. « Maintenant, ajouta-t-il, quand ses ordres
furent exécutés, laissez-moi seul. » Les vipères, qui
avaient été attirées, durant la nuit, par la chaleur du lit,
se détachèrent une à une, alléchées maintenant par la
douceur du breuvage. L'homme se vit et se sentit successivement délivré des chaînes horribles qui l'envelop-
paient. Quand la dernière étreinte se fut desserrée et que
la dernière vipère se fut plongée, après les autres, dans
le vase de lait, pour s'y abreuver, l'homme sauta à bas
du lit et recouvrit la terrine avec toutes les captives.

Cette nombreuse famille de vipères contient plusieurs
des genres venimeux connus, dans les différentes con-

trées du monde, sous le nom de vipères proprement dites, d'aspics, de serpents-corail, de serpents-rois, etc. Presque tous ces reptiles ont une expression de méchanceté, mais plusieurs d'entre eux possèdent, en même temps, de brillantes couleurs distribuées en colliers, en bandes, en taches capricieuses. Leurs morsures sont plus fatales dans les pays chauds que dans les pays tempérés.

LE COBRA DI CAPELLO

Cette vipère est — quant à l'intensité de son venin — le serpent à sonnettes des Indes orientales. Elle a quelquefois cinq ou six pieds de longueur; le sommet de la tête est recouvert d'écailles. Comme la peau du cou est susceptible d'une grande dilatation, l'ensemble de ce tégument extérieur se déploie en une sorte de capuchon, qui se lève lorsque l'animal est en colère. Dans ce moment-là, le cobra siffle bruyamment, ses yeux lancent des éclairs : il est réellement très-beau. C'est le serpent des jongleurs indiens.

Une autre espèce de la même famille a, sur le dos du capuchon, des lignes qui ressemblent à une paire de lunettes renversées, et le centre des verres est marqué par une tache noire.

Le cobra di capello des Portugais — le plus célèbre des serpents dans l'histoire naturelle des Indes orientales — est le même que le nag ou le naja; c'est à lui que se rapportent la plupart des récits des voyageurs, quand

ils parlent d'un serpent fameux par son venin et par sa
grâce fatale. Les cobras sont les bijoux dangereux de la
nature -- la bague d'or du roi Mithridate, avec le poison dans le diamant creux.

Comme tous les autres serpents, le cobra di capello
ne mord que quand il est irrité. Une jeune et charmante
lady, qui se trouvait alors aux Indes, sentit plusieurs
fois, pendant la nuit, quelque chose remuer sous sa tête.
Le lendemain matin, elle leva son oreiller et vit... un
cobra di capello! Le serpent dressa la tête et la regarda
sans méchanceté; ses traits annonçaient plutôt la reconnaissance pour la chaleur dont il avait joui sous l'oreiller de sa nouvelle connaissance.

Le capitaine Marryat m'a raconté une aventure qui lui
est personnelle. Il avait été faire, avec des amis, une partie de plaisir dans les bois de l'Inde. Chemin faisant, il
rencontra un cobra di capello ou naja dont il réussit à
s'emparer. Le serpent fut mis dans une serviette et suspendu ainsi à la branche d'un arbre, car le capitaine
Marryat se proposait de le disséquer. On déjeuna sur
l'herbe; mais, pendant qu'on se livrait aux douceurs du
repas champêtre, au milieu de ces belles forêts sauvages, le serpent, à force de contorsions, réussit à se
dégager de la serviette. Il se laissa glisser à terre et
apparut au milieu du cercle des convives. Je vous laisse
à penser le désordre que ce visiteur inattendu jeta dans
la société et combien il troubla le déjeuner sur l'herbe:
les bouteilles elles-mêmes se renversèrent d'effroi; mais
le serpent se contenta de cette vengeance et s'esquiva
poliment.

Le docteur Smith, dans sa *Zoology of South Africa*,
donne les figures de trois variétés de *naja haje*. La plus
rare de ces variétés est appelée par les colons *splugh-*

slang ou serpent cracheur. Le docteur fait observer que tous les najas du sud de l'Afrique distillent du venin par la pointe de leurs crochets, surtout quand ils sont irrités, et que, à l'aide d'un mouvement d'expiration énergique, ils peuvent lancer quelques gouttes de cette liqueur empoisonnée à une distance considérable. Européens et naturels affirment que le splughslang, notamment, jouit de la faculté de cracher son venin à une distance de plusieurs pieds, surtout si l'éjection se trouve favorisée par le vent, soufflant du même côté. Ils déclarent que ce dangereux reptile jette souvent du poison aux yeux de ceux qui se hasardent dans le voisinage de son gîte, et que cette injure est suivie d'une inflammation qui se termine souvent par la perte de la vue.

C'est sans doute un de ces cracheurs de venin que rencontra M. Gordon Cumming — le fameux tueur de lions, le Gérard de l'Angleterre, — une nuit qu'il guettait la tanière de Sa fauve Majesté le roi des forêts. « Un horrible serpent, raconte-t-il lui-même, me cracha dans l'œil ; je courus me laver à la fontaine : je souffris beaucoup toute la nuit ; mais, le lendemain, mon œil allait bien. »

Un officier naval qui s'était distingué à la prise d'Acre, sous les ordres de l'amiral Napier, faillit être mordu par un naja. Il était en train de chasser près du Cap, lorsqu'il marcha sur un de ces terribles reptiles. Le serpent était roulé en spirale : à l'instant même, sa tête renflée se leva et se porta en arrière pour donner le coup de dent mortel... Mais un camarade de cet officier, avec une présence d'esprit admirable, plaça le canon de son arme contre la tête du naja, et l'abattit sans faire la moindre blessure à son ami.

Lorsque la colère de ce serpent est une fois excitée, il

16

met une persistance remarquable dans ses attaques et
dans ses mauvais desseins. Le même docteur Smith se
promenait dans le voisinage de Graham's-Town, lorsqu'il eut le malheur d'exciter l'attention d'un naja :
l'animal aussitôt dressa la tête et avertit, par la force de
sa respiration, qu'il était prêt à mordre. Le serpent commença alors une charge, et le docteur jugea prudent de
battre en retraite. Un officier, dont le docteur garantit la
véracité, lui raconta qu'il avait été poursuivi à deux
reprises autour de sa voiture par un de ces serpents, et
que l'attaque se serait sans doute prolongée, si un Hot-
tentot n'eût mis hors de combat cet enragé reptile par
un coup assené avec le bout d'une perche.

La tête de ce serpent et les côtés du cou sont revêtus,
comme nous l'avons vu, d'une membrane qui se distingue
difficilement à l'œil nu, lorsque l'animal n'est pas en
colère ; mais, lorsqu'il s'irrite, cette membrane se déploie
en forme de capuchon ou chaperon, comme chez les
espèces égyptiennes. Chez le naja asiatique, le chaperon est taillé sur un patron curieux, qui lui a fait
donner le nom de *serpent à lunettes*. Ce déploiement du
chaperon précède toujours, dit-on, les attaques du reptile. Certains naturalistes considèrent donc cet appareil
comme un signal, comme un avertissement donné par
la nature à tous ceux qui se trouvent dans le rayon d'activité du serpent.

Le capitaine Percival rapporte avoir été plus d'une
fois témoin oculaire de cas dans lesquels la fatale morsure avait été évitée par ceux auxquels elle était destinée ;
— et cela parce qu'ils avaient été mis sur leurs gardes.
Mais, si ce signal de mort, si ce *qui-vive* de la nature est
négligé ou méprisé, oh ! alors, malheur à l'imprudent !
car à peine le serpent a-t-il arboré ce drapeau de guerre,

que ses mouvements deviennent trop rapides pour qu'on puisse échapper à ses dents crochues et venimeuses.

Le docteur Davy ajoute : « J'ai examiné les serpents que montrent certains charmeurs, et j'ai trouvé que leurs crochets venimeux étaient intacts. Ces hommes possèdent un charme sans doute, non un charme surnaturel, mais celui que donnent la confiance et le courage, combinés avec la connaissance des mœurs de l'animal. Ils savent que le naja n'a recours que dans les cas d'extrême danger aux armes terribles que lui a données la nature pour sa défense ; ils savent, en outre, qu'il ne mord jamais sans avoir menacé. Quiconque possède la confiance et l'agilité qu'ont ces hommes, peut, comme eux, irriter impunément ces mêmes vipères : j'en ai fait l'essai plus d'une fois. Ces charmeurs exécutent leurs tours avec toute espèce de serpent chaperonné, qu'il vienne d'être pris ou qu'il soit depuis longtemps en captivité; mais ils n'agiraient pas de même avec les autres familles de serpents venimeux. »

Le déploiement du chaperon est chez le naja ce qu'est le bruit du serpent à sonnettes — une sorte de sommation ou de déclaration de guerre qui avertit tous les êtres vivants de fuir — s'il n'est pas déjà trop tard.

LE CÉRASTE

Sa longueur est d'environ quatorze pouces. Les couleurs du dos varient à l'infini : celles du ventre sont un rose pâle avec un lustre perlé. Ses habitudes sont trèsindolentes; enseveli dans le sable brûlant, il fait tranquillement son venin, jusqu'au moment où, excité par la faim ou foulé aux pieds d'un promeneur distrait, il se lève et mord. Oh! alors, son inactivité disparaît, ses mouvements s'animent. A-t-il saisi l'offenseur, il ne lâche point prise, et il faut une force considérable pour le détacher de sa victime. Il diffère en cela du naja : quand ce dernier a infligé une morsure, il s'échappe en toute hâte; le céraste, au contraire, même quand on l'arrache par force de la blessure et qu'on le jette à terre, reste sur le champ de l'action ou s'en retire très-lentement.

Le céraste a les sourcils arqués, et vers le milieu il y a sur chacun d'eux une petite épine recourbée, pointue — une corne — qui a donné son nom à l'animal. Quel est maintenant l'usage de cette corne? On l'ignore : nous croyons, en effet, inutile de rapporter les fables qui ont couru à cet égard.

Quel était l'aspic qui sauva, dit-on, Cléopâtre, de l'opprobre qui lui était réservé comme figurante dans la marche du triomphe romain? Quelques naturalistes ont prétendu que c'était le naja; mais tout annonce que c'était le céraste. C'est à lui que la reine d'Égypte adressa ces paroles célèbres : « Petite bête, fais vite! » A moins pourtant que Cléopâtre ne se soit inoculé elle-même le poison, comme certains l'assurent, au moyen d'une aiguille. D'autres historiens rapportent qu'elle se donna elle-même la mort en versant le venin d'une vipère dans une blessure qu'elle s'était faite au bras avec les dents. -- On choisira dans toutes ces versions celle qu'on voudra.

La nature a eu soin — comme nous avons eu déjà l'occasion de le dire — d'opposer un ennemi particulier à chaque ennemi du règne animal. L'ichneumon est connu dans l'Inde pour être une petite créature rapace qui commet une foule de dégâts dans les basses-cours, mais qui mérite d'être épargnée, à cause des services qu'elle rend en dévorant une grande quantité d'œufs de crocodiles, et en tuant beaucoup de rats et de serpents ; c'est à cette circonstance qu'elle doit d'avoir été embaumée avec honneur dans les tombeaux égyptiens.

Il serait trop long de décrire toutes les espèces venimeuses de vipères, qui se ressemblent, d'ailleurs, entre elles par l'ensemble des mœurs et par leurs moyens d'attaque ou de défense. On oserait presque dire que c'est le même serpent, approprié à différents climats et aux différentes conditions d'existence que lui imposent les milieux extérieurs. Plus la contrée est chaude, malsaine, déserte, marécageuse et plus ces reptiles se nourrissent en quelque sorte d'un venin mortel, plus ils pullulent dans la sauvage abondance des grandes herbes, des roseaux. Cette végétation plantureuse, ces belles forêts vierges recèlent la mort — et la mort sous ses formes les plus horribles.

SERPENTS VENIMEUX DU SUD DE L'AMÉRIQUE

Il suffira d'emprunter quelques traits au tableau que nous tracent les voyageurs.

Nourri dans de chauds marais, le camoodi (serpent non venimeux) traîne ses longs anneaux au bord des eaux mortes, et, là, couché à terre, il guette le passage

16.

d'une biche ou même d'un Indien : soudain il enlace ses replis autour de sa victime, lui brise les os, la couvre de salive et se gorge lentement de cette proie ainsi broyée.

Mais bien plus redouté des hommes rouges est encore le conacoushi.

Waterton, le guide et le prince des voyageurs dans les déserts du sud de l'Amérique, parle de ce formidable reptile : « Il est, dit-il, sans rival pour la beauté de sa robe, dans laquelle on retrouve toutes les couleurs de l'arc-en-ciel ; il n'y en a pas non plus dont le venin soit d'un effet aussi meurtrier. Il est le monarque de ces forêts ; hommes et bêtes fuient devant sa face, et lui cèdent volontiers le terrain. »

Le conacoushi est mieux connu sous le nom de *maître de broussailles*. J'en ai vu un de douze pieds de longueur : son apparence était horrible ; figurez-vous la tête du plus laid crapaud sur le corps d'un grand serpent. Les Indiens évitent la rencontre de ce monstre par le moyen de leurs chiens, qu'ils envoient devant eux pour les avertir. Les chiens reviennent en aboyant et annoncent que Sa Majesté le conacoushi occupe le chemin. J'ai été aussi informé du voisinage d'un serpent venimeux par la forte odeur de musc que le reptile laissait derrière lui en glissant dans l'herbe.

Le labarri est presque aussi dangereux que le conacoushi, et on le tue quelquefois à Stabroek. Il est difficile de concevoir quelque chose de plus horrible que ce reptile : quand il est irrité, ses écailles se dressent et se hérissent sur son corps comme les plumes d'un coq, ses yeux étincellent de rage, et ses mâchoires ouvertes montrent de longues dents crochues, prêtes à darder le poison dans les membres tremblants de la victime.

Tous les serpents d'un caractère féroce ou très-venimeux appartiennent, comme on voit, aux contrées chaudes de l'ancien et du nouveau monde.

L'Europe a été favorisée par la nature, en ce sens que les serpents dangereux y sont plus rares qu'ailleurs, et que leur blessure y est moins dangereuse. Là est peut-être une des causes historiques de la préférence que la race de Japhet a témoignée pour cette partie de l'ancien monde. Les sociétés humaines ont dû tendre à s'établir dans les régions de la terre où elles trouvaient le moins d'ennemis naturels. Les historiens ont négligé ce point de vue; mais je crois utile de l'indiquer. La migration des races restera une question obscure aussi longtemps qu'on ne la rattachera pas à l'étude géographique du règne animal.

De l'éducation des serpents.

L'art merveilleux qui désarme la furie des serpents les plus redoutables, qui les rend dociles à la voix du charmeur, n'est point une invention des temps modernes; on en retrouve des traces dans la plus haute antiquité.

Une tradition veut qu'Orphée, qui florissait selon toute vraisemblance à l'époque où les lettres furent introduites en Grèce, ait connu la méthode d'enchanter ces venimeux reptiles. Les Argonautes soumirent, dit-on, par la puissance du chant le terrible dragon qui gardait la toison d'or. Ovide attribue la même vertu d'adoucissement à l'influence soporifique de certaines herbes. Virgile, dans le septième livre de l'*Énéide*, parle de la méthode qui consiste à fasciner le serpent en le touchant avec la main. Mais la croyance prédominante chez les anciens était que le principal pouvoir du charmeur reposait dans l'attrait de la musique. Pline et Sénèque ont professé cette opinion.

L'effet merveilleux qu'exerce la musique sur la famille des serpents est confirmé par le témoignage de plusieurs écrivains et voyageurs modernes. Les vipères se dressent au son de la flûte, et battent la mesure, en suivant les temps marqués par l'instrument. Leur tête, naturellement ronde et longue comme celle d'une anguille, s'élargit alors et s'aplatit comme un éventail. Les serpents apprivoisés, que les Orientaux élèvent dans leurs maisons, quittent leur trou par les temps chauds, au son d'un instrument de musique, et accourent vers l'instrumentiste.

Le docteur Shaw eut l'occasion de voir un assez grand nombre de serpents qui observaient la mesure avec les derviches dans leurs danses circulaires : les reptiles couraient sur la tête et les bras des prêtres, tournaient quand ceux-ci tournaient, et s'arrêtaient quand ils s'arrêtaient.

Le serpent à sonnettes subit le pouvoir de la musique autant qu'aucun autre animal de sa famille. Lorsque Chateaubriand était au Canada, un serpent à sonnettes entra dans le campement : un jeune Canadien, qui avait l'habitude de jouer sur la flûte pour divertir ses compagnons, s'avança contre l'animal avec cette nouvelle espèce d'arme entre les mains. A l'approche de son ennemi, le fier reptile s'enroula lui-même en spirale, aplatit sa tête, enfla ses joues, contracta ses lèvres, montra ses cro-

chets venimeux et ouvrit son gosier sanglant; sa langue
bifurquée brilla comme deux lignes de feu; ses yeux devinrent deux charbons allumés; son corps, gonflé de
rage, s'éleva et s'abaissa comme un soufflet de forge; sa
peau dilatée prit une apparence sombre et écailleuse, et
sa queue, qui sonnait le glas de la mort, vibra avec une
si grande rapidité, qu'elle ressemblait à une légère vapeur. Le Canadien alors se mit à jouer de sa flûte; le
serpent tressaillit de surprise et darda sa tête en arrière.
A mesure qu'il fut de plus en plus frappé par l'effet ma-
gique, les yeux du reptile perdirent leur férocité, les os-
cillations de la queue devinrent plus lentes, le son qu'il
émettait s'affaiblit et mourut graduellement. Les anneaux
du serpent fascinés se détendirent et tombèrent les uns
après les autres à terre en cercles concentriques. Les
teintes d'azur verdâtre, de blanc et d'or reprirent leur
éclat sur sa peau tremblante, et l'animal, tournant la tête,
demeura immobile dans une attitude d'attention et de
plaisir. Au même moment le Canadien s'avança de quelques pas, tirant de sa flûte des notes douces et simples.
Le reptile inclinant son cou bariolé, s'ouvrit un passage
avec la' tête à travers les hautes herbes, et se mit à
ramper après le musicien, s'arrêtant quand il s'arrêtait,
et recommençant à le suivre, dès qu'il se remettait en
marche.

De cette manière, le serpent fut éconduit du campement. Il y avait là un grand nombre de spectateurs,
tant Européens que sauvages. Les Européens n'en
pouvaient croire leurs yeux. L'assemblée décida à l'una-
nimité que le serpent qui avait tant diverti les spectateurs en leur montrant l'effet de l'harmonie sur cette
famille d'êtres vivants, aurait la permission de s'échapper.

Le capitaine Percival est convaincu que les plus dangereux serpents, les nags ou cobras, ont du goût pour la musique. Même quand ils viennent d'être pris récemment, ils semblent écouter, avec un extrême plaisir, les notes que rend un instrument quelconque. Les jongleurs profitent de cette inclination naturelle du serpent : il y en a qui se donnent la peine d'apprivoiser les cobras, qui leur apprennent à marquer la mesure, et à accompagner, par un mouvement de tête, les airs qu'ils jouent sur le flageolet. Les reptiles charmés prennent des attitudes en harmonie avec le sentiment gai ou triste, léger ou grave, de la musique.

Durant mon séjour aux Indes, j'ai vu prendre dans mon jardin le cobra di capello, ou serpent à chaperon de l'Inde. Le charmeur de serpents, un turban de plumes sur la tête, se tenait assis devant un trou, sous une haie de poiriers épineux, jouant d'un grossier instrument de musique fait avec une gourde, et devant lequel était un morceau de glace cassée. La tête du cobra se montra bientôt comme pour écouter ces bruits sauvages ; les yeux de l'animal étaient en même temps attirés par le miroitement du verre ; un camarade du charmeur se tenait prêt à saisir le serpent derrière le cou, puis, sans se donner la peine d'extraire les dents venimeuses, il le glissait dans une corbeille couverte.

Le lendemain, le charmeur revenait, plaçait sa corbeille sur le sol, se couchait à côté d'elle sur la hanche, et jouait de son instrument à vent : le couvercle se levait, et le serpent apparaissait, à moitié dressé et enroulé sur lui-même ; il remuait la tête au son de la musique, comme font nos dilettanti au balcon de l'Opéra italien, quand Tamberlick chante un morceau de Rossini.

De temps à autre, le serpent déployait son chaperon ou sifflait lorsque le charmeur approchait la main. Le camarade se tenait derrière le musicien, et saisissait alors l'animal par la queue : ainsi tenu, le serpent ne pouvait lui faire de mal ; mais, si on lui jetait une poule, la pauvre bête était morte en un moment.

La musique n'est pas, d'ailleurs, le seul moyen d'agir sur les reptiles venimeux.

Un nègre, d'une complexion robuste, et qui appartenait à un de mes amis établi dans l'Amérique du Sud, près de Stabroek, rapporta d'une broussaille deux serpents à sonnettes dans une boîte. Il semblait les avoir complétement soumis par intimidation. Au bout de quelque temps, il les laissait errer dans sa hutte et ils retournaient à sa voix. Un jour, les deux serpents disparurent, et le maître du nègre, se trouvant alors dans un des bâtiments de sa propriété, les vit enroulés sur le seuil de la porte. Il fut quelque temps emprisonné par ces deux étranges geôliers ; mais enfin il rassembla son courage et sauta par-dessus l'obstacle. Le nègre accourut avec sa boîte pour les prendre. « Ah ! fripons, coquins, s'écria Caquo, vous vous sauvez ! Rentrez chez vous à l'instant même ! » Et les reptiles lui obéirent.

De temps en temps, il irritait ses favoris, et les serpents taquinés le mordaient à la main. Alors, le nègre courait vers un tapis de grandes herbes qui se trouvait à côté de la maison, et, là, il frottait sa blessure avec une plante dont il ne voulut jamais révéler le nom ; car ses camarades le regardaient avec grand respect comme étant un charmeur de serpents. Une fois qu'il rentra ivre, il se mit à manier les serpents selon son habitude ; ceux-ci le mordirent. Le malheureux négligea d'appliquer son antidote, alla travailler dans les champs, enfla bientôt et mourut.

L'art ou le secret de rendre dociles les serpents les

plus venimeux et de les manier avec impunité—art pratiqué par les habitants des Indes orientales — n'est point
inconnu en Chine. On raconte que, dans ce dernier pays,
les charmeurs de serpents frottent leurs mains avec un
antidote composé d'herbes pilées dans un mortier. La
vertu de cette préparation est telle, assure-t-on, qu'ils
peuvent toucher le serpent avec la main nue, et provoquer hardiment le cobra di capello lui-même (ou vipère
à lunettes), qui, avec le serpent à sonnettes du nord de
l'Amérique, est peut-être le plus dangereux reptile qui
existe.

Ce serpent — le cobra—ainsi que d'autres de la même
nature, se rencontre souvent à Canton, dans la possession d'hommes qui, pour une bagatelle, les montrent aux
curieux. M. Godfrey, médecin éminent, qui réside depuis plusieurs années dans l'Inde, explique autrement le
privilége d'impunité dont jouissent les charmeurs de
serpents. Le venin mortel étant contenu, dit-il, dans deux
crochets proéminents qui arment la bouche du reptile,
si l'on extrait ces deux dents avec les doigts recouverts
d'un morceau d'étoffe, ou par tout autre moyen, la morsure du serpent devient complétement inoffensive.

Le nag (*naja tripudians*), le cobra di capello des Portugais asiatiques, est encore adoré maintenant dans
quelques-uns des temples de l'Inde. Les Hindous croient
que, sous le rapport de la sagacité et de la malice, cet
animal ne le cède point à l'homme. Ils lui attribuent une
grande puissance pour le mal. On l'a vu sortir de son
trou dans le temple au son d'un flageolet ou d'un pipeau
dont on jouait à son intention, et prendre la nourriture
dans la main. Lorsque le peuple voit ce serpent — un des
plus destructeurs—ainsi soumis et docile, il croit que le
dieu est entré sous cette forme.

Quel est le moyen de rendre inoffensifs ces terribles ennemis de l'homme et de toute la nature? Il y a d'abord, comme nous l'avons vu, l'extraction des crochets et des glandes qui contiennent le venin (1). La douceur et les bons traitements, qui judicieusement employés peuvent apprivoiser toute créature vivante — surtout quand on lui a enlevé les moyens de nuire — font sans doute le reste. L'usage de certaines herbes dont se servent les charmeurs de serpents peut bien aussi entrer pour quelque chose dans cette éducation. Mais il faut peut-être mettre en première ligne la conscience du pouvoir que certains hommes possèdent, dès qu'ils croient le posséder — la conviction que le serpent, même venimeux, ne peut leur nuire — et, peut-être, ainsi que le croient les Orientaux, une fascination magnétique innée.

On ne saurait douter que plusieurs prêtres et jongleurs ne se servent de certains moyens mécaniques pour rendre inoffensifs des serpents de l'espèce la plus venimeuse, tels que les cérastes et les deux espèces de naja. Mais, si nous en croyons certains récits, nous aurons plus d'un motif de supposer que quelques charmeurs manient les serpents les plus dangereux, même quand ces reptiles jouissent de tous leurs moyens pour donner la mort.

« Les prestidigitateurs, dit Hasselquist — voyageur anglais, digne de foi — sont communs en Égypte. Ce sont des paysans de la contrée qui viennent au Caire pour ga-

_____

(1) Les charmeurs de serpents, quand ils font la chasse à ces dangereux animaux, irritent à dessein le serpent sauvage qu'ils se proposent de montrer au public, et lui font mordre plusieurs fois de suite une pièce de drap ; ils le prennent ensuite impunément avec la main. Cela fait, ils lui extraient les crochets et les glandes venimeuses. Ils cautérisent ensuite la place avec un fer chaud. Cette opération bien faite détruit non-seulement les dents qui existaient chez le reptile, mais encore le germe des dents futures.

17

gner quelque argent, en montrant leur art. J'ai vu un de ces jongleurs, dont l'adresse égalait tout ce que nous pouvons attendre en Europe de nos faiseurs de tours ; mais il exécutait une chose que nos Européens ne sauraient reproduire : il fascinait les serpents. Ces enchanteurs prennent les vipères les plus venimeuses dans leurs mains, jouent avec elles, les mettent dans leur sein, et font toutes sortes d'autres exercices. Celui que j'ai vu, l'autre jour, avait seulement une petite vipère; mais j'en ai vu d'autres manier des serpents de trois ou quatre pieds de longueur et de l'aspect le plus horrible. J'examinai l'intérieur de la gueule, pour voir si les dents venimeuses de la vipère avaient été extraites ; eh bien, je me suis assuré par mes propres yeux qu'il n'en était rien. Nous pouvons donc conclure qu'il existe jusqu'à ce jour en Égypte des psylles; mais il n'est pas facile de connaître la méthode dont ils se servent pour dompter ces animaux si dangereux. »

Le même voyageur raconte une scène plus extraordinaire encore, c'est la chasse aux serpents, dont la morsure passe à bon droit pour mortelle.

« C'était le temps de l'année le plus favorable pour prendre toutes les espèces de serpents qu'on rencontre en Égypte. La grande chaleur faisait sortir toute cette vermine. Je fis donc mes préparatifs pour me procurer le plus grand nombre que je pourrais de ces reptiles et pour les conserver dans de l'eau-de-vie. C'étaient la vipère commune, le *cerastes* d'Alpin, le *jaculus* et l'*anguis marinus*. Ces reptiles m'étaient apportés par une femme, une psylle : le consul français et plusieurs étrangers de sa nation étaient présents. Ils se rassemblèrent autour de nous pour voir la manière dont cette femme maniait, toutes vivantes, les venimeuses et terribles créatures, sans que celles-ci lui fissent le moindre mal. Au moment où elle les mettait dans les bouteilles, elle les prenait avec ses mains nues, et les chiffonnait comme nos dames font de leurs dentelles. Elle n'avait de difficultés avec aucun de ces serpents, si ce n'est avec les *viperæ officinales*, qui ne paraissaient guère enchantées de leur nouveau logement. Elles trouvaient moyen de se glisser dehors avant que la bouteille fût bouchée. Les vipères rampaient sur les mains et les bras nus de la femme sans pour cela l'effrayer le moins du monde; avec le plus grand calme, elle prenait les serpents et les replongeait dans leur tombeau. Elle avait attrapé ces reptiles dans la plaine avec la même aisance qu'elle les maniait maintenant devant nous. Je tiens le fait de la bouche des Arabes qui nous avaient amené cette femme. Il fut impossible d'obtenir d'elle aucun renseignement; car, sur ce sujet-là, elle ne voulait point desserrer les lèvres. L'art de fasciner les serpents est un secret parmi les Égyptiens. Il est remarquable, en vérité, que ce secret ait été gardé depuis plus de deux mille ans. Il n'est connu, d'ailleurs, que d'un petit nombre d'entre eux. »

J'ai moi-même été témoin à Londres — et plusieurs autres personnes ont été témoins comme moi — d'une de ces scènes que l'ignorance attribue volontiers à des moyens dits surnaturels.

C'était le 26 mai 1853 que j'assistai, dans le Jardin zoologique, à une représentation donnée par des Arabes, charmeurs de serpents. Après leur dîner, ils sortirent de la maison de la girafe, et s'avancèrent par le chemin sablé, vers la maison des reptiles. C'est là que, vers trois heures de l'après-midi, eurent lieu les exercices. Les deux charmeurs — un jeune et un vieux — prirent place au bout de la salle, en face des loges des grands pythons.

Les assistants décrivaient un demi-cercle, et se tenaient à une distance respectueuse. Il n'était pas difficile, en conséquence, de trouver une place d'avant-scène; mais les spectateurs qui étaient par derrière poussaient volontiers, et je, dois le dire, d'une manière assez inconvenante, les spectateurs plus hardis, qui se tenaient sur le devant.

Les Arabes occupaient l'espace libre; le vieux dit quelques mots à l'oreille du jeune. Celui-ci se pencha sous les cases des reptiles, situées au côté nord de la salle, en tira une grande boîte, fit glisser le couvercle, et prit dans ses mains un long *naja haje*. Après l'avoir manié et avoir joué avec lui quelques instants, il le déposa sur le plancher, puis il fixa les yeux sur le serpent. L'animal aussitôt se dressa, déploya son capuchon et tourna lentement sur son axe. Ses yeux suivaient les yeux du jeune Arabe : l'animal tournait sa tête ou son corps, à chaque fois que le charmeur tournait lui-même d'un côté et de l'autre. Cela me rappela une scène de magnétisme dont j'avais été témoin, et où le *sujet*, complétement *identifié*, selon le langage de cet art occulte, semblait attaché par un fil invisible au magnétiseur, dont il répétait tous les mouvements.

De temps à autre, cependant, le serpent voulait se lancer contre le charmeur, comme pour le mordre. Mais le jeune homme exerçait la plus parfaite domination sur l'animal. Jusqu'ici, le vieil Arabe se tenait debout et regardait d'un air pensif ces exercices : il s'accroupit à son tour, murmurant quelques mots en face du serpent. Il agissait évidemment sur le reptile d'une manière plus forte que le jeune charmeur, et pourtant il ne faisait aucun geste. Autant que je pus voir, il n'exerçait son influence qu'en fixant les yeux sur le serpent. La tête du vieil

Arabe était de niveau avec la tête dressée de l'animal, qui, maintenant, tournait toute son attention du côté de son nouveau charmeur, et qui semblait être dans un paroxysme de rage. Soudain, il s'élança, la gueule béante, vers la figure de l'homme — dardant avec fureur ses mâchoires ouvertes et bordées de blanc sur les joues brunes et creuses du charmeur, qui garda imperturbablement sa position. L'Arabe se contenta de sourire avec amertume au nez de son antagoniste furieux. J'étais très-près des acteurs et surveillais avec une attention extrême tous leurs mouvements ; mais, quoique le serpent se précipitât deux ou trois fois, la gueule ouverte, vers le visage de l'Arabe, je ne pus distinguer aucune dent.

Alors le vieil Arabe, qui, disait-on, avait le don de charmer les serpents — lequel don s'était transmis dans sa famille depuis une longue suite d'années—ouvrit une autre boîte et en tira quatre ou cinq grands lézards. Il provoqua le naja en leur montrant ces lézards, qu'il tenait par la queue. Le jeune, de son côté, fit sortir de la boîte un céraste qu'il semblait dominer par une puissance mystérieuse. Il plaça le serpent sur le plancher de la salle : le céraste ne se dressa point comme avait fait le naja ; mais, au moment où le charmeur se pencha vers le reptile, celui-ci s'agita d'une manière bizarre et inquiète sur son ventre, regardant de travers le jeune homme. Je crus que le serpent allait se lancer sur son ennemi ; mais il n'en fut rien.

Le charmeur le prit, joua avec lui, souffla ou cracha sur la figure du monstre, puis le remit à terre, évidemment malade, soumis et impuissant. Il le releva, joua avec lui une seconde fois, le rassembla dans ses mains, le mit dans sa poitrine. Puis il alla à une autre boîte, fit glisser le couvercle et en tira une poignée de serpents,

17.

dont l'un était aussi un naja, et dont les autres apparte-
naient aux familles les plus venimeuses.

Il y avait donc maintenant en scène deux najas, la tête
et le corps dressés, et qui semblaient obéir en tout à la
volonté de leurs charmeurs. Un des serpents mordit
néanmoins le jeune Arabe à la main; le sang sortit.
Mais lui, il se contenta de cracher sur la blessure et de
l'égratigner avec l'ongle, ce qui fit couler le sang avec
plus de liberté. Alors, il tira une poignée d'autres lézards de l'aspect le plus révoltant. Le parquet de la salle
des reptiles, qui formait l'estrade des charmeurs, me
rappela alors la scène de l'incantation dans le *Freischutz*
— avec cette différence pourtant que le groupe des enchanteurs était entouré, non par de pâles ombres, —
mais par de belles ladys en grande toilette et par leurs
fashionables cavaliers.

Les Arabes, prenant les serpents par la queue, laissè-
rent le corps de ces animaux toucher le plancher : les
reptiles s'entortillèrent alors et se tordirent en regardant
les spectateurs du premier rang, qui reculèrent sur les
orteils de ceux qui les poussaient tout à l'heure par derrière. De temps en temps, les charmeurs lâchaient un
peu les serpents, et ceux-ci, comme désireux d'échapper
à la main de leurs tourmenteurs, avançaient rapidement
vers le cercle des assistants, qui battaient en retraite;
mais les Arabes rattrapaient toujours à temps les animaux par la queue, puis les laissaient renouveler leurs
tentatives.

Quant à moi, je gardai, en dépit de tout, ma position
avancée, et je n'avais aucune crainte; car je me disais
que les directeurs de l'établissement n'auraient point
permis ces jeux s'ils y avaient vu le moindre danger pour
les spectateurs. J'observai, en outre, que les charmeurs se

contentaient d'agir sur leurs propres serpents, je veux
dire sur ceux qu'ils avaient, sans doute, apportés avec
eux. Mon impression, je dois donc l'avouer, fut que les
serpents avaient été rendus inoffensifs par des moyens
mécaniques. Je n'en dois pas moins reconnaître le caractère étrange de cette scène : il y avait pour moi un
fait certain, c'était l'action exercée par l'œil et la volonté
des deux charmeurs sur ces reptiles furieux, mais
domptés.

L'éducation des serpents gagnerait à être dégagée du
merveilleux dont les jongleurs ont cherché à l'entourer
comme d'un nuage, et cela en vue de faire croire à un
pouvoir surnaturel. Le professeur Bell raconte avoir eu
un serpent qui le connaissait parfaitement, qui rampait
sur la manche de son habit, et qui buvait, chaque matin,
le lait qu'il lui offrait dans la main. Ce même serpent
fuyait de lui-même toutes les fois qu'il voyait des étrangers, et sifflait, comme pour dire qu'il ne voulait point
avoir de rapports avec eux.

Dépouillé des fables et des mystères du charlatanisme,
l'apprivoisement des serpents rentrerait dans une loi
générale, — à savoir que les êtres les plus irritables, les
plus formidablement armés par la nature, ne sont point
insensibles aux bons traitements. La reconnaissance, ce
sentiment gravé dans le cœur de presque toute la nature
vivante par une main supérieure, ne cesse de se montrer
chez les animaux que vers le plus bas de l'échelle. Tant
qu'une lueur d'intelligence subsiste, la créature distingue
entre ses amis et ses ennemis. La chaîne des besoins,
qui forme chez nous le lien de la gratitude envers la
Providence, constitue entre les animaux et nous une
sorte de dépendance officieuse. Quelques physiologistes
ont cherché le germe du sentiment religieux chez les

bêtes, et ils ont cru le rencontrer dans le sentiment de la vénération : seulement, pour les animaux, Dieu s'arrête à l'homme.

Du magnétisme des serpents.

Dans le haut Canada, on croit encore généralement que les serpents possèdent ce pouvoir fascinateur qui leur a été si souvent refusé par les naturalistes. Beaucoup de personnes assurent avoir été témoins du fait, et un voyageur anglais confirme par son expérience les récits des habitants.

« Un jour d'été, dit-il, que je rôdais dans les bois, j'arrivai au bord d'une petite pièce d'eau, à la surface de laquelle flottait une grenouille dans un état d'immobilité —comme si elle se fût chauffée au soleil. Je touchai doucement le dos de la grenouille, avec un bâton ; mais, contrairement à mon attente, elle ne bougea point. L'examinant de plus près, je m'aperçus qu'elle ouvrait et fermait la bouche d'une manière convulsive, et qu'elle était affectée d'un tremblement dans les pattes de derrière. Je découvris bientôt un serpent noir, enroulé sur lui-même, qui était au bord de l'étang, et qui tenait la grenouille en respect sous la magie de ses yeux. De quelque côté qu'il bougeât la tête, à droite ou à gauche, il obligeait sa victime à le suivre ; on eût dit que cette dernière était sous l'influence d'une attraction magnétique. De temps en temps, la grenouille reculait un peu, mais elle se rapprochait soudain, comme si elle eût éprouvé un fort désir mêlé de dégoût. Le serpent avait la gueule entr'ouverte et ne détournait point un seul instant les yeux de sa proie : autrement, le charme eût été immédiatement rompu. Je résolus, pour mon compte, de détruire ce pouvoir mystérieux, et, en conséquence, je jetai un grand morceau de bois dans l'étang. Il tomba entre les deux animaux : — le serpent s'élança en arrière, tandis que la grenouille plongea au fond de l'eau et se cacha dans la vase. »

« On assure que les serpents exercent quelquefois cette puissance de fascination sur les êtres humains, et je ne vois point de raisons pour douter du fait. Une vieille Hollandaise qui vit à Twelve-Miles-Creek, dans la province de Niagara, raconte souvent la manière dont elle fut *charmée* par un serpent, et un fermier m'a dit qu'un pareil accident était arrivé à sa fille. C'était par une chaude journée d'été : elle étendait des linges humides sur quelques broussailles auprès de la maison. Sa mère, qui l'avait envoyée, trouva que la jeune fille restait plus longtemps que de raison : elle l'appela plusieurs fois, mais sans obtenir de réponse. Sortant alors, elle l'aperçut pâle, immobile et debout comme une statue. La sueur tombait du front de la jeune fille et ses mains tremblaient convulsivement. Un grand serpent à sonnettes se tenait devant elle sur un tronc d'arbre, remuant sa tête d'un côté et de l'autre, et tenant ses yeux fixement attachés sur son sujet — comme disent les magnétiseurs. La mère frappa aussitôt le serpent avec un bâton, et, au moment où il se retira, la jeune fille reprit ses sens et fondit en larmes.

Elle fut quelque temps trop faible et trop agitée pour regagner la maison.

Une jeune mère avait laissé son enfant dans une partie du champ, tandis qu'elle était occupée à faire la moisson. En revenant, elle trouva son enfant pâle, les yeux fixes et comme subjugués par un pouvoir supérieur. En suivant

la direction des yeux de l'enfant, les regards de la mère
découvrirent un serpent à sonnettes qui regardait le pauvre
innocent en plein visage. La femme jeta un cri et saisit
son enfant dans ses bras. Ce mouvement avait rompu le
charme. Le serpent se déroula et s'enfuit sous l'herbe.

Voici un autre fait du même genre, mais dont les circonstances sont encore plus précisées ; je le trouve dans
le *New-York commercial Advertiser* :

« Une femme qui demeurait dans les environs de Wor-
cester, était en train de cueillir des mûres sauvages dans
un champ situé près de sa maison. Elle avait avec elle
son enfant unique ; — un petit diable aux yeux brillants.
L'enfant, qui avait moins d'un an, était assis à terre ; il
s'amusait à cueillir des herbes jaunes qui croissaient à
portée de ses petites mains, et mangeait les mûres que, de
temps en temps, lui apportait sa mère. Celle-ci, enfin,
voulant cueillir les meilleurs fruits, passa derrière un
rocher qui lui dérobait la vue de l'enfant. Elle était sur le
point de retourner vers son cher marmot, quand, l'entendant rire et balbutier en grande joie, elle pensa qu'il était
en sûreté puisqu'il était si heureux. Elle resta donc un
peu plus longtemps à l'ouvrage. Tout à coup, la voix
cessa de se faire entendre : un moment après, la mère
monta sur le rocher et regarda, espérant voir dormir
son enfant. Au lieu de cela, qu'aperçut-elle ? Le pauvre
petit tout à fait immobile, les lèvres ouvertes, les yeux
dilatés ; il regardait quelque objet avec une expression singulière. — La mère ne put d'abord découvrir quel était
cet objet.

» Mais qui peut se faire une idée de son horreur quand
— après plus ample examen — elle aperçut, à quatre ou
cinq pieds de l'enfant, un serpent à sonnettes ? L'animal,
les yeux attachés sur les yeux de l'enfant, s'approchait

de lui avec un mouvement presque insensible. La vue
du danger que courait son cher trésor paralysa tellement
cette femme, que pour un instant elle crut que la terrible
fascination s'étendait à elle-même. L'idée que, si elle ne
courait à son secours, l'enfant était certainement perdu,
lui rendit des forces. Elle tourna ses regards autour
d'elle pour trouver une arme quelconque; mais elle ne vit
rien, et déjà le serpent venimeux avait franchi la moitié
de la distance qui le séparait de sa victime. Encore un
moment, et tout était fini! Que faire? Cette femme avait
dans la main une large casserole de fer-blanc; elle
s'élance du rocher avec la rapidité de la pensée et couvre
le serpent de la casserole... Le charme était rompu; —
l'enfant remua, se retourna de côté et se prit à soupirer.
Alors la mère recouvra sa voix et cria au secours. Tout
le temps, elle se tint debout appuyant le couvercle de fer-
blanc sur le reptile pour lui fermer les moyens de retraite. On vint, et c'est alors qu'on apprit le motif de sa
juste frayeur. Le serpent fut pris et tué. »

Plusieurs naturalistes ne nient point ces récits, qui sont,
d'ailleurs, attestés par un grand nombre de témoignages :
ils cherchent seulement à expliquer les faits, en mettant
cette fascination sur le compte de la frayeur, de l'imagination et de l'idée naturelle du danger qui s'attache à la
rencontre du serpent. Expliquer un phénomène, c'est
l'admettre sans recourir à l'intervention d'aucune cause
merveilleuse; il est donc permis de croire que le serpent
exerce réellement sur ses victimes une sorte de magnétisme *sui generis* — le magnétisme de l'horreur.

« La puissance que possèdent certains serpents, dit le
docteur Hancock, et à laquelle on a donné le nom de
fascination, ne me semble point appartenir exclusivement
à une ou deux espèces ; elle me paraît être commune, au

moins jusqu'à un certain degré, à toute la race. Seulement, il y en a de plus habiles et de plus rusés que les autres, qui ont l'art d'accroître ce don naturel, et d'en tirer avantage dans une vue intéressée. Le mot de fascination n'est, d'ailleurs, pas celui qui conviendrait à cette faculté générale. Ce n'est point l'art de charmer — entendu dans l'acception ordinaire du terme, — qui aide certains serpents à prendre les oiseaux : c'est, au contraire, leur forme hideuse, ce sont leurs gestes, qui frappent les timides créatures, d'une impression d'horreur, et qui les privent des moyens de fuite ou de résistance.

» Comment se pourrait-il en vérité qu'une physionomie aussi terrible et aussi menaçante que celle du crotale, par exemple, eût l'art de se rendre agréable, attirante? La torpille engourdit sa proie à l'aide d'un choc électrique : le serpent, lui, déconcerte les innocents oiseaux par sa stupéfiante figure. Le pouvoir destructeur du premier de ces animaux se communique par le toucher, ou par quelque milieu conducteur, tel que l'eau, et agit sur la fibre musculaire; le second exerce son influence par les organes de la vue et paralyse ainsi le système nerveux de sa victime. Il n'y a vraiment rien de merveilleux à ce que de petits oiseaux, si faiblement constitués, et plus sensibles peut-être que toutes les autres créatures vivantes aux impressions de la crainte, tombent terrifiés et comme insensibles dans le gouffre dévorant de leur épouvantable ennemi.

» Ce ne sont pas seulement les petits oiseaux ni les faibles quadrupèdes — comme les lapins — qui se montrent dominés par le serpent; les grands animaux, l'homme lui-même, n'échappent pas, dans certaines circonstances, à cette stupeur causée par la vue de certains reptiles. Un nègre, appartenant à M. John Henley, rencontra, un jour, dans les marais de Pomeroon, un serpent d'une prodigieuse grandeur (du moins, il lui parut tel) et si effrayant, que le malheureux faiblit, et fut ensuite relevé comme ivre-mort par un de ses camarades. Le serpent était, dit-on, un camoodi (*boa scytale*); il aurait certainement fait une victime du pauvre nègre, s'il n'eût été gorgé de nourriture. »

Le pouvoir qu'ont les serpents de stupéfier les autres êtres vivants n'est donc point nié par la plupart des voyageurs. Quant à l'explication du phénomène, elle n'enlève rien à la singularité des faits. Les naturalistes ont trop souvent l'art de disputer sur des mots : le charme du serpent ne ressemble sans doute en rien à celui d'une jolie femme : c'est le charme qu'exerce l'abîme en portant le vertige au cerveau du voyageur; c'est le charme que les anciens attribuaient à la tête de Méduse. N'allez pourtant pas croire que cette tête fabuleuse dût à sa laideur la puissance pétrifiante qu'elle exerçait ou qu'elle était censée exercer sur les mortels; les Grecs, avec un goût infini, avaient, au contraire, donné à cet épouvantail les traits de la beauté, — mais d'une beauté farouche, accablante, insupportable. Il faut bien distinguer l'horrible du laid. Le serpent nous subjugue et nous pétrifie par le sentiment du danger qui se présente à nous dans son aspect; il envoie, comme dit la Bible, la mort et la consternation devant sa face; mais la laideur n'entre pour rien dans ses moyens d'action à distance. Il a, au contraire, sa beauté — beauté fatale. Quelques-unes des plus dangereuses vipères se distinguent par des formes et des couleurs attrayantes, un œil étincelant et je ne sais quelle grâce serpentine dans les mouvements. Lucrèce Borgia de la nature, la vipère des Indes cache sous une robe d'or, sous des traits délicats, le poison qu'elle se prépare à verser dans les veines de sa victime.

Du rôle des serpents dans la nature.

Les serpents sont certainement, dans les déserts, un fléau pour le voyageur; mais peut-être l'imagination exagère-t-elle de beaucoup les inconvénients de leur société. Il faut se souvenir que le serpent n'attaque presque jamais : ses dents venimeuses ne lui ont point été données par la nature dans un but de conquête; il n'inflige de blessures que pour défendre son existence. On oserait presque dire qu'il est dans son droit quand il mord. Pourvu que vous marchiez avec précaution, et que vous ne le touchiez pas, vous pouvez passer en toute sûreté à côté de lui. Comme il se tient quelquefois enroulé sur lui-même à terre, ou suspendu au-dessus de votre tête dans les branches des arbres, c'est à vous de prendre garde et de ne point troubler son repos.

« Un matin, dit M. Waterton, j'étais en train de poursuivre une nouvelle espèce de perroquets : comme la journée était pluvieuse, j'avais emporté avec moi un parapluie, non pour me couvrir, — car j'étais depuis longtemps à l'épreuve de toutes les intempéries de l'air— mais pour couvrir le canon de mon fusil et le tenir à l'abri de l'humidité. Tandis que je furetais çà et là, j'aperçus un jeune coulacarana, long de dix pieds, qui se mouvait lentement, et la tête en l'air, dans un sentier où l'on avait, quelques jours auparavant, traîné des pièces de bois.

» Il n'y avait pas un moment à perdre : je m'emparai

de sa queue avec la main gauche, ayant un de mes genoux sur la terre ; puis, de la main droite, j'ôtai mon
chapeau et je m'en servis pour ma défense comme un
soldat romain aurait fait de son bouclier. Le serpent se
retourna et vint sur moi, la tête haute et élevée à environ
un mètre du sol, comme pour me demander de quel
droit je prenais ces libertés avec sa queue.

» Je le laissai venir — la gueule ouverte et sifflant —
jusqu'à deux pieds de ma figure ; mais alors, avec toute
la force dont j'étais capable, je plongeai mon poing —
toujours protégé par le chapeau — dans sa gorge. Il fut
étourdi et confondu du coup, et, avant qu'il pût se re-
mettre de son émotion, je l'avais saisi au cou avec les
deux mains, de manière qu'il ne pût me mordre. Je
lui permis alors de s'enrouler autour de mon corps, et je
marchai avec lui fier, de ma légitime conquête.

» Il me serrait fortement ; mais son étreinte n'avait
rien d'alarmant ; car la pression que j'exerçais sur son
gosier lui ôtait la force avec le souffle. »

Non-seulement les serpents ne sont pas aussi nuisi-
bles qu'on pourrait le croire ; mais quelques-uns d'entre
eux rendent des services en détruisant d'autres reptiles,
non moins incommodes. Le grand danger, je le répète,
est de marcher sur eux, par hasard. Mais qui n'a vu des
femmes du monde, fort douces et fort charmantes du
reste, rougir de colère quand un cavalier maladroit
leur froissait le pied sous sa botte ? Le serpent donne,
dans ce cas-là, au malencontreux marcheur une leçon
de politesse : — j'avoue seulement que la leçon est
sévère et le châtiment tout à fait disproportionné à la
nature de l'offense.

L'empoisonneur est dans la nature : mystère profond,
et qui l'expliquera ?

Ce n'est point à nous de justifier la nature : elle est assez grande et assez éloquente pour se passer d'un avocat ; qu'il nous suffise de dire qu'elle a dû pourvoir à la conservation de tous les êtres vivants et qu'elle les a tous armés en conséquence. Sans son venin, la vipère serait un faible animal, incapable de suffire à ses moyens de défense personnelle, incapable même de se nourrir.

Ce venin, la vipère l'élabore, mais elle ne le crée pas : il était répandu dans les lieux qu'elle habite. Il y aurait donc lieu de rechercher si, à défaut d'autres moyens d'assainissement, les reptiles venimeux ne sont point nécessaires pour désinfecter, jusqu'à un certain point, les terres basses et humides dans lesquelles on les rencontre de préférence.

Quand, par suite des travaux du genre humain, ces reptiles venimeux cessent de jouer un rôle dans le plan primitif de la nature, ils disparaissent, ne laissant derrière eux que le souvenir plus ou moins mythologique de leur passage sur les terres régénérées par la culture et l'industrie.

Le serpent fait son venin comme l'abeille fait son miel : l'un tue, l'autre guérit ; mais qui dira si le venin de la vipère n'est pas aussi nécessaire que le miel de l'abeille à l'économie générale de la nature?

Les serpents ont, outre cela, leur utilité pratique. Avec leur peau, on fait du cuir, avec leur graisse de l'huile, avec les tendons du boa américain, des cordes de guitare. On mange aussi leur chair. Cette chair ressemble beaucoup à celle du veau pour la couleur et le goût. Le docteur Livingstone — ce grand voyageur qui a ouvert les profondeurs brûlantes de l'Afrique — nous a fait un tableau intéressant des naturels portant sur leurs épaules, comme de pesantes bûches, des tronçons d'un énorme serpent nommé le *tari*.

Enfin, nous ferons observer que le serpent a un grand nombre d'ennemis dans la nature. Nous en avons déjà signalé quelques-uns, auxquels il faut ajouter le pécari du sud de l'Amérique, les oiseaux de proie, le messager ou secrétaire, l'antilope et les fourmis du Brésil. On peut donc se rassurer; le serpent, malgré ses armes redoutables et sa malice, n'envahira point la terre.

La manière dont les fourmis attaquent le serpent est vraiment curieuse. Ces insectes émigrent au Brésil d'un endroit à un autre par immenses essaims, pour chercher leur nourriture. Malheur au serpent qui traverse leur marche! Le reptile ne peut les frapper avec ses dents ni les enlacer dans ses nœuds; les fourmis s'acharnent en foule sur lui, protégées qu'elles sont par leur insignifiance. En peu de temps, il ne reste plus rien du serpent que son blanc squelette — mieux nettoyé que s'il avait subi la préparation d'un anatomiste.

BATRACIENS

Nous voici arrivés à la quatrième famille des reptiles, celle où ont lieu les transformations extraordinaires qui font passer, pour ainsi dire, ces animaux, de l'état de poissons, à l'état de reptiles.

D'êtres qui vivaient jusque-là dans l'eau, ils deviennent alors des êtres amphibies, qui habitent à la fois l'eau et la terre. Leur forme subit, à cette période de la vie animale, une complète métamorphose; leurs organes respiratoires, appelés branchies, deviennent de véritables poumons. Dans les contrées chaudes, ces changements s'accomplissent en peu de jours, tandis que, dans la Grande-Bretagne et dans les climats soumis à la même

température, l'évolution organique dure un mois. Quelques-uns d'entre eux — mais en petit nombre — naissent
vivants ; les autres demeurent pendant quelque temps
dans l'œuf, après avoir quitté le sein de leur mère. La
membrane qui recouvre cet œuf est si transparente, qu'on
peut voir, au travers, le développement graduel de
l'animal.

Les petits de ces reptiles, appelés têtards, ont une
longue queue charnue et une grosse tête. On les rencontre dans presque toutes les parties de la terre ; mais
ils abondent surtout en Amérique. Le cœur des batraciens n'a qu'une oreillette ; leur corps est nu. Quoique
la plupart d'entre eux passent, avec l'âge, de la forme
d'un poisson respirant par des branchies à la forme d'un
quadrupède respirant par des poumons, il y en a cependant quelques-uns qui ne perdent jamais leurs branchies. Ces derniers ne sont, pour ainsi dire, que des
demi-reptiles.

LES GRENOUILLES

Ces reptiles ne respirent pas seulement en absorbant
l'air extérieur, à la manière des autres animaux, ils
respirent aussi par la peau. De cruelles expériences ont
mis ce fait hors de doute : on a coupé les poumons à
quelques-unes de ces pauvres bêtes et l'on s'est convaincu qu'elles continuaient de vivre. Pour assurer le
succès de cette opération, il faut tenir la peau de la grenouille dans un état constant d'humidité.

La main de la Providence a, d'ailleurs, placé dans l'intérieur de ces reptiles une poche qui contient une cer-

taine quantité d'eau, laquelle est sucée par la peau de
l'animal. C'est une sorte de réservoir dans lequel la grenouille fait sa provision de liquide pour les cas de sécheresse. Ce fait d'absorption de l'air par l'enveloppe cutanée
n'est peut-être point aussi particulier à la grenouille que
l'ont cru certains naturalistes. Tous les êtres vivants
s'approprient, selon toute vraisemblance, une partie du
fluide atmosphérique par le tissu de la peau ; la grenouille ne fait en cela que donner plus d'importance à
une fonction qui se trouve réduite par le rôle du poumon, chez les autres animaux, à des proportions insai-
sissables.

Rien n'est plus amusant que de voir la manière dont la
grenouille saisit sa proie. Un de mes amis était en train
de dépoter quelques fleurs, lorsqu'il trouva un ver
d'une taille médiocre parmi les racines d'une de ces
plantes : il mit soigneusement le ver de côté, dans un
coin humide, près de la serre. Mon attention était ainsi
excitée par les manières mystérieuses de cet ami, quand,
presque aussitôt, une grenouille sortit de son embuscade
située tout près de là, attaqua le ver et le dépêcha dans
l'autre monde — s'il y a un autre monde pour les vers
de terre. On lui jeta un second ver qu'elle traita sans plus
de façons.

. Mais le plus intéressant est d'observer la méthode à
l'aide de laquelle la grenouille découvre sa proie. Je ne
puis mieux comparer sa manière qu'à celle d'un chien
d'arrêt guettant le gibier : elle fait un arrêt, quelquefois
deux (si la position relative des deux animaux l'exige
ainsi), en inclinant d'un côté la partie antérieure du
corps, juste comme fait le chien de chasse le mieux
dressé. Après une pause de quelques secondes — tantôt
plus, tantôt moins — la grenouille s'élance sur le ver,

ayant soin de le saisir avec la bouche. Souvent elle manque son but, c'est alors à recommencer. Elle met un intervalle entre les attaques, jouant toujours le rôle du chien d'arrêt.

La grenouille a enfin réussi à happer le ver; mais, si le ver est gros, elle est incapable de l'avaler tout d'un coup. Or, la portion de la victime qui reste libre et qui s'étend hors de la bouche du destructeur, se tord et se débat naturellement d'une manière désespérée. A l'aide d'une dextérité merveilleuse et tant soit peu grotesque, la grenouille emploie alors ses membres antérieurs à pousser et à enfoncer le ver, tantôt avec une patte, tantôt avec l'autre, de manière à le tenir au centre de la bouche, jusqu'à ce que la proie rétive soit entièrement absorbée.

Le professeur Bell nous assure — après en avoir fait l'expérience — que les grenouilles peuvent être très-bien apprivoisées au point de connaître les personnes qui les nourrissent. Pourquoi pas? Nous avons vu la tortue se montrer reconnaissante envers la main qui lui distribuait le pain quotidien; la grenouille a autant d'instinct que la tortue. L'homme affecte au sujet de l'éducation des reptiles une incrédulité qui le dispense de leur donner ses soins. « Ils sont trop loin de moi, » dit-il. O homme, si Dieu en disait autant pour ce qui te regarde!

Ce qui est certain, c'est que, dans un jardin, la grenouille rend de grands services en détruisant une immense quantité de limaces, qui sont le fléau de nos choux et de nos autres légumes. Comment caractériser ensuite les traitements affreux qu'on fait subir à ces innocents reptiles!

J'avais souvent entendu, dans la Grande-Bretagne, mes compatriotes qualifier les Français de *mangeurs de gre-*

nouilles. — A mon premier voyage à Paris, ma première idée fut de demander chez le restaurateur un plat de grenouilles accommodées à la manière du pays. Le garçon sourit : il m'apprit d'abord qu'on ne mangeait de la grenouille que les pattes de derrière ; puis il fit observer que c'était un plat dont peu de personnes se souciaient et qu'il fallait le commander un ou deux jours d'avance. « Monsieur, ajouta-t-il, ne serait-il pas Belge? » — Un Anglais regarde comme une offense d'être pris pour autre chose que pour un Anglais ou pour un Français : je ne répondis pas; mais je conclus intérieurement que mes concitoyens étaient dans l'erreur.

Plus tard, dans un voyage que je fis en Belgique, j'eus occasion de reconnaître la méprise et de rendre à César ce qui appartient à César, aux Belges ce qui appartient aux Belges. L'epithète de *mangeurs de grenouilles* leur revient de droit, et les Anglais ont confondu, sous ce rapport, les tables de Bruxelles avec celles de Paris. Je dois ajouter qu'après tout, les cuisses de grenouilles ont leur mérite. A Vienne, ce plat est considéré comme une grande délicatesse. Les pauvres animaux sont apportés de la campagne par trente ou quarante mille à la fois, et vendus aux marchands en gros qui les conservent. Les réservoirs dans lesquels on les entretient vivantes sont de grands trous, de quatre ou cinq pieds de profondeur creusés dans la terre, et dont l'embouchure est couverte, durant l'été, avec une planche, durant l'hiver, avec de la paille. De cette manière, on empêche que les grenouilles ne s'engourdissent même par les plus grandes gelées.

Ce plat est la gloire des cuisiniers germaniques, et quiconque apportera, dans cette épreuve un palais libre de préjugés reconnaîtra, je crois, que la grenouille mérite, comme animal alimentaire, la haute réputation dont elle jouit chez nos voisins. Une sauce de poulet fortement relevée, et arrosée d'un filet de vinaigre généreux est, disent les livres de cuisine, la meilleure méthode de préparer ce mets délicat. J'ai mangé chez Alexandre Dumas, à Bruxelles, des grenouilles accommodées par la main qui a écrit *Antony*, *les Mousquetaires*, *le Comte de Monte-Cristo*, et je déclare, en toute conscience, que, sans faire de comparaison désobligeante pour un talent que j'admire, ce n'était point la plus mauvaise de ses œuvres.

L'histoire naturelle a plus d'un rapport avec la cuisine, et la science ne déroge point en parlant, un instant, le langage de Carême — qui était, d'ailleurs, un physiologiste pratique.

Rien de plus curieux à suivre que la série des progrès qui changent le têtard en grenouille. Cette transformation est successive; elle a des temps, des périodes. Lorsque le moment de l'évolution organique est arrivé pour l'animal, deux petits pieds commencent à bourgeonner; la queue et la tête du têtard semblent se séparer du corps. Bientôt après, les jambes se dégagent et s'allongent, la bouche apparaît pourvue de dents; ensuite, les bras se produisent; enfin, la grenouille atteint sa forme, à cela près qu'elle continue de porter encore une queue.

A ce moment de son existence ambiguë, l'animal hésite entre les mœurs de la grenouille et les habitudes du têtard : on le voit monter fréquemment à la surface de l'eau, non pour prendre de la nourriture, mais pour respirer. Il reste dans cet état environ sept ou huit heures, puis sa queue s'efface, et l'animal apparaît alors dans sa forme parfaite.

Ce qu'il y a de plus remarquable dans cette métamor-

phose, c'est que le caractère et les habitudes de l'animal
changent en même temps que sa configuration extérieure :
la nourriture végétale dont, quelques jours auparavant, le
têtard était très-avide, la grenouille maintenant la dédaigne. A peine a-t-il atteint son état de développement,
que, d'herbivore qu'il était à l'origine, l'animal devient
carnivore ; il ne vit plus alors que de vers et d'insectes.
Non-seulement il revêt une nouvelle forme et de nouvelles mœurs, mais encore il déplace, au moins en partie,
le théâtre de son existence physiologique. Le têtard ne
vivait que dans l'eau ; la grenouille, elle, quittera de
temps en temps son élément primitif, qui ne lui fournit
plus des moyens suffisants de subsistance ; elle ira chercher sa proie à terre. Hier, c'était un animal aquatique ;
aujourd'hui, c'est un amphibie.

Voilà donc une créature qui, dans ses deux existences
successives, réunit à elle seule les principaux traits de
deux ordres d'animaux séparés dans la nature par une
limite. Têtard, elle participe à la forme, aux mœurs et
aux conditions respiratoires des poissons ; grenouille,
elle participe aux caractères, aux habitudes et aux conditions respiratoires des reptiles. Ce n'est pas tout encore :
pour que cette transformation s'accomplisse, pour que le
têtard devienne grenouille, pour que le poisson devienne
reptile, il faut que les circonstances extérieures y prêtent, si l'on ose ainsi dire, la main. Il existe, dans le nord
de l'Europe, des étangs à la surface desquels s'étend, pendant la plus grande partie de l'année, un couvercle de
glace ; il y a même certaines années où cette glace ne fond
pas. Dans ces étangs vivent des têtards : ces animaux
demi-nés ont en eux-mêmes, comme les têtards de nos
marais, tout ce qui leur est nécessaire pour arriver à
l'état de grenouille ; mais si, par suite de l'intempérie du

climat, le rayon de soleil et les autres conditions extérieures qui, dans l'ordre général des choses, provoquent
la métamorphose, viennent à manquer, ces petits êtres
n'arrivent jamais à leur maturité; ils vivent et meurent
têtards. Toute une période de leur vie, toute une moitié
de leur histoire naturelle restent alors ensevelies dans
l'abîme froid et ténébreux où se concentre leur existence
imparfaite.

Qui n'a entendu parler des pluies de grenouilles? Deux
Anglais, dit le *Belfast Chronicle*, causaient sur une
chaussée, près de Bushmills, lorsqu'ils furent surpris
par une pluie épaisse de grenouilles à peine formées et
tombant dans toutes les directions. Quelques-unes de ces
grenouilles tombées du ciel furent conservées dans l'esprit-de-vin et furent longtemps montrées aux curieux
par les deux apothicaires de Bushmills.

M. Loudon raconte ainsi le même phénomène: « J'étais,
dit-il, à Rouen, en 1828 : une famille anglaise qui résidait dans la ville, m'assura que, durant une pluie mêlée
de tonnerre, et par un temps aussi sombre que le ciel en
pleine nuit, une innombrable multitude de grenouilles
était tombée dans leur jardin et autour du jardin. Le toit,
les fenêtres, le sable des allées, tout en fut couvert. Elles
étaient petites, mais entièrement formées, —toutes mortes.
Le lendemain, il fit une grande chaleur, et les grenouilles
se desséchèrent; mais, en séchant, elles se rétrécirent en
autant de petits points noirs, gros comme des têtes
d'épingle. »

Un tel phénomène a nécessairement exercé les conjectures des naturalistes et de météréologues : quelques-uns d'entre eux ont supposé qu'en pareil cas les
eaux et les grenouilles de quelque étang voisin avaient
été emportées par le vent en une sorte de tourbillon.

Cette explication n'est point très-satisfaisante, mais il est difficile d'en trouver une meilleure.

On a, depuis longtemps, fait remarquer la ressemblance qui existe entre la manière dont l'homme nage et celle dont nage la grenouille. Quelques naturalistes ont même avancé que cet humble batracien avait été le premier professeur de natation. Je ne doute pas que l'homme n'ait emprunté beaucoup de ses méthodes aux animaux ; mais il est difficile de dire si c'est réellement ici le cas d'appliquer cette théorie.

Au bord de la route qui passe devant mon ermitage, il y a un fossé dont le fond, tapissé d'un sable fin et doré, reçoit l'eau de la pluie. Là, vit une petite grenouille. J'ai passé des heures entières à voir cette naïade blonde et nue, mais chaste dans sa nudité, s'ébattre dans l'eau que ride une fraîche brise. Ma présence ne la trouble point : nous sommes bons amis; car les animaux distinguent tout de suite les intentions de l'homme et ne fuient que la main qui leur veut du mal. Elle habite une grotte de cailloux que protége une touffe d'herbe. La rapidité de ses mouvements dans l'eau est merveilleuse. Ayant reçu des leçons de natation dans ma jeunesse et n'ayant jamais su nager — quoiqu'on m'ait suspendu des heures entières au bout d'une corde—j'envie le talent et la grâce de cet animal, qui n'a point appris, et qui en sait plus que moi.

Le coassement des grenouilles passe pour désagréable à l'oreille. Les nobles de l'Allemagne, dit l'histoire, faisaient battre la nuit les étangs de leurs châteaux par la main des paysans, pour que le cri incommode et rauque de ces tapageuses ne troublât point leur sommeil seigneurial, ni la tranquille béatitude des soirs d'été, qu'on passait sur le balcon en compagnie de femmes nerveuses.

Plus on avance vers les contrées méridionales, plus le
cri des grenouilles augmente en intensité. — Vous allez
sans doute avoir une triste idée de mon organe musical,
mais, faut-il le dire? ce bruit me plaît. Plus sensible aux
harmonies naturelles qu'à la délicatesse des sons, je
trouve que le coassement des grenouilles est la voix qui
convient aux étangs. Si les mares d'eau plates, fangeuses
et stagnantes rendaient les mêmes notes que les bocages,
les champs et les haies, l'effet général du grand concert
serait manqué. La beauté des voix animales ne consiste
pas, pour moi, dans l'accent plus ou moins mélodieux de
certains bruits isolés, mais dans l'accord de ces bruits
avec la nature des milieux d'où s'élève le chant.

Par les belles nuits d'été, après quelques jours de sécheresse et lorsque les eaux baissent de plus en plus, je
n'écoute point sans intérêt ce coassement lugubre des
grenouilles : c'est la plainte, disons mieux, c'est la prière
du marais, qui chante à sa manière : *Rorate, cœli, de-
super!* Cieux, répandez la pluie !

LES RAINETTES (*hylæ*)

L'éclat brillant de l'œil et les couleurs de ces grenouilles en font des créatures agréables à la vue. Elles
vivent dans le feuillage des arbres, voletant çà et là,
quoique sans ailes, comme de jeunes oiseaux. Leurs
pattes sont garnies de suçoirs, semblables à ceux que j'ai
déjà signalés chez le gecko ; cet appareil leur permet de
grimper aux feuilles et de courir sur la partie aérienne
des branches. Ces suçoirs ou coussins — comme d'ail-

leurs tout le reste du corps — sont revêtus d'une sécrétion glutineuse; mais les naturalistes pensent que, même
sans ce fluide qui colle, l'animal serait capable d'adhérer
aux surfaces mouvantes ou renversées.

Ainsi que d'autres reptiles, les rainettes ont la faculté
de changer leurs couleurs, quand ce déguisement peut
servir à les cacher. C'est ici surtout qu'il nous faut admirer avec quel art la nature adapte les formes et la
livrée des êtres animés aux différents milieux où ils
vivent. La rainette est une feuille vivante.

Ces grenouilles — véritables dryades de la famille —
sont très-nombreuses dans les bois humides de l'Amérique tropicale. Le jour, elles résident dans les touffes de
ces plantes parasites qui forment des réservoirs pour
l'eau de la pluie. Ces filles de l'air et de la verdure
diffèrent en plus d'un point de leurs sœurs terrestres.
La peau qui garnit la partie inférieure de leur corps —
au lieu d'être lisse et molle comme chez les autres grenouilles — se montre recouverte de glandes granulaires,
percées de pores nombreux, à travers lesquels la rosée
ou les gouttelettes de pluie qui se trouvent à la surface
des arbres, est rapidement absorbée. Ce mécanisme
naturel fournit à l'animal l'humidité qui est nécessaire à
la respiration cutanée. Les mâles, durant la nuit, font
résonner le bois de leurs cris variés; ces bruits, mêlés
aux cris perçants des insectes, chassent complétement le
sommeil des yeux du voyageur. La forme de la langue
varie avec les espèces : tantôt elle est fourchue, tantôt
elle a la figure d'un cœur; d'autres fois, elle est longue et
ressemble à un ruban.

Nos rainettes européennes sont vertes, jaunes et vio-
lettes; elles vivent dans les parties méridionales du continent; on les retrouve dans le nord de l'Amérique, où

leur coassement sonore, rauque, se fait entendre à une grande distance. Dès que l'une commence, toutes les autres, qui l'entendent dans les environs, se joignent en chœur et aboient comme une meute de chiens de chasse. Pendant ce concert, digne de l'oreille des sorcières, la peau du cou ou plutôt du gosier se gonfle tellement, qu'elle devient aussi grosse que la tête.

Le docteur Townson avait deux rainettes apprivoisées : il leur avait donné les noms de Damon et de Musidora. Sur la fenêtre où elles vivaient, il avait placé un bol rempli d'eau, qu'elles manquaient rarement de visiter tous les soirs.

Comme les crapauds, les rainettes ne touchent point à leur proie aussi longtemps que celle-ci demeure immobile devant elles ; mais, dès que l'animal convoité fait le moindre mouvement, elles le saisissent à l'instant même. Le docteur Townson avait fait une provision de mouches pour Musidora, afin que cette réserve pût la nourrir durant l'hiver ; mais la rainette ne les prenait pas avant que le docteur les remuât avec son souffle. Lorsque les mouches commencèrent à manquer, il coupa de la chair de tortue en petits morceaux et les agita de la même manière : Musidora les saisit d'abord, mais elle les rejeta.

Le docteur Townson, qui vivait à Göttingen, confia aux deux rainettes une fonction importante : — la garde de son dessert contre les invasions des mouches. Il les vit manger de petites mouches à miel, à la suite d'une lutte engagée entre les deux parties adverses. L'aiguillon et le poil rude de l'insecte inspiraient bien quelque répugnance au reptile ; mais, lorsque la mouche était suffisamment couverte d'une matière visqueuse sécrétée par la langue des grenouilles, ces dernières l'avalaient aisément.

Les rainettes sont aux grenouilles terrestres ce que sont les anges de Swedenborg aux hommes de notre humble planète, c'est-à-dire, des êtres transfigurés, vivant d'une vie plus aérienne, plus légère, plus spirituelle; elles ont quitté la terre et semblent dire à leurs sœurs qui rampent, ce que nous disent les habitants d'une autre sphère: «Montez!»Seulement, pour arriver à cette seconde vie, les rainettes n'ont point eu besoin de traverser la mort; elles naissent, si l'on ose ainsi dire, transformées par la main du Créateur.

LE CRAPAUD

Le temps et les progrès de l'histoire naturelle ont détruit, au moins en partie, la beauté de cette comparaison du vieux Shakspeare. « Les effets de l'adversité ont leur douceur: elle ressemble au crapaud, qui, laid et venimeux, n'en porte pas moins dans sa tête un bijou précieux. »

Il se peut que l'adversité contienne un bienfait; mais, quant au susdit bijou, vous le chercheriez vainement dans la tête du crapaud. Me sera-t-il permis de regretter que les poëtes de tous les âges emploient trop légèrement le charme des beaux vers à parer des erreurs vulgaires? Or, l'erreur est comme ces femmes laides, dont tous les artifices de la coquetterie ne sauraient dissimuler longtemps la disgrâce.

Le champ de la nature est si fécond en merveilles, que je m'étonne vraiment qu'on ait recours à la fiction pour orner le langage de la poésie. Tout ce que l'imagination de l'homme invente est bien au-dessous de ce qu'il peut découvrir dans l'étude des lois de l'univers et surtout dans l'histoire de la vie animale. Quand la mine des vérités est si riche, pourquoi employer les mensonges? N'est-ce point préférer le fard aux couleurs naturelles et les vrais diamants aux pierres fausses?

Le malheur est que les poëtes et les savants travaillent, chacun de leur côté, sans se faire part de leurs lumières. Les uns et les autres nous font porter la peine de leur isolement; les poëtes nous trompent, et les savants nous ennuient. On ferait un livre amusant avec les erreurs que la littérature a propagées sur le compte des animaux: je propose d'intituler ce livre : *l'Histoire naturelle des hommes de lettres*.

Il a existé de tout temps une sorte d'aversion et de dégoût pour le crapaud. Milton compare à ce reptile l'esprit du mal! Notre Shakspeare, dans sa fameuse scène des sorcières, n'a point oublié cet animal, qui jouait, en effet, un rôle dans les opérations occultes du moyen âge.

Un des sacriléges reprochés alors à certains prêtres apostats et brûlés vifs pour ce crime était d'avoir donné le baptême à un crapaud. Ce sentiment de répugnance s'est transmis dans les familles et a souvent servi de prétexte aux cruautés les plus indignes contre un reptile innocent. Lorsque la superstition et l'ignorance eurent cessé de poursuivre cette victime comme suspecte d'accointance avec le diable, l'opinion vulgaire a inventé contre elle une nouvelle charge non moins calomnieuse.

Il y a encore beaucoup de gens qui regardent le crapaud comme un animal venimeux. Or, le venin du crapaud doit être rejeté parmi les fables de l'histoire naturelle. La morsure du crapaud est pure de toutes conséquences malignes, et, d'ailleurs, le crapaud ne mord pas. Il y a pourtant *quelque chose*, et c'est ce quelque chose sans doute qui a donné lieu à l'opinion vulgaire; lorsque l'animal est irrité, il sécrète, à travers sa peau, une liqueur nauséabonde. Le chien, par exemple, n'avale pas impunément le crapaud : la sécrétion de cette liqueur provoque une salivation dans la gueule du mammifère carnassier et le fait visiblement souffrir. M. Herbert dit que le brochet lui-même rejette ce reptile après l'avoir avalé. Le crapaud ne se sert, d'ailleurs, de cette excrétion de la peau que pour sa propre défense.

Dans toute autre circonstance, cet animal se montre non-seulement inoffensif, mais utile : il détruit beaucoup d'insectes. Un crapaud dans une serre est un personnage amusant et qui rend des services. « Depuis mon enfance, écrivait Joseph Banks, j'avais, grâce aux préceptes de ma mère, dépouillé toute crainte imaginaire et toute répugnance chimérique : je m'étais habitué à prendre des crapauds dans la main, à me les appliquer sur la figure et sur le nez. Mes motifs pour agir ainsi étaient bien simples : je voulais mettre en pratique l'opinion que ma mère m'avait inculquée; je lui avais entendu dire que le crapaud est un être inoffensif, et auquel l'homme doit des obligations, la principale nourriture de cet animal consistant en insectes qui dévorent nos moissons et qui nous persécutent de mille manières. »

D'après les idées ordinaires que nous nous faisons de la beauté, le crapaud est laid. Il n'en a pas moins été courtisé. J'ai connu, en Angleterre, deux jeunes et jolies ladys, qui avaient une sorte de caprice pour un de ces animaux : elles le nourrirent d'été en été, pendant plusieurs années, jusqu'à ce que le crapaud atteignît une grosseur extraordinaire. Elles lui donnaient surtout

à manger les vers qui deviennent des mouches à viande.
Rien n'était plus grotesque et plus amusant que de voir
ce magot se traînant sur son gros ventre, aux pieds de
ces belles et bienfaisantes créatures, dont il bénissait la
main. Être aimée d'un crapaud ! Voilà, direz-vous, une
conquête qui n'est pas de nature à flatter la coquetterie
de toutes les femmes ! — Pour moi, je conçois qu'on tire
vanité de tels hommages : plus ils partent de bas, plus
ils ont quelque chose de touchant.

Aussi ai-je pris la défense de ces dames toutes les fois
qu'on attaquait en ma présence *leur goût singulier.*
« J'admire, disais-je aux critiques, cette prévoyance de
la nature, qui, voulant que tous les animaux fussent
aimés, a eu soin de mettre, dans le cœur des femmes les
plus délicates, certaines fantaisies qui rapprochent les
extrêmes. Ce n'est point la sympathie qu'il faut attaquer,
même quand cette sympathie s'adresse aux êtres les plus
disgraciés et, suivant le préjugé commun, les plus répugnants : ce qu'il faut condamner, c'est la haine. — Ne
haïssons rien de ce que Dieu a fait, pas même le crapaud ; car le pauvre animal n'est pas coupable de sa
laideur, — si laideur il y a. Rien n'est difforme de ce qui
est utile ; et le crapaud nous rend des services. Je suis
heureux de le voir aimé çà et là par hasard ; il y en a
tant qui le détestent et qui le maltraitent sans motif ! »

Les femmes ne sont point les seules qui aient trouvé
de l'attrait à gagner la reconnaissance du plus méprisé
des reptiles : des naturalistes les ont imitées : il est vrai
que ces derniers étaient animés par un motif d'intérêt ;
ils ont pris plaisir à nourrir et à apprivoiser des crapauds pour étudier les mœurs de cet animal.

Il y a eu plusieurs exemples de crapauds apprivoisés.
Arscott raconte l'histoire d'un de ces animaux qui vécut

dans sa possession pendant plus de trente-cinq années.
C'était une merveille de l'art (car l'éducation des animaux mérite bien le nom d'art); mais je laisse la parole
à qui de droit.

« Cet animal, dit Arscott, avait fréquenté le seuil de
ma porte avant que notre conaissance commençât;
mon père l'avait admiré à cause de sa grosseur (c'était,
en effet, le plus gros crapaud que j'aie jamais vu) et lui
rendait visite, tous les matins. Je le connus moi-même
pendant plus de treize années; et, en le nourrissant avec
assiduité, je le rendis si familier, qu'il venait toujours à
la lumière de la chandelle et qu'il tournait ses yeux en
haut : il attendait évidemment qu'on le prît et qu'on
le posât sur la table, où je lui donnais toujours à
manger.

» Sa nourriture consistait en toute sorte d'insectes. Il
aimait surtout les vers blancs, que je gardais dans du
son; parvenu à une distance convenable, il fixait sur
eux les yeux et demeurait immobile, pendant un quart
de minute, comme s'il se préparait à frapper un coup.
Cette préméditation était suivie d'effet : il dardait sa
langue à une grande distance sur l'insecte. Le mouvement était si prompt, que l'œil ne pouvait le suivre. Je
ne saurais dire, au juste, depuis combien de temps mon
père avait connu cet animal : ce que je sais, c'est qu'il
le désignait lui-même sous le nom de *vieux crapaud*. Je
puis répondre au moins pour trente-six années. Ce
crapaud patriarche se montrait aussitôt que la saison
chaude était venue; d'où j'ai toujours conclu qu'il se
retirait durant l'hiver dans quelque endroit sec jusqu'au
printemps.

» Lorsque nous fîmes renouveler les degrés de notre
perron, je trouvai deux trous dans la troisième marche;

c'est là, j'imagine, qu'il dormait pendant l'hiver ; car c'est de là qu'il sortait au retour de l'été.

» On le provoquait rarement. Mais ni ce crapaud ni la multitude des autres crapauds que j'ai vu tourmenter de la manière la plus cruelle, ne montrèrent jamais le moindre désir de vengeance, en crachant, comme on le dit, une salive venimeuse. Quelquefois, lorsque je le mettais sur la table, il répandait une certaine quantité d'eau claire ; j'ai plus d'une fois remarqué la même évacuation lorsque le crapaud était parfaitement tranquille : c'était donc son urine et rien de plus. Pendant la chaleur du jour, il venait à l'embouchure de son trou, sans doute pour respirer l'air.

» De la chambre de mon cabinet, j'avisai, un jour, un autre gros crapaud qui était logé dans un boulingrin : il était à peu près midi, il faisait très-chaud, et l'animal paraissait très-affairé sur le gazon. Une apparition si contraire aux mœurs de cette famille m'engagea à sortir de chez moi : j'allai voir ce qu'il y avait. Je trouvai alors une innombrable armée de fourmis ailées qui s'étaient abattues sur le sol. La tentation avait été irrésistible et avait produit sur l'estomac du crapaud l'effet d'une soupe à la tortue sur l'estomac d'un alderman.

» Mais je dois finir l'histoire de mon ami le *vieux crapaud*. Il serait encore en vie — j'aime à le croire — sans le fait d'une corneille privée. Cet oiseau, avisant, un jour, le crapaud à l'embouchure de son trou, l'en tira violemment. J'accourus au secours de la victime ; mais il était trop tard : la corneille lui avait déjà enlevé un œil avec le bec et l'avait tellement maltraitée, que la pauvre bête ne s'en remit jamais. A partir de ce moment, le *vieux crapaud* borgne eut de la peine à saisir sa nourriture : il manquait le but. Avant cet accident, il jouissait d'une santé parfaite. Il vécut encore douze mois. Je laisse sa mort sur la conscience de la corneille. »

Le professeur Bell, qui étend son amour des animaux sur toute la création, et qui, grâce à cette charité universelle, se fait des amis parmi les créatures repoussées des autres hommes, possédait un très-gros crapaud qui se tenait sur une des mains de son maître et lui mangeait dans l'autre.

Les facultés des différents reptiles, surtout des reptiles qui passent pour répugnants, n'ont point été étudiées jusqu'ici. Le crapaud — d'après ce que j'ai vu — se fait remarquer par le développement de sa mémoire. Il n'oublie ni un service ni une injure. Confiant, il se sent attiré vers l'homme, qui, pourtant, le méprise et le maltraite. J'avoue que ses traits ne sont pas précisément de nature à nous donner une idée de la Vénus grecque ; mais il a les yeux vifs et brillants. Dire d'un homme qu'il a une figure de crapaud, ce n'est pas faire l'éloge du personnage, c'est même insinuer, je l'avoue, qu'il est fort laid ; mais ce n'est rien prouver contre la physionomie de ce reptile, car tout être vivant n'est beau ou laid que dans son type.

Il y a dans l'histoire naturelle du crapaud une circonstance qui semble tenir du merveilleux : je parle du fait assez commun de crapauds trouvés vivants dans le cœur des plus durs rochers ou dans les cavités internes d'un arbre.

En 1777, Herissant fit des expériences pour s'assurer de ce qu'il y avait de vrai dans ces récits. Il enferma trois crapauds dans des boîtes scellées avec du plâtre, et les boîtes furent déposées à l'Académie des sciences. Au bout de dix-huit mois, les boîtes furent ouvertes : un des trois crapauds était mort ; mais les deux autres vivaient

20

encore. Nul ne put douter de l'authenticité du fait : cependant, ces expériences furent l'objet de sévères critiques. On objecta que l'air avait dû s'introduire jusqu'à ces animaux à travers des trous imperceptibles qui échappaient à l'œil des observateurs.

Le docteur Edwards — un Anglais qui réside à Paris, où il s'est fait un nom honorable dans les sciences — publia, en 1817, des recherches sur le même sujet. Sur quinze crapauds, il en avait enfermé dix dans d'épaisses boîtes en bois, puis il avait rempli les insterstices avec du plâtre et recouvert les boîtes avec la même matière. Chacun des crapauds reposait dans un trou ou un lit central. Les cinq autres crapauds furent plongés dans l'eau, et, au bout de huit jours, on les trouva morts. Seize heures après, un crapaud fut tiré d'une des boîtes, il était plein de vie : on le reconsigna dans sa prison. Le seizième jour, on découvrit les boîtes, et les crapauds furent trouvés vivants. Un fait était donc établi : c'est que ces animaux peuvent vivre plus longtemps confinés dans des corps solides et soumis à la privation d'air, que submergés dans l'eau. Cette conclusion fut confirmée par d'autres expériences sur les salamandres, les grenouilles et les crapauds.

Ce fait extraordinaire semble donner un démenti à l'opinion reçue — opinion fondée sur une règle générale — que tous les animaux exigent une constante provision d'air frais pour l'entretien de leur existence. Les mêmes expériences furent répétées dans le sable et elles fournirent les mêmes résultats. C'est là, sans doute, un des phénomènes les plus surprenants que l'histoire physiologique des reptiles puisse nous offrir. Les faits nouveaux firent pourtant renaître les anciennes objections : on se dit que l'air extérieur avait pu pénétrer, dans une cer-

taine mesure, à travers le plâtre, et M. Edwards lui-même
constata que, si le plâtre qui servait de recouvrement était
placé sous l'eau, les crapauds mouraient. Quoi qu'il en
soit, cette circonstance d'animaux vivant si longtemps
avec si peu d'air n'en est pas moins de nature à faire
naître d'étranges réflexions.

Le professeur Buckland a fait, il y a quelques années,
d'autres expériences pour jeter un peu de lumière sur
une question si obscure. Il prit deux blocs de pierre, l'un
de nature poreuse, l'autre compacte ; il fit creuser dans
le bloc compacte (pierre à sablon) douze cellules de cinq
pouces de largeur et de six pouces de profondeur ; puis
il fit tailler dans le bloc poreux (pierre à chaux) douze
autres cellules de la même dimension et de douze pouces
de profondeur. En novembre 1825, un crapaud vivant fut
placé dans chacune des vingt-quatre cellules ; mais, auparavant, le docteur Buckland eut soin de vérifier le poids
de chacun de ces animaux. Un morceau de verre fut placé
comme un couvercle sur chaque cellule, avec un morceau d'ardoise circulaire pour protéger le verre ; enfin,
les deux blocs de pierre, avec les crapauds ainsi murés,
furent ensevelis dans le jardin du naturaliste sous trois
pieds de terre.

Il les découvrit au bout d'une année — au mois de
décembre 1826. Tous les crapauds emprisonnés dans les
petites cellules de pierre à sablon compacte furent trouvés morts, et leur corps était assez altéré pour prouver
qu'ils étaient morts depuis quelques mois. Au contraire,
le plus grand nombre des crapauds enfermés dans les
cellules de pierre à chaux — matière poreuse — étaient
vivants. Ils étaient seulement maigris — à l'exception de
deux, dont le poids s'était accru.

Pour ce qui regarde ces deux crapauds trouvés vivants,

M. Buckland pense qu'ils s'étaient nourris d'insectes. Comment ces insectes avaient-ils pu s'introduire dans l'une et l'autre cellule? Une fente fut trouvée dans le couvercle en verre de la première, et, quant à la seconde, le naturaliste soupçonna quelque petite ouverture dans l'enduit. On ne découvrit pourtant aucun insecte dans l'une ni dans l'autre des deux cellules; mais un groupe d'insectes se montra à la partie extérieure d'un autre verre, et quelques-uns se trouvèrent dans l'intérieur d'une des cellules dont le couvercle était fendu et où l'animal était mort.

« Voici, dit M. Buckland lui-même, le résultat exact de ces expériences : tous les crapauds, petits ou grands, encellulés dans la pierre à sablon, et les petits crapauds enfermés dans la pierre à chaux, étaient morts à la fin du treizième mois. Avant l'expiration de la seconde année, tous les gros aussi moururent. On examina ces derniers plusieurs fois, durant le cours de la seconde année, à travers le verre qui servait de couvercle à leur cellule. Ces animaux parurent toujours éveillés ; ils avaient les yeux ouverts et ne tombèrent jamais dans un état de torpeur; leur maigreur augmenta de jour en jour, jusqu'à ce qu'enfin ils cessassent de vivre. »

D'autres découvertes donnèrent lieu à une foule de conjectures : je parle de crapauds vivants trouvés dans des roches, des cailloux et des troncs d'arbre. Ces derniers faits ont été niés, discutés, controversés. Les théories surtout n'ont point manqué. Le jeune crapaud, disait-on, aussitôt qu'il quitte l'état de têtard, et qu'il sort de l'eau, cherche un abri dans les crevasses des rochers et les trous des arbres. L'un d'eux peut ainsi entrer dans une petite ouverture du roc, où il trouve à se nourrir, en faisant la chasse aux insectes qui cherchent un refuge dans la même retraite. L'accroissement de sa taille l'empêche ensuite de sortir par l'orifice du trou à travers lequel il est entré. Il est probable, ajoutait-on, qu'il y a quelques petites ouvertures dans toutes les pierres où se trouvent des crapauds, quoique ces ouvertures échappent à l'œil des ouvriers — qui n'ont aucun motif de se livrer à un examen approfondi des faits. Dans d'autres cas, il a pu exister un orifice qui a été bouché — après que l'animal était muré dans sa cellule — par l'incrustation de quelque stalactite. Privé de nourriture et d'air, l'animal a pu tomber dans un état de torpeur, de suspension de la vie — état auquel certains animaux sont sujets pendant l'hiver. Mais combien de temps le crapaud peut-il exister dans ces conditions pour ainsi dire négatives? — A cela, pas de réponse.

Le révérend Georges Youny, dans son *Examen géologique de la côte du Yorkshire* (1828), rapporte plusieurs cas, alors récents, de crapauds vivants, trouvés dans des blocs solides de pierre à sablon. « Je mets, ajoute-t-il, un soin particulier à rappeler ces faits, parce que certains philosophes modernes ont cherché à reléguer de tels récits parmi les fables. » M. Jesse a connu, nous dit-il, une personne qui, ayant mis un crapaud dans un petit pot à fleur, le boucha de manière qu'aucun insecte ne pût y pénétrer ; cela fait, il ensevelit le pot assez profondément dans son jardin, pour que l'animal se trouvât à l'abri de l'influence du froid. Au bout de vingt ans, il déterra le cachot, l'*in-pace* dans lequel se trouvait la victime de cette expérience : le crapaud avait augmenté en grosseur et se portait à merveille.

J'arrive à un fait plus extraordinaire encore.— C'était en 1851; des ouvriers étaient en train de creuser un puits dans le département de Loir-et-Cher (France). Ils ren-

contrèrent, à une certaine profondeur, une quantité de
cailloux ou silex plus ou moins ronds. Ces cailloux
étaient rejetés en dehors du puits les uns après les autres
sur la marge où ils formaient tas. L'un d'eux, lancé ainsi
à bras d'homme, heurta, en tombant sur le tas, contre
d'autres cailloux et se brisa en deux morceaux. Quel fut
l'étonnement des ouvriers, quand ils virent sortir, du
caillou ouvert, un crapaud !

Tout près du théâtre des travaux, vivait, à une demi-
lieue de Blois, dans une charmante maison de campagne, un botaniste et un philosophe de la nature dont
j'ai déjà eu occasion de parler dans cet ouvrage, le docteur Monin. Les ouvriers eurent l'idée d'aller le prévenir
de leur découverte. On devine qu'il ne se fit point prier
et qu'il courut sur les lieux. Le crapaud était là, tout
étonné de voir la lumière; le caillou aussi était là, brisé,
mais nullement déformé par la cassure. M. Monin, après
avoir recueilli tous les renseignements, replaça soigneusement le crapaud dans le silex, dont il lui fut aisé de
rejoindre les deux moitiés. « Voilà, dit-il, un crapaud
dont il sera parlé; car mon intention est de le présenter
devant l'Académie des sciences à Paris. »

En effet, une ou deux semaines après l'événement,
M. Monin était à Paris, où je me trouvais alors moi-
même; il me pria d'aller leur rendre visite — à lui et à
son crapaud. Ils étaient descendus dans une maison du
quartier Latin : j'ai oublié le nom de la rue. A mon arrivée, le docteur me raconta lui-même les faits tels que je
viens de les rapporter : « Maintenant, ajouta-t-il, vous
allez en juger par vos propres yeux. »

Nous descendîmes, l'un et l'autre, dans une cave dont
l'escalier noir avait une vingtaine de marches. A la lueur
d'une chandelle, je découvris un caillou, à peu près gros

comme la tête d'un homme, et soigneusement lié avec
une ficelle. Le docteur Monin dénoua la ficelle, souleva
un des deux morceaux du caillou qui servait de couvercle à l'autre, et j'aperçus alors un crapaud vivant,
incrusté en quelque sorte dans le cœur du silex. Mon
excellent ami prit le crapaud dans sa main et le posa
sur une planche où l'animal se remua lentement.

Mon premier soin fut d'examiner attentivement l'intérieur du caillou. La matière en était très-dure et très-
compacte, comme celle de tous les silex connus; mais
au milieu se trouvait un creux exactement moulé sur la
forme du crapaud. On pouvait comparer le silex à un fruit
dont l'animal était le noyau. Le caillou ayant été divisé
horizontalement par le milieu, en deux parties égales, on
voyait, sur chacune d'elles, un creux : ce double creux
était la cellule du crapaud. Cette cellule était tapissée, en
haut et en bas, d'une couche de calcaire humide, sur
laquelle on pouvait distinguer vaguement, sinon l'em-
preinte de l'animal, du moins la mesure et la forme
exactes de son corps; ainsi emboîté, le crapaud était
incapable de se mouvoir.

Cet examen des pièces me convainquit de la bonne
foi de cette découverte. Il aurait été impossible de creuser avec un instrument, dans une substance aussi dure
que le silex, une cellule aussi merveilleusement adaptée à
la forme du reclus. Quand notre curiosité fut satisfaite,
M. Monin replaça le crapaud dans son gîte, et, pour ainsi
dire, dans son moule, puis il recouvrit l'animal. La seconde partie du silex s'ajustait si bien à la première, que
la cassure devenait à peu près invisible. — Avant de
rendre le crapaud à son *in-pace*, le docteur avait eu
soin d'humecter, avec un peu d'eau, la couche de calcaire
qui revêtait, à l'endroit du creux, les parois intérieures

du caillou. Cette précaution tenait à une idée de M. Monin; il croyait, à tort ou à raison, que le terrain dans lequel le puits avait été creusé étant un terrain mouillé, un peu d'eau avait pu s'introduire, par voie d'infiltration, à travers les veines du silex, et contribuer ainsi à entretenir la vie de l'animal.

Le crapaud eut l'honneur d'être présenté devant l'Académie des sciences. Après une discussion longue et animée, la docte assemblée voulut bien décider qu'il y avait des raisons de croire que l'animal avait été trouvé vivant dans le silex, mais qu'il y avait aussi des raisons pour supposer qu'il ne s'y trouvait pas et qu'il y avait été introduit par fraude. La noble Académie, ajoutait-on, était peut-être jouée par l'artifice d'un «jeune et adroit» mystificateur. Cette conclusion ne parut pas très-concluante aux profanes; mais il paraît qu'elle contenta les savants.

Le *jeune et adroit mystificateur* ne pouvait guère être que le vénérable docteur Monin, qui comptait alors soixante et douze ans, et auquel l'Académie vota, d'ailleurs, des remercîments.

Ce spécimen curieux n'en avait pas moins ouvert le champ illimité des conjectures. Quelques savants, convaincus, eux, de la bonne foi d'un fait naturel confirmé par tant d'autres témoignages, imaginèrent que le crapaud avait glissé dans cette cavité à l'état d'œuf. La supposition n'était pas heureuse, car tout ce que nous connaissons des lois du monde physique semble indiquer que l'action de la lumière est nécessaire à l'éclosion des œufs de reptile. D'autres voulurent que l'animal eût pénétré dans cette retraite à l'état de têtard. La difficulté était encore la même; car tout annonce que la transformation des têtards n'a lieu qu'à l'air libre. Et puis il y avait, avant tout, un point à éclaircir : c'était de savoir si le silex avait réellement un canal qui communiquait de l'intérieur à l'extérieur. Si ce canal avait existé et s'il s'était oblitéré, comme on le disait, avec le temps, par l'incrustation d'une matière étrangère, il devait être aisé d'en retrouver la trace.

M. Monin réclama donc l'analyse du silex. On plongea le caillou dans tous les dissolvants connus, dans tous les réactifs imaginables; mais on ne put jamais découvrir la moindre fissure. Il ne restait plus qu'une opinion à émettre, mais tellement foudroyante, que personne n'osa la soutenir : Le crapaud était-il antérieur à la formation du silex? s'était-il trouvé emprisonné dans une matière molle que le temps ou des circonstances inconnues avaient rendue compacte? On laissa prudemment sous le voile cet ordre de conjectures.

Je dois achever l'histoire de ce crapaud célèbre. Il exista encore une quinzaine de jours; mais, soit que la main des académiciens fût venimeuse pour les reptiles, soit que l'animal ne sût pas vivre dans les conditions toutes nouvelles qui lui étaient faites — l'air, la lumière et la société — il mourut.

Si ce crapaud avait pu décrire ses impressions au sortir de son cachot-silex, l'action exercée sur ses poumons par les effluves atmosphériques, sa surprise à la vue des êtres et des objets qui vivent dans un monde dont il ne soupçonnait plus l'existence, nous aurions, sans doute, de belles pages à ajouter aux Mémoires de Latude et des autres prisonniers célèbres. Cette vie nouvelle l'a tué. Il n'était point accoutumé, lui, pauvre reclus, à un tel luxe de sensations.

LA SALAMANDRE

Les salamandres sont, comme les grenouilles, des animaux amphibies. Elles appartiennent à cette section des caducibranchiés chez lesquels les branchies — dont l'animal était pourvu d'abord en vue de la respiration aquatique— tombent, s'effacent, se perdent, au bout d'un certain temps, et sont alors remplacées par des poumons adaptés à un milieu différent — l'air.

Lors de son expulsion de l'œuf, le petit têtard de la salamandre ressemble beaucoup au têtard de la grenouille. Sur les côtés du cou, on peut voir les lobes des branchies à l'état simple. La paire antérieure de ces branchies sert en même temps de membre d'appréhension et de soutien. C'est par là que l'animal s'attache aux objets qu'il rencontre dans l'eau. Au bout de six semaines, en moyenne, les membres antérieurs ont acquis des pattes ; les touffes branchiales ont pris un caractère frangé, les yeux ont revêtu un contour défini et les moignons primitifs ont disparu. La petite créature se meut maintenant avec rapidité çà et là, se poussant elle-même à travers les eaux, par les mouvements ondulatoires de sa queue, aplatie sur les côtés.

Peu de temps après, les membres antérieurs deviennent plus parfaits, et les orteils, au nombre de quatre, se développent entièrement ; les membres postérieurs commencent à bourgeonner, et les touffes branchiales — trois de chaque côté — s'agrandissent. Bientôt les membres de derrière et les pattes, terminées par cinq orteils

se forment complétement; le corps a presque atteint sa
figure parfaite; les branchies ont revêtu une couleur plus
foncée et une texture plus ferme. Les poumons, à cette
heure, se développent rapidement; un changement dans
le système de la circulation se déclare par degrés, les
branchies vont bientôt être absorbées. Vers le milieu ou
la fin de l'automne, ces branchies disparaissent, et l'air,
au lieu de l'eau, devient le milieu de la respiration pour
l'animal transformé.

Au moment où les membres antérieurs commencent à
pousser, ou ont déjà fait quelque progrès, la circulation
du sang dans les branchies du têtard, vue à travers un
bon microscope, est bien faite pour exciter l'admiration
de tout observateur enthousiaste. Leur transparence est
telle, qu'elle permet de suivre le courant des globules
qui montent en se poussant les unes les autres dans les
artères et qui retournent par les veines à l'aorte.

Chez ces animaux — durant la première période de la
vie — la circulation du sang ressemble à celle des poissons. Le cœur consiste en une seule oreillette et un seul
ventricule. — L'oreillette reçoit le sang de l'ensemble des
parties et le transmet immédiatement au ventricule, qui
est musculaire. De ce ventricule, le liquide vivant est
chassé à travers un système d'artères branchiales, où il
se décarbonise par l'action de l'oxygène; de ces artères,
il passe dans les veines branchiales, qui finissent par
s'unir pour former une aorte, sans l'intervention d'un
second ventricule. Quand une fois les branchies s'effacent, le cœur et la circulation prennent des caractères
tout nouveaux : le cœur consiste alors en un ventricule
et deux oreillettes, et — par une modification toute merveilleuse — la circulation branchiale se trouve transfor-
mée en une respiration pulmonaire.

La grande salamandre (*triton cristatus*) atteint la longueur de plus de six pouces. C'est une des plus aquatiques de la famille; j'ai pourtant pris plusieurs fois de ces reptiles, vers la fin de l'été, au milieu des plaines, surtout dans le Cheshire, où cette salamandre se nomme *asker*.

La grande salamandre des eaux est active et vorace : elle se nourrit, durant le printemps et l'été, aux dépens des têtards de la grenouille; elle vit aussi des plus petites espèces de salamandre, qu'elle attaque avec la plus grande détermination. Elle ne dédaigne point pour cela les vers ni les insectes; aussi la prend-on facilement au moyen d'un hameçon amorcé d'un petit ver. Elle nage vigoureusement, fouettant sa queue, comprimée d'un côté et de l'autre; car ses membres sont ainsi disposés qu'ils n'opposent à l'eau aucune résistance. Je l'ai vue néanmoins ramper lentement au fond de l'eau, aussi bien que sur la terre, où ses mouvements sont paresseux. Ses faibles petits membres sont, en vérité, d'impuissants moyens de locomotion. Sous ce rapport, elle diffère beaucoup du lézard commun (*zootoca vivipara*), dont les mouvements sont excessivement prompts et rapides; mais elle se rapproche de ce reptile par l'ensemble de ses traits.

Comme la grenouille, la salamandre passe l'hiver en léthargie; elle se couche dans la vase, au fond des étangs et des fossés. M. Bell affirme pourtant en avoir trouvé qui prenaient leurs quartiers d'hiver sous des pierres. Moi-même, un jour, j'en vis plusieurs qui sortaient en rampant de larges dalles placées pour supporter une digue sur le bord de la route, non loin de la rivière Bollen dans le Cheshire. J'en pris une par la queue; mais, à mon grand étonnement, cette queue cassa, et continua pendant quelque temps de s'agiter rapidement. J'avais déjà vu se produire le même phénomène naturel, en saisissant un lézard de la même manière. Chez la salamandre, la queue se reproduit après un tel accident; il en est probablement de même chez le lézard; il est certain que cela, du moins, a lieu chez les geckos.

Quand on éveille, au printemps, le mâle de la salamandre, et qu'on le tire de son sommeil léthargique, l'animal développe une membrane dorsale et une crête caudale qui le distinguent de la femelle. Cette crête, qui s'étend dans toute la longueur du dos, a un bord dentelé sur l'épine, mais lisse sur la queue. A la fin d'avril et durant le mois de mai, la femelle dépose ses œufs, non pas — comme c'est le cas chez la femelle de la grenouille — agglomérés dans une sorte de milieu gélatineux, mais un par un, et chacun dans un endroit séparé. Posée sur la feuille de quelque plante aquatique, cette femelle plisse la feuille au moyen de ses pattes antérieures, et c'est dans ce pli qu'elle pond un seul œuf; puis elle colle ensemble les deux parties rapprochées, de manière à cacher et à protéger son dépôt. Cela fait, elle va à une autre feuille, puis à une autre encore, et toujours ainsi, jusqu'à ce qu'elle ait assuré à chaque œuf un abri convenable.

Aussitôt après que les œufs ont été déposés, des changements commencent à se montrer jusqu'à ce que l'embryon, expulsé, passe graduellement par les métamorphoses que nous avons décrites, et qu'il atteigne sa forme permanente.

Dans cette espèce, la lèvre inférieure est un peu pendante, les dents sont nombreuses et petites, la tête est plate, le corps rond, ridé et couvert de minces tubercules. Les parties supérieures de l'animal sont d'un

21

brun ou d'un jaune noirâtre avec des taches plus foncées ; les parties inférieures sont couleur orange avec des points blancs ; les bords de la queue sont d'une teinte argentée. Ce reptile habite les étangs, les fossés, les eaux dormantes ou paresseuses de notre île. Il est commun dans les environs de Londres. La salamandre d'eau, quoique ressemblant au lézard, ne doit point être confondue, comme l'a fait Linné, avec le groupe des lacertins. Tous les vrais lézards ont la peau couverte d'écailles et ne subissent point de métamorphose après leur sortie de l'œuf. La forme de la salamandre est intermédiaire ; elle tient à la fois du lézard et de la grenouille.

La salamandre commune (*lissotriton punctatus*) diffère considérablement de la grande salamandre aquatique, surtout dans ses mœurs. Elle est bien plus terrestre ; elle habite les endroits humides ; on la rencontre souvent dans les celliers et les caveaux souterrains.

Shaw contredit l'opinion de Linné, lequel prétend que, durant son état de têtard, l'animal habite les eaux. « Je puis, dit-il, affirmer que j'ai rencontré, plus d'une fois, des spécimens des têtards de salamandres dans des endroits parfaitement secs. Ils étaient très-petits et avaient à peine un demi-pouce de longueur ; ils ne différaient, d'ailleurs, de l'animal parfait que par la taille.

J'ai rencontré de même de petites salamandres communes dans des celliers humides, et cela en abondance ; mais je crois que c'étaient des jeunes qui venaient de sortir de l'état de têtard. C'est l'époque où l'animal quitte l'eau et visite la terre, où il rampe pour y chercher un abri qui lui convienne. Ellis a observé ce fait et il affirme que, dans ce cas, la salamandre qui vit dans l'eau est la larve de la salamandre terrestre, comme le têtard est la larve de la grenouille. M. Bell a suivi les progrès de cet animal, depuis la sortie de l'œuf jusqu'à la maturité, et a noté toutes les phases de cette transformation.

Une foule de considérations physiologiques, de l'ordre le plus élevé, se rattachent à cette métamorphose des batraciens. Ces animaux traversent deux périodes de génération : l'une embryonnaire, qui a lieu dans l'œuf; l'autre fœtale, qui s'accomplit hors de l'œuf. Ces changements ne sont point particuliers aux batraciens : tous les animaux—sans en excepter l'homme — passent, durant la vie intra-utérine ou oviculaire, par une série de transformations organiques; toute la différence est que, chez les batraciens, la seconde moitié de ces modifications se produit hors des enveloppes naturelles.

On pourrait définir le passage successif de l'état de têtard à l'état de grenouille, de crapaud ou de salamandre, une génération extérieure et visible à l'œil nu. Nous avons vu que ce travail, ce développement de la vie fœtale, pouvait être arrêté dans son cours par des circonstances atmosphériques; dans ce cas, l'animal n'arrive point à terme. Il meurt avant d'avoir vécu de toute l'existence qui lui a été dévolue par la nature, comme meurent, dans le sein de la mère, les fœtus avortés.

De poisson, le batracien devient reptile; passer d'un degré inférieur de la vie à un degré supérieur, d'une classe d'animaux à une autre classe, n'est point encore un fait singulier et dont ces créatures puissent réclamer le privilége; tous les êtres organisés en font autant dans l'état embryonnaire, et la série de leurs transformations est d'autant plus compliquée, d'autant plus chargée de phénomènes semblables, que l'animal occupe une place plus élevée sur l'échelle de la nature vivante. La genèse des batraciens nous étonne davantage, parce que, ici, ces transmutations ont lieu dans un état de liberté relative, au grand jour, au grand soleil. Nous avons pourtant déjà vu quelque chose d'analogue se produire chez les didelphes, dont les petits viennent au monde à l'état de développement imparfait. Les têtards sont, comme les jeunes du kanguroo, des êtres demi-nés. Seulement, ici, la poche de la mère manque pour le recevoir ; le milieu et, si l'on ose ainsi dire, l'utérus dans lequel s'accomplit leur seconde période de formation, c'est l'eau.

O nature, tes voies sont profondes et multiples; mais, pour le penseur qui cherche tes traces avec un œil religieux, il y a quelque chose qui le frappe dans la variété de tes œuvres, c'est l'unité des moyens créateurs!

LE PROTÉE ANGUIN

Le protée européen (*proteus anguinus*) ressemble à une anguille avec de petites pattes minces et effilées. C'est, dans la chaîne des êtres vivants, un des anneaux les plus intéressants de la nature, et qui lie les reptiles aux poissons.

Les lacs souterrains de l'Autriche, noirs et profonds, sont les seuls endroits dans lesquels cette singulière créature ait encore été découverte. Une des plus romantiques et des plus splendides cavernes de l'Europe est la grotte de la Madeleine, près d'Adelsberg, dans le duché de Carniole. Toute cette région consiste en rochers hardis et escarpés, en montagnes de formation calcaire, percées de vastes cavernes qui s'entre-croisent. Dans ces sinistres retraites, dorment les eaux paresseuses d'immenses lacs souterrains, d'où plusieurs rivières tirent

leur origine. Dans ces lugubres réservoirs, à la surface
desquels n'a jamais joué un rayon de lumière—si ce n'est
peut-être la lueur passagère d'une torche entre les mains
du voyageur curieux — on trouve beaucoup de protées,
qui nagent à travers l'eau ou qui vivent dans la boue
précipitée par la masse de ces ondes ténébreuses et stagnantes.

Tout ce que l'on connaît de cet étrange habitant des
entrailles de la terre est contenu dans un livre de sir
Humphrey Davy, intitulé : *Consolations de voyage*. Une
conversation s'engage dans la magnifique caverne de la
Madeleine entre deux personnages fictifs : *Eubates* et
l'*Inconnu*.

« *Eubates* : Je vois trois ou quatre créatures qui ressemblent à de grêles poissons et qui se remuent au fond
de l'eau, dans la bourbe.

» *L'Inconnu* : Je les vois aussi; ce sont des protées;
un moment, je les tiens dans mon filet, et, le moment
d'après, ils nagent libres dans l'obscurité de l'eau. A première vue, vous prendriez cet animal pour un lézard;
mais il a les mouvements d'un poisson. Sa tête, la partie
inférieure de son corps et sa queue ressemblent beaucoup à celles d'une anguille; mais il n'a point de nageoires,
et ses curieuses branchies ne se rapportent point aux
organes respiratoires des poissons : elles forment une
structure vasculaire à part, comme vous voyez, une sorte
de crête qui s'enroule autour de la gorge, et que vous
pouvez enlever sans produire la mort de l'animal, — qui
est vraisemblablement pourvu de poumons. Avec ce
double appareil, destiné à fournir de l'air au sang, le
protée peut vivre alternativement au-dessous ou au-dessus
de la surface de l'eau. Ses membres antérieurs ressemblent à des mains; mais ils n'ont que trois griffes ou

trois doigts, et sont trop faibles pour servir de moyens d'appréhension ou pour soutenir le poids de l'animal. Les pattes de derrière n'ont que deux griffes ou deux doigts, et même chez les plus grands exemplaires, elles se montrent si imparfaites, qu'on les croirait atrophiées. Il a de petits points à la place des yeux, comme si la nature eût voulu maintenir par ce signe la grande loi des analogies. Dans son état ordinaire, il est d'une blancheur charnue et transparente; mais, lorsqu'on l'expose à la lumière, sa peau devient graduellement d'une couleur plus foncée, et prend à la fin une teinte olivâtre. Ses organes nasaux semblent larges, et il est abondamment pourvu de dents, d'où l'on peut conclure que c'est un animal de proie. Dans l'état de captivité, on ne l'a jamais vu manger, et on l'a conservé vivant durant des années entières, en changeant, de temps à autre, l'eau du vase dans lequel on l'avait placé.

» *Eubates* : Cet endroit est-il le seul, dans la Carniole, où se trouve cet animal?

» *L'Inconnu* : Les protées furent découverts ici par le baron Goïs; mais on les a trouvés depuis, quoique rarement, à Sittich, où ils étaient vomis par l'eau qui sortait d'une cavité souterraine. J'ai entendu dire dernièrement que des individus de la même famille avaient été reconnus dans les bancs de calcaire de la Sicile.

» *Eubates* : Le lac dans lequel nous avons vu ces animaux est un très-petit lac : croyez-vous qu'ils aient été produits ici?

» *L'Inconnu:* Certainement, non; durant la saison sèche, on les rencontre rarement dans ces lieux; mais ils y abondent après les grandes pluies. On ne peut douter, je crois, que leur résidence naturelle ne soit dans un lac souterrain, du fond duquel ils sont quelquefois poussés par de

grands débordements, et à travers les crevasses des rochers, jusque dans ce réservoir, où nous les trouvons.
Il ne me paraît pas impossible que la même cavité immense ait fourni les mêmes individus qu'on retrouve
à Adelsberg et à Sittich, c'est-à-dire à environ trente
milles d'ici. La nature de la contrée que nous visitons
n'a point encore été étudiée dans ses profondeurs. »

Les observations dirigées sur l'animal vivant, aussi
bien que l'étude anatomique, ont établi un fait certain : c'est que le protée est un être dans une condition
achevée, et non, comme on l'avait supposé d'abord, la
larve ou le têtard de quelque grand triton ou de quelque
salamandre inconnue, habitant ces retraites tartaréennes.
On a trouvé des protées de différentes tailles, depuis la
grosseur d'une plume jusqu'à celle du pouce humain ;
mais la forme de l'organe respiratoire s'est toujours
montrée la même. Toute son anatomie comparée s'élève
contre cette conclusion, que la forme sous laquelle il se
présente à notre vue soit celle d'une créature à l'état de
transition organique.

Le professeur Wagner, qui a eu le bonheur de disséquer un mâle et une femelle de protée, immédiatement
après la mort, a fait connaître son opinion dans des notes
communiquées, en 1837, à la Société zoologique. Il ne
doute pas que les sacs pulmonaires ou les vésicules ne
jouent réellement, chez cet animal, le rôle des poumons.
Chaque poumon contient une grande artère et une veine
plus grande encore, qui se joignent ensemble par le
moyen de nombreux vaisseaux. Il a trouvé, chez la femelle, des œufs très-bien développés ; la forme de ces
œufs, aussi bien que celle de l'ovaire, correspondait parfaitement à celle des autres amphibies nus, notamment
les tritons.

Le protée est, en somme, un animal merveilleusement
calculé pour élever nos vues et nos hommages vers la
grandeur de Dieu, lequel sait produire et conserver la
vie — sans aucun doute, avec les jouissances qui y sont
attachées — dans des milieux qui semblent appartenir au
néant. Qui n'aurait cru, *à priori*, les lacs souterrains et les
cavernes, dans lesquels s'accomplit l'existence de cet
animal étrange, incapables de favoriser, un seul instant,
les conditions de la nature organisée? La découverte du
protée fait naître plus d'une réflexion : je soupçonne
qu'il peut exister dans les entrailles de la terre des merveilles dont l'homme n'a aujourd'hui aucune connaissance.

Le protée a été plus d'une fois apporté vivant en
Angleterre. Les expériences qui ont été faites sur l'animal
prouvent une grande sensibilité relativement à la présence de la lumière. Le stimulus de ce fluide qui réjouit
et qui anime tous les êtres répandus à la surface de la
terre semble lui être extrêmement pénible. « Toutes les
fois, dit M. Martin, qu'on ouvrait le couvercle pour les
observer, les protées captifs se réfugiaient dans la
partie la plus obscure du vase où ils étaient placés.
Quand on les exposait en plein à la lumière du jour,
ils trahissaient par toutes leurs actions une sorte de
malaise. On les voyait alors ramper autour des côtés du
vase, ou sous l'abri d'un corps opaque, qui jetât sur
l'eau une ombre quelconque. Quoique ces animaux aient
vécu plusieurs mois, dans un état sain et vigoureux, ils
ne prenaient aucune nourriture. Nous ne savons donc
point aux dépens de quelles substances ils s'ali-
mentent; mais nous avons quelques raisons de les croire
carnivores à cause de la forme des dents. »

En juin 1847, un protée vivant fut montré, devant la

Société linnéenne, par un savant qui l'avait en sa possession depuis dix-huit mois. On ne le vit jamais manger. Un animal voisin du protée, la sirène du nord de l'Amérique (*siren lacertina*), gardé à l'état de captivité dans les jardins de la Société zoologique, se nourrissait, au contraire, de vers de terre, dont ce reptile absorbait une douzaine et demie tous les deux jours.

Les exemplaires vivants de protées qui ont été conservés dans des vases étaient d'abord couleur de chair pâle, avec des touffes branchiales roses ; mais, comme nous l'avons vu, après un certain temps, la teinte générale du corps devenait olive, et la touffe tournait au cramoisi.

Il y a, dans l'histoire naturelle du protée, une source de réflexions pour le naturaliste. Voilà donc un être vivant pour lequel le soleil est un ennemi ; un être que la lumière — cette âme de toute la nature — incommode et irrite. Il s'est trouvé des botanistes pour étudier l'influence de la lumière et des ténèbres sur la vie des plantes ; mais l'influence du soleil et des ténèbres sur la vie animale, quel sujet nouveau de considérations physiologiques ! O savant, tu crois avoir embrassé toute la nature, quand tu as observé, tant bien que mal, et décrit les formes innombrables qui s'agitent à la surface de notre planète ; regarde sous tes pieds ! La vie dans la nuit, la vie sous terre : voilà l'abîme où il te faut maintenant regarder.

Je me contenterai d'indiquer ici quelques rapports généraux entre les plantes et les animaux nocturnes. Il sera facile d'en déduire quelques-unes des lois qui régissent la création au sein de l'obscurité.

« Les végétaux qui se développent dans l'obscurité complète, dit M. Raspail, croissent incolores. La lumière suspend leur développement ou les désorganise, et cette coloration nouvelle, qui prend souvent la nuance pur-purine, violette, orangée, ne revêt, en général, qu'une portion de la surface des organes. » — Nous avons vu qu'il en était de même chez les protées, ces amants de la nuit.

Les végétaux nocturnes sont grêles dans leurs formes, étiolés, rampants comme le singulier animal que nous venons de décrire. Les uns et les autres ne se passent point impunément de la lumière : l'ensemble de leurs formes et de leurs mœurs (pourquoi ne dirait-on pas les mœurs des plantes?) se trouve modifié profondément par cette vie souterraine, mystérieuse, qui fait, pour ainsi dire, de ces pâles végétaux et de ces pâles animaux, les fantômes de la création.

<hr>

Du passage des reptiles aux poissons.

Le protée est un anneau vivant qui, dans l'ordre enchaîné de la nature, lie la classe des reptiles à la classe des poissons. Tout, chez lui, annonce un état inter-médiaire de la vie animale — état permanent et non transitoire comme chez les autres batraciens.

Si, maintenant, nous jetons les yeux sur la quatrième

division du règne animal (l'ichthyologie), nous verrons des poissons qui, de leur côté s'élèvent, par certains traits de leur organisation et, au moins par un détail de mœurs, vers la série des reptiles.

Le docteur Hancock, dans son *Journal zoologique*, rend compte d'une curieuse espèce de dorades, appelée par les Indiens « le hassar à tête plate. » Lorsque les étangs dans lesquels résident ces poissons, ont perdu toute leur eau, ce qui arrive par les grandes sécheresses, un instinct surprenant leur inspire la résolution de marcher par terre à la recherche d'autres bassins dont l'eau ne s'est point évaporée. Ils voyagent la nuit, par grandes troupes. Un fort bras dentelé constitue le premier rayon de leur nageoire pectorale, et ils s'en servent comme d'un pied. Ils se poussent en avant par le moyen de leur queue élastique, et se meuvent de cette manière aussi vite qu'un homme qui marcherait à loisir. Les fortes plaques qui enveloppent leur corps facilitent probablement leur progrès, à peu près comme les écailles qui revêtent le ventre du serpent et qui remplissent, jusqu'à un certain degré, l'office de pattes. Les Indiens affirment que ces poissons sont pourvus, à l'intérieur, d'une provision d'eau suffisante pour leur voyage. Une circonstance, disent-ils, les confirme dans leur idée : lorsqu'on tire ces poissons de l'eau, on a beau les essuyer avec une serviette, leur corps redevient instantanément humide.

On peut voir, au Cristal-Palace, dans un aquarium, le *mud-fish* (poisson de boue), qui vit dans la rivière Gambia.

« Ce singulier animal, dit l'inscription écrite, a, depuis des années, attiré l'attention des naturalistes. Ils ont de la peine à déterminer si c'est un poisson ou un reptile.

Cet être particulier possède, en effet, des caractères communs à l'une et à l'autre branche de la vie zoologique. Ainsi que les poissons, il respire par des branchies ; ainsi que les reptiles, il respire aussi par des poumons. Il a quatre pattes, en forme de nageoires ou de rames, qui ressemblent à celles du lézard d'eau ; il se rapproche aussi de ce reptile par la forme de la queue ; mais le reste de son anatomie le rattache à l'ordre des poissons. »

Le milieu de la vie animale va changer avec les formes et les espèces. Jusqu'ici, nous avons vu les reptiles vivre moitié sur terre et moitié dans l'eau ; quelques-uns d'entre eux habitent à la fois les champs, les savanes, les ruisseaux, les rivières, les fleuves, les lacs, d'autres s'aventurent dans la grande mer ; les poissons, eux, vont nous présenter un nouveau théâtre de faits ; c'est dans les eaux, mais dans les eaux seules, qu'il nous faudra chercher leurs mystérieux domaines.

LE

MONDE DES EAUX

(VUE GÉNÉRALE)

Nous allons voir les mers habitées par des poissons innombrables; nous aurons à admirer la fécondité prodigieuse de ces tribus à nageoires, leurs mœurs, leur sagacité, leurs instincts; nous aurons à constater que les eaux sont peut-être dix fois plus peuplées que la terre : — eh bien, les abîmes de l'Océan ne seraient encore que solitude, comparés à ce qu'ils sont réellement, si les autres habitants de ce monde sous-marin n'existaient pas — les mollusques, les crustacés, les vers, les zoophytes, les infusoires.

Les naturalistes, en parlant des créatures aquatiques,

oublient trop souvent de donner une idée du milieu dans lequel naissent, vivent, meurent les tribus recouvertes d'écailles, armées de cuirasses, incrustées dans la pierre ou flottant entre la nature de la plante et celle de l'animal. La vie de ces animaux, leur organisation, leurs mœurs, tout est pourtant régi chez eux par ce vaste manteau liquide dans lequel ils flottent enveloppés. Une étude quelconque de la mer est la préface obligée d'une histoire naturelle des espèces marines, surtout des espèces inférieures, dont l'existence se trouve liée d'une manière plus intime aux lois du grand monde des eaux.

Dès les premiers âges, la vue de la mer a fait naître, chez le contemplateur, des idées grandes et majestueuses. La littérature sacrée et profane a payé son hommage à l'Océan, elle lui a emprunté ses images les plus fortes, ses impressions les plus douces et les plus terribles, ses ornements les plus durables. Le chantre hébraïque, dans un sentiment d'admiration et de joie, s'écrie en s'adressant à Dieu :

« La terre est pleine de ses richesses. Ainsi en est-il de la grande et sauvage mer ! »

Les esprits les moins poétiques ne sont point insensibles au spectacle des grandes eaux. Le froid et sévère Calvin, lui-même, qui vivait au bord du lac de Genève, ne regardait jamais, dit-on, cette image mouvante de la mer, sans un vif enthousiasme. Les proportions parfaites et les changements exquis de cet élément ont passé dans la composition et la couleur de son style ; car Jean Calvin était un écrivain distingué.

Mais à quoi sert la mer ? — A quoi sert ce vaste désert d'eau, si dangereux et si terrible, couvert de tristesse nébuleuse, bordé d'impitoyables rochers ouvrant comme

des bouches d'insondables abîmes, entraînant d'innombrables existences et d'innombrables richesses au fond
de son tombeau affreux, incommensurable; hurlant avec
une furie que rien n'apaise et ouvrant ses mâchoires
pour demander sa proie, sa proie toujours; couvrant de
son gris et rude manteau — qui se déploie au vent —
près des trois quarts du globe; attiédissant les tropiques, glaçant les pôles, et partout frémissant contre ses
entraves, les mordant comme une bête enchaînée; mé-
content des limites que le doigt du Tout-Puissant lui a
marquées; cherchant, dans sa folie mélancolique, à envahir les terres, et, comme un démon, ayant besoin
d'être sans cesse mis aux fers et réprimé?

A quoi sert la mer?

Ne regardez pas seulement aux ravages de l'élément
destructeur par excellence : regardez aux services qu'il
rend.

Ces services sont grands, ils sont nombreux et de
plus d'un genre. Qui les énumérera? La pluie est-elle
utile, quand elle tombe? — Bénédiction du ciel sur la
terre gercée, altérée, elle revivifie et fertilise les champs,
les prés, les forêts; elle fait les courants d'eau souterrains et les sources, elle les nourrit, elle les abreuve;
d'année en année, elle fait sortir du sol ranimé, rajeuni,
le grain, qui est l'espoir du semeur, et le pain, qui est
la vie des générations affamées; elle forme les fleuves,
sur le bord desquels croissent les plus riches moissons
et qui, le long de leur cours, répandent l'abondance
dans les demeures de l'homme.

Cette pluie, qui tombe au printemps et à l'automne,
est la fille de l'Océan... Elle est née sur cette masse
énorme, agitée, dans cette vapeur qui fume toujours;
elle prend les rayons du soleil pour son char, et voyage

à travers les airs pour tomber doucement où l'on a besoin d'elle. Dans cette grappe de raisins gonflée de sucs exquis, dans cette fleur peinte de couleurs délicates, homme, tu manges, tu cueilles l'Océan !

Et qui engendre la rosée, — la rosée qui descend sans bruit et en si fines gouttes sur la terre, que l'oreille humaine ne l'a jamais entendue, que l'œil ne l'a jamais vue tomber? Elle est envoyée, dans notre intérêt, par ce même Océan tempétueux et ravageur. Qui croirait que ce brutal a une main si délicate pour distiller de son urne, pleine d'ondes amères, les gouttes d'eau les plus pures, de manière à couvrir les prairies verdoyantes et à emperler chaque brin d'herbe?

Et les nuages, d'où viennent-ils? — les nuages, ces courriers lancés à travers les airs, qui, même lorsqu'ils ne versent point sur la terre leurs trésors humides, tempèrent du moins et varient si agréablement la lumière pour l'œil, remplissent le ciel d'enchantements et protégent, de leurs boucliers flottants, vos têtes contre les flèches de plomb d'un soleil qui, sans eux, serait souvent insupportable? — Ce sont les messagers de la mer.

On a exagéré le côté sombre, tragique, lamentable de la mer ; on a trop négligé ses services, le caractère calme et, en quelque sorte, pastoral de quelques-unes de ses côtes, les beautés de son sourire, la fécondité de ses douleurs, l'ivresse joyeuse de sa face quand elle fait du bien à toute la nature. J'aime le poëte quand il chante les grâces sévères de cet élément qui menace et qui salue tour à tour. « Écoute les chuchotements de la puissante mer : combien douce et gentille elle est, quand elle veut ! »

La mer est une mère. Elle verse continuellement et avec une sombre bienveillance une corne d'abondance sur les rivages contre lesquels elle s'emporte, non avec un sentiment de rage — quoique nous prenions cela pour de la colère — mais avec une miséricorde orageuse.

Et les vents eux-mêmes, d'où viennent-ils? — les vents, qui portent les nuages, qui préviennent ou rompent la stagnation de l'air — laquelle, sans cela, engendrerait les maladies et la mort? La tiède mer, selon la loi de gravité, déplaçant les couches de l'air, nous apporte ces agréables variétés de température qui exercent une si grande influence sur la santé et le bonheur de la vie. La mer est la cuve des vents. La mer est le tonique du monde. La mer est la ceinture de toutes les existences animales. La rude, l'irrésistible mer est pleine des richesses de la main de Dieu et elle les jette aux pieds de l'homme, en mugissant.

Et nous n'avons point raconté la moitié de ses bienfaits. La mer n'est pas seulement notre puits au milieu des terres (car tous nos puits, si nombreux qu'ils soient, n'en forment réellement qu'un seul); elle n'est pas seulement notre aqueduc, sans l'aide duquel toutes les forces réunies du genre humain, eussent-elles une fontaine à leur disposition, ne pourraient conserver un instant le monde végétal, qui tomberait en dissolution et en poussière : la mer est encore notre route et notre moyen de communication. Elle ne sépare pas les membres de la famille humaine, elle les unit. Ce n'est pas une barrière, c'est un pont. Sa surface liquide est sans cesse foulée par des millions de passagers qui vont et reviennent pour des affaires de commerce, des relations d'amitié, des vues de science ou de découverte.

La mer est un des grands magasins où Dieu a déposé la nourriture qui contribue pour une large part à la vie du genre humain. Serons-nous, d'ailleurs, assez égoïstes pour nous arrêter, dans cette contemplation des bienfaits de la mer, à notre intérêt seul? oublierons-nous que cet élément est aussi la demeure d'innombrables créatures, qui ont autant de droits que nous-mêmes à l'existence, — d'êtres vivants que le rugissement de leur hôte ne trouble pas et que toutes ses colères n'enveloppent point dans une ruine irréparable, qui glissent, au contraire, en paix avec leurs écailles brillantes, avec leur coquille nacrée, avec leur armure chevaleresque, au milieu des plus terribles commotions. Chacun d'eux a sa part de jouissances, un des rayons de la vie, dont l'ensemble forme une somme de félicité que nos calculs mathématiques sont impuissants à évaluer, mais qui rejaillit jusqu'à Dieu. La mer, la sinistre mer, est le berceau, l'abri, la nourrice de tout cela. En explorant l'abîme des eaux, notre enthousiasme n'est-il point excité, presque chaque jour, par la découverte d'un poisson, d'un mollusque, d'un crustacé, d'un ver, d'un infusoire, inconnus jusqu'ici à la science? Si insignifiant que cet être puisse paraître à l'œil du vulgaire, il révèle une forme nouvelle de la bonté du Créateur.

Les bienfaits de la mer, sa place dans la grande économie de la nature, son intervention dans l'assainissement du globe, son rôle comme moyen de communications et d'échanges, comme entrepôt de richesses, comme borne des nations, comme source de la vie pour l'homme, l'oiseau, l'insecte, la plante, cela suffit, je crois, à établir l'utilité de cet élément, et à venger la sagesse du Créateur contre les objections du sceptique.

A quoi sert la mer? — A tout.

Mais ce n'est pas seulement comme un fonds de ressources inépuisables pour nos besoins matériels; c'est aussi comme éducateur du sentiment moral que nous devons honorer l'Océan. Combien l'intelligence humaine a-t-elle gagné à explorer la mer! combien de facultés l'homme a-t-il déployées en luttant avec elle! combien d'habileté, de force, le puissant et hasardeux abîme des eaux a-t-il exigé de notre race, et cela sous peine de mort! que de sombres et utiles leçons il nous a données! combien de lumières, d'expérience et de sagesse il nous a fallu acquérir, avant que nous pussions blanchir sa surface de nos voiles déployées, la couper dans toutes les directions avec la quille de nos vaisseaux, explorer les côtes dentelées de criques et de promontoires, enjamber les gouffres sans fond, changer l'Atlantique en un chemin de fer! En vérité, il y a quelque chose de plus beau que la mer elle-même, et cette chose est encore son ouvrage : le génie qu'elle a développé chez ceux qui ont tenté ses vagues, jusqu'au jour où ils ont été à même de poser leur main sur sa crinière, de calculer, comme un problème d'algèbre, le cercle annuel de ses tempêtes, soumises, elles aussi, les rebelles, à un mouvement de rotation, à un ordre, comme les comètes et les astres!

Les courants de ses golfes, ses propriétés, ses phénomènes météorologiques, l'homme a tout utilisé : il en a fait un outil sous sa main pour servir ses projets. Je le demande maintenant, le privilège de notre nature — celui d'être pensant, immortel, illimité dans son action — ne s'est-il point accru dans notre commerce avec la grande eau? Le genre humain est redevable, pour une large part, de son esprit d'entreprise, de sa force, de son courage, aux recherches qu'il a faites dans la mer et aux batailles qu'il a engagées avec elle. — Énergie et bravoure du plongeur ou du marin, je vous estime plus cent fois que le courage sanguinaire du soldat, toujours triste, même quand il est nécessaire : courage brutal de l'homme contre l'homme ! La mer a été, elle, un champ de bataille honorable et fertile. Le conflit avec les éléments a laissé aux mains du vainqueur d'utiles dépouilles, des richesses durables pour les générations vivantes et futures. Plus d'une armée de combattants a succombé, je l'avoue, plus d'une existence précieuse s'est abîmée dans cette lutte. Mais, après tout, l'homme doit toujours mourir quelque part, et il meurt bien là où il tombe en travaillant et en faisant son devoir.

L'éducation, dont la lutte avec la nature fournit le germe à l'intelligence de l'homme, va toujours s'accroissant, elle passe des pères aux fils, de génération en génération : c'est le progrès dans l'humanité. Or, le progrès a ses martyrs : qu'y faire ? L'âme de celui qui expire, fidèle au travail ou victime de dures privations, triste et inconnu, sans un tombeau, sans un linceul, sans une bière, monte à travers les crêtes houleuses de l'Océan, comme à travers les vagues de l'air, monte vers Dieu. Si nos amis meurent sur la mer, plaignons-les ; mais envions leur fin généreuse.

Un mot de bénédiction à ceux qui voyagent sur le grand désert d'eau ! Oui, béni soit le jeune conscrit qui a combattu pour nous dans une bataille navale ! Béni soit le marin, l'humble marin que nous sommes trop souvent enclins à dédaigner quand nous le rencontrons dans les rues ! Honorée et bénie soit cette rude main qui a été aux prises avec les vagues et les aquilons pour nous assurer de nouvelles conquêtes, qui s'est exposée pour notre bien-être à la dent des requins, au noir tourbillon du noir abîme ! Où en seraient, sans lui, les maisons de nos grands seigneurs ? où en seraient nos marchés et nos bazars? Nos richesses sont faites de ses souffrances, de ses désespoirs, trop souvent de sa ruine. Oui, il mérite notre reconnaissance, notre sympathie, notre protection quand il aborde sur le rivage. Qu'est Londres, qu'est l'Angleterre, sinon une grande maison bâtie de la mer par les peines des marins? Qu'est la civilisation britannique, que sont les États-Unis, sinon une conquête sur la mer? Qu'est l'humanité tout entière, sinon une expansion, un développement de la vie animale, qui — la géologie nous l'enseigne — a commencé dans les profondeurs des anciens océans?

Le marin nous a ouvert un livre merveilleux d'instructions. Il n'y a pas d'ouvrage écrit, il n'y a pas d'instrument si ingénieux qu'il soit, il n'y a pas de système philosophique, il n'y a pas de science terrestre—non, pas même l'astronomie, qui a fixé les révolutions du système solaire — il n'y a rien qui nous ait enseigné tant de choses que la mer. Le travail de la terre, si fécond qu'il soit en lumières, n'a pas fourni une si ample moisson de découvertes, n'a pas remué dans l'âme un ordre d'énergies aussi fertiles que le travail de l'homme sur l'Océan. Depuis les Phéniciens jusqu'aux Scandinaves, depuis les Anglais jusqu'aux Américains, cet apprentissage s'est continué sous les vents tempêtueux et à l'école des vagues. La plus noble construction, celle qui exige plus d'idées, de connaissances et d'adresse qu'il n'en faut pour élever des palais et des temples, c'est cette maison de bois bâtie pour résister à la mer inquiète, c'est le vaisseau. La mer, la sauvage mer est en tout notre institutrice.

Il semble que Dieu, quand il fit l'Océan, lui ait dit : « Va! sois le précepteur de ma famille humaine; excite ses facultés actives, aiguise son génie, provoque ses dé-

couvertes, mets à l'épreuve sa patience et ses efforts,
roidis ses nerfs, attire-la sans cesse vers de nouvelles
entreprises, pique sa curiosité; qu'elle fouille toutes tes
retraites et tous tes contours sinueux, depuis la ligne de
feu jusqu'aux pôles glacés! que l'humanité couronne sa
conquête, en prenant ta mesure sur tous les points, en
sondant toutes les profondeurs de ton lit, et en montrant
dans ces abîmes, comme dans un moule creux, les montagnes du globe renversées! Enfin, que le noble vaisseau chevauche sûrement, pour acquérir ou communi-
quer les richesses, les connaissances, les biens matériels
et moraux, en traversant toutes les zones et en doublant
tous les promontoires! qu'il ne soit intimidé par rien,
ni par le brouillard ni par la glace, qu'il embrasse dans
sa course, comme dans une ceinture, l'arctique et l'an-
tarctique, l'aurore boréale et l'aurore australe! »

Et, pourtant, il y a encore dans la mer quelque chose
de plus. Développer chez la race humaine le sentiment
du bien et de l'utile; accroître sans cesse la puissance
matérielle et intellectuelle des sociétés, c'est immense;
mais la mer fait mieux : elle éveille chez l'homme le sentiment du beau. La vue des merveilles et des splendeurs
dont est revêtue cette grande masse d'eau charme l'âme.
Les plus anciens monuments ont conservé le souvenir
des exclamations de surprise et de joie avec lesquelles
les hommes, dès les premiers temps, ont contemplé la
mer, comme si le grand artisan de la nature se fût lui-
même montré à eux dans un de ses plus beaux ouvrages.
Depuis les héros d'Homère jusqu'aux soldats de l'Espagnol Cortez, « silencieux sur un pic, » court à travers les
âges un frémissement d'enthousiasme, à la vue de cette
grande chose, la mer. Mais qui essayera de peindre ces
grâces merveilleuses et puissantes qui ont captivé les fils

et les filles de l'humanité ! On a fait des tableaux de marine dont je ne nie point le mérite ; mais lequel d'entre eux ressemble à l'original ? Il faudrait pour cela fixer la mobilité, encadrer l'infini. Après l'Océan fait, l'Océan reste à faire.

Quel pinceau peut embrasser à la fois ces changements de formes indescriptibles, la mer tantôt lisse et glacée, séduisant le spectateur par ses enchantements féeriques, tantôt écumeuse, rugissant, blanche de colère et de délire, contre tout ce qui l'approche, ou se levant et s'abaissant de côté et d'autre, au moment du changement de marée ; le lendemain, dansant avec le soleil et la lune, qui tombent sur elle en un disque liquide, s'élançant ici sur le roc avec plus d'impétuosité, plus de bruit et de poussière d'eau que la cataracte du Niagara, mais avec une musique plaintive ; se jetant là, comme pour jouer, sur une petite île avec toutes ses rides ; insultant les plus hautes têtes du globe, les montagnes princières, avec le tonnerre de sa rage ; puis faisant entendre ailleurs les sons les plus doux, les plus harmonieux et les plus éclatants qui existent dans la nature !

Qui décrira l'effet produit par ces trois lignes circulaires, l'arche du ciel, la courbe de la terre et l'horizon voûté des eaux ! Ces lignes imposantes, ces cercles de grâce et de splendeur se dessinent au loin dans une sorte de vision, jusqu'à ce que le beau — jeté sur une aussi grande échelle — tourne au sublime. Nous n'apercevons plus bientôt dans ces distances et ces profondeurs de l'espace qu'un arc qui s'évanouit, l'hémisphère des vagues qui se rétrécit et qui échappe à notre œil : c'est le point où le rayon visuel de l'homme s'arrête, où l'infini commence. Nous touchons alors — au moins par la pensée — aux extrémités du monde.

Et l'atmosphère de la mer, qui l'analysera? Qui peindra jamais ces vapeurs, teintes par la lumière de toutes les nuances du prisme, et dans lesquelles les changements de l'air gravent toutes les formes d'une sculpture délicate? Ces exhalaisons de l'eau dans leurs mouvements enchantés, dans leurs mille transformations, glissent à travers le ciel et sur la terre, ou se replient en mornes fantômes. Les voyez-vous s'avancer sur les continents, en nuages chargés de traits ou de chaînes d'éclairs, pour toucher l'imagination de ceux qui n'ont jamais vu la mer elle-même! Les nuages sont les vagues du ciel, ils voiturent l'image de l'Océan au-dessus de nos têtes. Ils se souviennent de ses colères, de ses beautés, de ses bienveillantes tristesses. Ils vont visiter la tête des hautes montagnes que la mer ne peut atteindre en se soulevant. J'oserais presque dire que ce sont les esprits de l'abîme. Ils sortent de la mer, comme d'un tombeau, et se dirigent où le souffle du vent les envoie.

Il y a, sans doute, d'autres objets sublimes sur notre globe; mais, quand ils ont produit sur l'âme tout leur effet, ils ne nous touchent plus guère. Les montagnes lancées dans l'air, ou les cataractes qui se plongent dans le gouffre, nous ont dit, au bout d'un certain temps, tout ce qu'elles avaient à nous dire. La mer, elle, ne nous a jamais raconté son dernier mot. Elle gît humblement à nos pieds ou lève sa tête sans prétention; mais elle se déploie en une plaine infinie et cache les réservoirs de sa force dans de mystérieuses cavernes.

Regardez la mer : votre œil et votre pensée ne seront jamais fatigués. C'est le spectacle éternel de la variété. Chaque vague qui recourbe sa crête écumeuse a quelque chose de nouveau. Quelle grandeur dans ces mouvements qui s'engendrent les uns les autres sans effort et

sans monotonie! Les autres formes, animées ou inani-
mées, ont des charmes dont on se détache à la longue :
plus on voit la mer, plus on veut la contempler. Je ne
puis rien comparer à la surface mobile de la mer, si ce
n'est la figure humaine, toujours changeante et dont
l'expression varie à l'infini. Un instant, elle annonce le
calme de la résignation et du repos; le moment d'après,
elle se couvre de rides, comme le front du poëte qu'as-
siégent des pensées errantes, tristes, orageuses. Puis
tous les sentiments, toutes les passions, la fureur, la
vengeance, la jalousie, éclatent à un moment donné, en
éclairs, en vents, en pluies, en tonnerres, sur cette immensité des eaux. Le lendemain, la mer apaisée semble
regretter les colères auxquelles elle s'est abandonnée la
veille.

Elle n'est point aujourd'hui ce qu'elle était hier, elle ne
sera pas demain ce qu'elle est aujourd'hui. Du matin au
soir, d'une heure de la journée à une autre heure, d'un
moment à un autre moment, elle change de physionomie,
d'aspect, de couleur, de rides. Ses vagues tempêtueuses,
quand le ciel les excite contre les rochers avec le fouet de
l'aquilon et de l'éclair, forment sans doute le spectacle le
plus auguste et le plus imposant dans la nature; encore
n'est-ce qu'un faible signe de sa prodigieuse force, une
légère démonstration de ce qu'elle pourrait faire, si
elle voulait. Un petit changement dans son niveau, et
voilà que nous serions inondés, ensevelis, effacés. Les
continents antédiluviens n'ont point péri autrement : la
mer les a dévorés. Où est maintenant l'Atlantique, était
autrefois — disent les géologues — une étendue de terre
considérable. Si vous voulez en retrouver les ruines, regardez au fond de l'abîme.

Il y a, je l'avoue, dans l'univers bien des choses

23

sublimes. Les astres en eux-mêmes sont plus accablants pour la pensée humaine que la mer; mais ils sont si éloignés! Ils échappent à la majorité des hommes, qui ne les aiment ni ne les craignent, et ne s'en soucient guère. La mer, au contraire, c'est le sublime mis à notre portée et, pour ainsi dire, à nos pieds. L'aveugle l'entend, le sourd la voit. Sa masse mouvante, inquiète, sollicite, envahit, subjugue tous nos sens, jusqu'à ce qu'elle nous enlève de terre dans un transport d'admiration et arrache notre âme aux petitesses de notre nature.

Qu'importe qu'elle soit dangereuse? Les forces les plus désastreuses et les plus destructives, celles qui menacent le plus notre vie et notre repos, deviennent précieuses pour l'homme quand elles agrandissent chez lui le sentiment de l'idéal; nous oublions leurs injures en faveur des bienfaits moraux que nous en recueillons. Les tremblements de terre, les tourbillons, les éruptions des volcans, ont beau secouer, terrifier, bouleverser les habitations humaines, ils ont beau détruire, l'artiste et le savant ne les contemplent pas moins avec une joie amère, l'un pour élever son imagination et ses pensées, l'autre pour y découvrir une loi secrète de la nature. Or, mieux que les rares éruptions des volcans et les tremblements de terre, mieux que les phénomènes météorologiques, le roulement lourd et continu de la mer troublée, avec le mouvement gigantesque de ses vagues, qui portent, coursiers hasardeux, des flottes sur leur dos, est fait pour imprimer dans le cœur de l'homme le sentiment religieux, la conception du beau.

La mer est devenue, depuis ces dernières années, un centre d'attraction pour tous les hommes civilisés : elle est familière à la population britannique et à une grande partie de la population française qui habite les côtes de l'Océan ou de la Méditerranée. Chaque été envoie des légions de baigneurs qui viennent chercher sur le rivage des récréations et la santé. Dieu fasse que, tout en poursuivant l'objet de leur voyage, ils se donnent la peine d'étudier l'incomparable spectacle de la mer, les créatures étranges dont elle abonde, les rapports de cet élément avec l'esprit humain. La mer ne sera plus alors simplement pour eux un médecin et le compagnon de leurs jeux : ce sera aussi un précepteur, qui leur donnera d'excellentes leçons d'histoire naturelle, et qui leur apprendra surtout la sagesse, en les rapprochant de la source même de la vie.

Une des sciences, filles de notre siècle, est la météorologie. On a fait, dans ces derniers temps, en Amérique, en Angleterre, en France, des observations et des travaux immenses pour découvrir les lois des vents, des marées et des tempêtes. Les gouvernements, tout aussi bien que les individus, se sont intéressés à des découvertes qui touchent de si près la navigation, le commerce, la prospérité des États. Mais le savant, le curieux, le philosophe, le naturaliste, surtout, aime à connaître jusqu'à quel point le sauvage et indomptable élément obéit à des lois invariables.

Rien n'est plus beau que de voir cet ordre qui règne dans les grandes masses de l'univers, s'étendre aux parties les plus légères, les moins pondérables, quelquefois même aux molécules invisibles des éléments de la création. Nous regardons comme un grand triomphe quand les astronomes pèsent les planètes et déterminent leurs révolutions, prédisent les éclipses, annoncent le retour des comètes, fixent les rapports des constellations les unes à l'égard des autres dans l'immensité, expliquent

les obscures déviations de certains astres par l'attraction
qu'exercent sur eux d'autres astres. Mais ne trouvez-vous
pas merveilleux que le courant tortueux de la mer, que
le souffle rapide de la brise, que l'effrayant tourbillon de
la tempête, viennent aussi faire leur soumission à des
règles qui promettent de devenir aussi exactes, aussi
certaines que celles des sphères solides, des orbites
elliptiques et des conjonctions infaillibles du ciel? Encore
un pas, et cette expression, *voyager à la merci des vents
et des vagues*, sera réléguée dans l'histoire ancienne du
langage et de la navigation. L'homme deviendra, un jour,
capable de tracer la génération d'un ouragan, comme il
trace la génération d'une plante. Ainsi, l'Océan a, comme
nous l'avons vu, fait, en grande partie, l'éducation du
genre humain; mais, profitant des lumières acquises à
cette dure école, l'homme en est venu — ou en viendra
sans doute bientôt — à dominer la mer.

Lorsque je jette les yeux sur la carte du monde, je vois
qu'il consiste en un vaste Océan, dans lequel sont placées
deux grandes îles et plusieurs petites. Il n'y a, réellement qu'une mer, laquelle couvre près des trois quarts
du globe. Tous les golfes et les mers intérieures forment
des portions détachées, mais non entièrement séparées,
de cette mer universelle.

Les besoins de la science géographique ont, pourtant,
commandé la division de cette masse d'eau : il y a le
bassin *austro oriental*, qui embrasse la mer du Sud,
l'océan Pacifique et l'océan Indien avec leurs golfes res-
pectifs, leurs mers intérieures,—et le *bassin occidental*,
qui embrasse l'océan du Nord, l'océan Atlantique et
l'océan Éthiopique avec toutes leurs dépendances.

La forme du bassin occidental est très-remarquable.
Il ressemble à un canal rétréci vers les pôles; il est

flanqué, de chaque côté, par des projections de terre et de
mers intérieures, qui ont une grande ressemblance les
unes avec les autres. La situation de la Grande-Bretagne
et des côtes qui l'avoisinent d'un côté correspond à celle
de l'île de Terre-Neuve et aux côtes adjacentes ; la pénin-
sule de l'Espagne répond à celle des Florides ; la côte
de la haute Guinée, à la côte du Brésil, et les rivages de
l'Afrique, à ceux du sud de l'Amérique. La Baltique et les
mers du Nord correspondent, elles, aux baies de Baffin et
d'Hudson, comme la Méditerranée au golfe du Mexique.

Pour ce qui est du bassin austro-oriental, j'ai seulement un fait à signaler : il est entouré presque entièrement d'une chaîne de montagnes, avec des pentes qui
inclinent vers la partie des terres. Cette chaîne commence
avec les montagnes du sud de l'Afrique, s'avance vers le
détroit de Behring et, de là, à travers l'Amérique, vers le
cap Horn. Beaucoup de petites chaînes, à angles plus ou
moins aigus, rayonnent de cette grande chaîne, et, en général, les terres, déterminées dans leur mouvement par le
cours des fleuves, glissent graduellement de ces hauteurs
vers les rivages du bassin occidental.

Cette distribution des eaux et des terres a donné lieu à
la géographie animale, c'est-à-dire à la répartition locale
des espèces vivantes sur le globe.

Les principales propriétés de l'Océan (car c'est lui
qui nous occupe) sont la profondeur, les mouvements,
la température, la quantité et la salaison des eaux.

Pour ce qui est de la profondeur, la géographie physique n'est point arrivée, jusqu'ici, à des conclusions certaines. L'océan Atlantique a été sondé dernièrement
avec une corde de huit milles trois quarts de longueur,
qui atteignit le fond. Le long des côtes, la profondeur se
trouve généralement proportionnée à la hauteur du ri-

vage : dans les endroits où la côte est élevée et monta-
gneuse, la mer qui la baigne est profonde ; mais, dans les
endroits où la côte est basse, l'eau est également basse.
Pour calculer la quantité d'eau que contient l'Océan, nous
devons donc imaginer une profondeur moyenne. Si nous
évaluons cette profondeur moyenne à deux milles,
l'Océan contiendra 296 millions de milles cubiques
d'eau. Nous aurons une idée plus imposante encore de
cette énorme masse, si nous considérons qu'elle suffit
par elle-même à couvrir tout le globe à la hauteur de
plus de 8,000 pieds ; et si, d'un autre côté, cette eau se
trouvait réunie en une sphère liquide, elle formerait un
globe de plus de 800 milles de diamètre.

L'Océan a trois sortes de mouvements. Le premier est
cette ondulation qui est produite par le vent et qui se
trouve entièrement limitée à la surface. Il est maintenant
reconnu que ce mouvement peut être détruit, et que l'on
peut rendre la surface de l'Océan unie comme une plaine
en jetant de l'huile sur les vagues.

Le second mouvement est cette tendance continuelle
que toute l'eau de la mer manifeste à se porter vers
l'ouest, et qui est plus grande près de l'équateur que
vers les pôles. Ce mouvement commence sur la côte
ouest de l'Amérique, où il est modéré ; mais, à mesure
que l'eau avance vers l'ouest, il s'accélère ; et, après
avoir traversé le globe, les eaux retournent et frappent
avec une grande violence la côte est de l'Amérique.
Arrêtées par ce continent, elles se précipitent avec impétuosité dans le golfe du Mexique : de là, elles s'avancent
le long de la côte du nord de l'Amérique, jusqu'à ce
qu'elles viennent au côté sud du grand rivage de l'île de
Terre-Neuve, où elles tournent et descendent vers les
îles occidentales. Ce mouvement est dû, on a lieu de le

croire, à la révolution diurne de la terre sur son axe, laquelle se trouve dans une direction contraire du mouvement de la mer.

Le troisième mouvement de la mer est la marée, c'est-à-dire un gonflement régulier de l'Océan, lequel a lieu toutes les douze heures et demie. Ce mouvement est attribué maintenant à l'influence d'attraction qu'exerce la lune, et aussi, en partie du moins, à celle du soleil. Il y a toujours alors un flux et un reflux, qui se font sentir dans les deux moitiés du globe, et qui sont en antagonisme l'un par rapport à l'autre. Quand la force d'attraction du soleil et de la lune agissent à la fois, ou dans une direction opposée, ce qui arrive au temps de la nouvelle et de la pleine lune, nous avons les très-hautes marées. Mais, quand les lignes d'attraction sont à angles droits, les unes vis-à-vis des autres — ce qui arrive aux quartiers de la lune— nous avons les marées les plus basses.

Presque toute la mer se trouve soumise quatre fois par jour à un changement dans son niveau, et cela par le mouvement des marées.

Les mouvements produits par les vents et connus sous le nom de vagues sont beaucoup moins réguliers. L'élévation des vagues varie selon la force du vent. Une brise vigoureuse les élève de six à huit pieds au-dessus du niveau ordinaire de la mer; mais, par les grands coups de vent, elles atteignent une élévation de trente pieds. Si considérable que nous semble le mouvement de la mer, ce mouvement n'est pourtant pas sensible à une grande profondeur. Par les plus fortes tempêtes, l'agitation ne s'étend point — on a lieu de croire — plus bas que soixante et douze pieds au-dessous de la surface; à la profondeur de quatre-vingt-dix pieds, la mer est parfaitement calme.

La forme et la grosseur des vagues varient, d'un autre côté, selon l'étendue et la profondeur des mers. Dans les eaux peu profondes, où la base des vagues approche de la terre et rencontre une résistance, les vagues sont abruptes et irrégulières. Il en est de même dans les mers étroites, limitées; au contraire, sur les espaces ouverts de l'Océan, les vagues se montrent sauvages et longues; elles s'élèvent et tombent avec une grande régularité.

Lorsque les vents courent vers un rivage bas, les pentes du terrain brisent leur force et elles terminent, si l'on peut ainsi dire, leur existence d'une manière tranquille; mais, quand elles se trouvent poussées contre une côte roide et rocailleuse, elles se heurtent, se brisent et, repoussées par les rochers, produisent alors ce qu'on nomme un *ressac*. L'élévation visible de la mer sur quelques côtes hérissées de falaises, de récifs et de pointes, atteint quelquefois la hauteur de cent pieds au-dessus du niveau de la mer. Le ressac est toujours dangereux à traverser, si ce n'est sur des bateaux construits exprès pour lutter contre cet état fiévreux des eaux.

Les vagues ne s'apaisent point aussitôt après que le vent est tombé. Les mers continuent d'être agitées pendant encore quelques heures. L'air plus ou moins reposé se montre alors incapable de réprimer les ondulations de l'abîme. Les vagues, durant le calme qui suit une grande brise, s'élèvent même plus haut, et elles présentent à leur partie élevée un angle plus aigu que durant la tempête.

Nous n'avons parlé, jusqu'ici, que de la surface de la mer; mais regardez au fond, que de merveilles! que de mystères! Tout ce qui peut entrer dans l'esprit de l'homme en fait de magnificence et de grandeur, est là sous la mer : les coraux délicats qui fleurissent sans se soucier de l'orage, les montagnes de jayet, les vallées de perles, les cavernes, les espaces remplis tour à tour de lumière et de ténèbres.

C'est une erreur généralement répandue de croire que la terre est plus peuplée que la mer. Pour peu qu'on ait navigué, on reconnaît bien vite la fausseté de cette opinion. La mer a des montagnes, des vallées, des forêts, toute une géographie subaquatique ; elle est habitée par des milliards de milliards d'êtres. Vous y trouvez toutes les formes animées : là vivent les espèces les plus colossales que l'œil humain puisse contempler; là s'agitent les plus minces créatures que la vue, aidée du microscope, puisse saisir dans les profondeurs obscures de l'existence. Les infiniment petits et les infiniment grands, les figures les plus belles et les plus hideuses, les instincts les plus farouches et les plus innocents, tout s'y trouve. Parlerai-je de la variété des couleurs? Les fleurs de nos champs et de nos jardins n'ont rien de plus agréable à l'œil, ni de plus varié que certains zoophytes, fleurs vivantes des mers. La peau du tigre elle-même pâlit devant la coquille tachetée de certains mollusques. L'homme a demandé aux muets citoyens des eaux ses étoffes les plus précieuses, les ornements les plus rares du pouvoir ou de la beauté, le byssus, la pourpre, la perle.

Au point de vue économique, les services que rendent les habitants des mers aux habitants de la terre sont incalculables. Les trois quarts du genre humain vivent de la pêche. Si jamais on fait le dénombrement de l'empire des eaux, on trouvera qu'il est quatre fois au moins plus peuplé que les forêts de l'Amérique. La vie y abonde sous tous les climats. L'homme, fils de la terre, a eu ses raisons de croire que cet élément était celui que Dieu avait eu principalement en vue en créant notre globe; mais il y a beaucoup plus de mer que de terre, et, si les poissons raisonnaient comme nous raisonnons, ils auraient le droit de prétendre que notre planète a été construite, avant tout, pour recevoir le trésor des eaux. La terre n'est qu'une annexe de la mer. Si même, au moment où j'écris ces lignes, quelque esprit céleste lorgne, du haut d'un des astres qui roulent au-dessus de nos têtes, notre boule ronde, à demi effacée par la distance, il lui est très-permis de croire que ce monde-ci n'est qu'un océan.

L'immensité de ce milieu aquatique, au sein duquel l'homme ne peut vivre, dans lequel ses regards ne sauraient pénétrer qu'à de minces profondeurs, a été, jusqu'ici, un obstacle à l'étude des mœurs et de la vie des poissons, des crustacés, des mollusques, des zoophytes. « Qui sondera, dit Job, les mystères de l'abîme? »

Comme l'eau est un plus mauvais conducteur du calorique que la terre, c'est-à-dire absorbe et perd plus lentement la chaleur, la température de la mer est moins sujette que celle de la terre à des variations. La mer n'est jamais si froide que la terre pendant l'hiver, ni si chaude durant l'été; en effet, lorsque, dans l'hiver, la surface de l'eau se refroidit, elle devient spécifiquement plus lourde que la couche inférieure; lorsque, au contraire, en été, elle s'échauffe, elle se trouve enlevée en l'air par l'évaporation. De cette manière se maintient une certaine uniformité de température.

La salaison de la mer est un de ses traits les plus distinctifs. Outre le sel commun, ou muriate de soude, l'eau de la mer est imprégnée de muriate de magnésie, de

sulfate de magnésie et de sulfate de chaux. La somme
des ingrédients salins varie de 1/24 à 1/28, la proportion
étant toujours plus grande à distance du rivage et à distance de l'embouchure des grands fleuves, par lesquels
les eaux de la mer sont modifiées. Il est plus difficile
de découvrir l'origine de cette propriété saline des eaux
océaniques, que d'en apprécier les avantages. Sans la
présence du sel, et sans l'agitation dans laquelle la
masse liquide est entretenue, la mer se corromprait bien
vite, et il est probable que les habitants de l'Océan doivent leur existence à la qualité particulière des eaux.

Cette économie de la mer est admirable; mais savez-
vous, enfin, pourquoi je préfère la vue de la mer à
tout autre spectacle de la nature? — C'est parce qu'elle
me fait songer à l'homme et à Dieu.

Quand je considère le sable stérile qui s'étend au loin
sur la rive nue — l'inconstance de cette surface agitée,
inquiète, toujours changeante — la tristesse que jette
sur ce miroir brisé un nuage qui passe, un rien, —
l'éclair qui brille et qui s'éteint, venu on ne sait d'où,
allant on ne sait où — la lame stupide qui se brise toujours au même écueil — le mystère de ces eaux qui ne
se comprennent point elles-mêmes — le soupir inarti-
culé de cette brise froide qui se plaint sans savoir de
quoi — ces aspirations tantôt calmes, tantôt violentes
de la vague qui finit toujours par retomber sur elle-
même et par rouler obscure, insensible, perdue dans
les profondeurs de la tombe commune — les efforts
désespérés que fait le flot pour graver quelque chose
sur le rivage et qui n'y laisse qu'un pli sur le sable —
je pense à moi !

Quand je contemple le rocher ferme et debout sur sa
base invisible — l'immensité de cette masse d'eau qui

enveloppe le ciel et qui reproduit tous les astres dans sa transparence taciturne comme dans une pensée unique — ces cavernes impénétrables dans lesquelles la mer cache les ressources de son accablante puissance — ces menaces terribles des éléments qui font trembler tous les cœurs, courber tous les fronts et ployer tous les genoux — ces sourires d'inépuisable bonté qui descendent avec la lumière jusque dans les retraites silencieuses de l'abîme — cette éternité de l'Océan, qui seul dans la nature n'a point changé depuis la naissance du monde — ce moule liquide qui donne sa forme à tout et sur lequel l'homme ne peut rien imprimer — ces marées qui arrivent toujours à leur temps — ces réservoirs sans fond, dans lesquels tous les fleuves, petits ou grands, viennent se perdre et s'absorber, comme le fini dans l'infini — cette grande eau d'où émanent, sans cesse, sous forme de vapeurs, la fécondité, la croissance, la vie, la création — je pense à Lui !

Maintenant que nous avons tracé — bien imparfaitement, sans doute — l'histoire naturelle de la mer, nous serons mieux préparés à étudier et à comprendre les millions et les millions de créatures qui l'habitent.

DE L'AQUARIUM

A peine si quelques plongeurs hardis et habiles ont traversé, à la nage, deux ou trois milles de ces profondeurs sous-marines; leur voyage limité par les forces humaines et par les besoins de la respiration, leur vue plus ou moins troublée ne leur ont permis jusqu'ici que de soulever un coin du voile. La masse pesante des eaux continue de couvrir, comme d'un manteau impénétrable, les innombrables existences qui s'y développent. Et, pourtant, quel est l'homme avide de connaître, qui ne souffre de voir sa curiosité arrêtée tout court devant cette barrière imposée par la nature à nos moyens d'observation? Quant à moi, j'ai plus d'une fois frémi d'impatience lorsque, seul, sur le pont du navire, je contemplais la surface illimitée des eaux, dans lesquelles pullulaient tant d'existences invisibles.

Le bonheur de l'homme, sur la terre, c'est de savoir, de vivre dans tout ce qui vit, de surprendre la main de Dieu dans les divers milieux où il lui plaît de répandre les merveilles de l'action et de la beauté. Nous ne sommes riches que par les yeux et par l'intelligence, et, ces richesses-là, nul n'en est privé s'il a des sens pour percevoir, un esprit pour comprendre, un cœur pour s'élever avec reconnaissance jusqu'à la source de la vie. Ces biens-là ne font pas d'envieux; car il y en a pour tout le monde. On les possède d'autant plus, qu'on les partage avec ses semblables. Insensé qui dit : « Cela est à moi! » L'univers est à tout le monde, car les choses créées sont à celui qui les goûte et qui les admire.

Quand Dieu, dans la Bible, dit à Adam, et plus tard à Noé, en leur montrant les animaux qui peuplent la terre et la mer : « Tout cela est à toi! » Dieu ne veut pas dire que toutes les créatures soient sous la main de l'homme, comme les brebis sont sous la main du berger. Il y en a beaucoup, en effet, qui lui échappent, soit par la force, soit par la ruse, soit par la rapidité du vol ou de la fuite, soit par la profondeur inaccessible des retraites dans lesquelles ces animaux se tiennent cachés, soit même par la crainte bien légitime qu'ils nous inspirent. La pensée de Dieu est que l'homme possédera les êtres vivants s'il les connaît, s'il s'intéresse à leurs mœurs, en un mot, s'il les aime.

J'ai quelquefois pêché à la ligne (tout le monde a ses faiblesses, et j'avoue celle-ci en toute humilité de conscience); mais, lorsque je décrochais de l'hameçon un poisson attiré par l'amorce, je me suis demandé plus d'une fois si ce poisson était plus à moi depuis que je l'avais pris, ou si, au contraire, il ne cessait pas de m'appartenir au moment où il tombait en mon pouvoir. Tout à l'heure il était libre, joyeux, sans souci; il jouissait des conditions dans lesquelles l'avait placé la nature, et il ne tenait qu'à moi d'en jouir avec lui par la pensée; maintenant, blessé, suffoquant, il semblait se plaindre à moi de mes procédés envers lui, et bientôt se vengeait, en laissant, dans mes mains salies et couvertes d'écailles, un cadavre, au lieu du beau morceau de nacre vivante qui nageait tout à l'heure dans l'eau silencieuse et limpide.

Il faut que l'homme se nourrisse, sans doute, et la pêche a encore un autre avantage, celui d'amener sous nos yeux, dans les différents climats et du fond des différentes eaux, des êtres dont nous ignorerions à jamais l'existence, sans l'invention de la ligne ou du filet. Ainsi donc, que vos filets soient bénis, braves pêcheurs halés, dont j'ai quelquefois partagé le pain noir et la goutte d'eau-de-vie, sous le ciel brumeux de nos côtes britanniques! Mais le naturaliste a d'autres soucis que celui de s'emparer des animaux. Connaître les êtres vivants au moment où ils ont cessé de vivre, ce n'est pas les connaître. Son rêve à lui serait de pouvoir traverser tous les éléments comme ces êtres fabuleux des anciens, de vivre dans l'eau comme les tritons, dans l'air

comme les sylphes, dans l'intérieur de la terre comme
les gnomes. Malheureusement, ce rêve, les découvertes
de l'industrie ne l'ont jusqu'ici réalisé que d'une manière
bien imparfaite. Le plongeur sous sa cloche, l'aéronaute
dans son ballon, le mineur dans sa mine ne découvrent
encore qu'un étroit horizon des choses créées. L'abîme
rit des efforts de l'homme pour en sonder les profondeurs.

Heureusement, il y a plus d'une manière d'attaquer les
problèmes. Quand la nature nous résiste d'un côté, il faut
la surprendre et la vaincre par une autre voie détournée.
L'Océan est impénétrable, insondable, inaccessible dans
ses profondeurs; il nous échappe par son immensité; il
défie la curiosité humaine en lui opposant les barrières
de l'infini, les tempêtes, les sombres retraites qu'on ne
peut atteindre, les masses mouvantes d'un élément in-
respirable pour les habitants de l'air et de la terre : —
eh bien, ayons l'Océan dans notre chambre.

Vous riez de mon système : c'est pourtant celui que
l'homme a trouvé pour dévoiler les mystères de l'abîme.
Je parle ici de l'*aquarium*, ou du *vivarium*, ou encore de
l'*aqua-vivarium*. Ce sont d'assez vilains noms latins et
j'en aimerais mieux un autre; mais le nom ne fait rien à
la chose. Appelez-le, si vous voulez, un océan portatif —
le monde aquatique en miniature — la mer dans un verre
d'eau. Qu'importe, si, dans ce verre d'eau, je vois les
poissons naître et se reproduire, si je distingue les crustacés attaquant leur proie, si je contemple les mollusques
se former, naître les éponges et croître les coraux! C'est
l'immensité vue, je l'avoue, par le très-petit bout de la
lorgnette; mais j'ai déjà lieu de m'applaudir de mon stra-
tagème, si, par ce très-petit bout, je surprends quelques-
unes des merveilles que la nature dérobait à mon œil

borné, impuissant, cloué misérablement au rivage ou à la proue du navire. Sans doute, il vaudrait mieux l'infini dans l'infini, l'Océan dans l'Océan, la vie des poissons dans toute la majesté de leur élément naturel; mais, puisque Dieu ne l'a pas voulu, j'admire ce que je puis voir. — Et j'aurais tort de me plaindre de la place que j'occupe au spectacle de la nature, d'autant que cette place ne m'a pas coûté cher. Un peu de soins et de patience, voilà tout.

J'ai donc un aquarium, j'en ai même plus d'un, et je voudrais que tout le monde fît comme moi. On verrait moins de désœuvrés, moins de gens blasés de la vie, moins de visages moroses, qui cherchent des distractions ruineuses et qui ne trouvent que la satiété. J'ai toujours cru que l'ennui était le plus grand affront que l'homme pût faire au Créateur : l'ennui est impie. Quoi ! la Divinité a réalisé tout ce qu'elle était capable d'imaginer de plus beau, de plus merveilleux, de plus varié; elle a fait à l'homme l'honneur de l'asseoir devant ce magnifique théâtre de la nature, elle lui a donné des sens pour percevoir toutes ces splendeurs, un esprit pour les comprendre, et l'homme bâille ou détourne la tête! Il y en a même qui désirent s'en aller avant la fin du spectacle. Je ne m'étonne plus, après cela, quand la Bible nous assure que Dieu se repentit d'avoir créé une pareille engeance. J'aurais eu moins de patience que lui; — il est vrai que je ne suis point éternel.

L'homme vraiment religieux est l'homme curieux; c'est celui qui admire, qui cherche, qui s'efforce de lever un coin du voile derrière lequel se joue le drame immense de l'univers. Celui-là ne s'ennuie point : tout est pour lui un sujet nouveau de surprise et d'émerveillement; chaque heure, chaque minute, chaque seconde lui apporte un rayon de lumière, une jouissance, un fait nouveau à enregistrer. Sa vie est un perpétuel cantique d'actions de grâces. Sa prière est courte, toujours la même et toujours nouvelle : levant les yeux vers le ciel, à la vue des surprises qui naissent sous chacun de ses pas, il s'écrie : « Dieu ! que c'est beau ! »

Et puis que lui parlez-vous de richesses? Le pauvre est celui qui n'admire rien, qui ne s'intéresse à rien, qui ne sait rien et qui ne désire rien savoir. Oh! celui-là, je le plains, fût-il millionnaire. Mon Dieu, faites l'aumône au pauvre riche! Montrez-lui ce qu'il y a de trésors cachés dans une fleur, dans un coquillage, dans un poisson!

Si j'enviais quelques grains de cette poussière que les hommes se disputent sous tous les climats avec un acharnement qui les égale aux animaux, ce serait pour me donner le moyen d'accroître mes connaissances — seule véritable richesse — car c'est la seule qui rende heureux. Mais, après tout, cela est-il bien indispensable? Mon aquarium ne se compose pas, je l'avoue, des espèces les plus rares. Il me manque pour cela des sommes folles qu'on n'acquiert point en étudiant. Où est, d'ailleurs, la nécessité de posséder ce que la plupart des autres ne possèdent pas? Les animaux les plus rares sont très-souvent ceux dont les mœurs sont les plus communes. Et puis j'ai vu des amateurs qui ont des oiseaux ou des poissons exotiques uniquement pour les avoir. Cela fait, ils ne les regardent même pas, ou ils les regardent comme pour dire : « Cela est à moi. »

Mes poissons — à part deux ou trois — sont communs; mais ils m'appartiennent — ce que j'appelle appartenir, c'est-à-dire que j'ai suivi leurs mouvements, étudié leurs mœurs, admiré leur structure, analysé leurs impressions, scruté leurs instincts. Ils sont à moi durant et après leur vie ; car, morts, je les dissèque pour chercher dans leurs organes le mystère de la nature. Comme saint Paul, qui se faisait petit pour comprendre les petits, je cherche à me faire poisson pour mieux comprendre les poissons, et je ne m'en trouve que plus homme, car l'homme digne de ce nom serait celui qui participerait à la vie universelle.

Éprouvez-vous, d'ailleurs, le besoin de combler les lacunes de vos connaissances ? Entrez dans les établissements publics où des sommes d'argent considérables sont destinées à acheter et à entretenir les animaux rares. Là, le plus riche se trouve pauvre ; là, le pauvre se trouve riche, car tout ce qu'il observe est à lui — sans cesser d'être à son voisin ni à ceux qui viendront visiter après lui ces inépuisables trésors de la science.

Quand l'histoire naturelle n'aurait fait que résoudre ce problème : — l'art d'être riche à peu de frais, — une telle science mériterait encore d'être cultivée dans un temps (et tous les temps se ressemblent sous ce rapport-là) où l'acquisition d'une fortune est la grande affaire de la vie. Je ne vous dirai pourtant pas d'être savants ; car les savants aiment la nature pour l'enfermer dans un cabinet, comme les Orientaux aiment les femmes pour les claquemurer dans un sérail, comme l'avare aime l'or pour le serrer dans un coffre. Je vous dirai : « Soyez ignorants, mais ignorants à la manière du bon Dieu, qui attache un prix à toutes les créatures, sans pour cela les mettre sous clef ! »

Mais comment faire un aquarium ?

Achetez dans une boutique quelconque un vase en verre. La forme est à peu près indifférente. Il y en a qui choisissent tout simplement un bocal d'à peu près six pouces de diamètre sur deux ou trois pieds de haut. Le prix est alors de trois à quatre schellings. Mais ces vases cylindriques ont un inconvénient; la réfraction de la lumière dénature quelquefois la physionomie des objets. On préfère, en général, la forme de l'octogone ou celle du parallélogramme. Ces articles, devenus à la mode, sont maintenant construits avec un art et une élégance remarquables. On peut s'en procurer de toutes les dimensions et de tous les dessins : ce sont des ornements dans une chambre, en même temps que des objets de science et de curiosité.

Ce vase acheté, vous le lavez bien et vous le remplissez d'eau salée puisée au bord de la mer. Quand je parle ainsi, je suppose que vous vivez dans le voisinage des côtes; car, dans le cas contraire, vous pouvez fabriquer artificiellement l'eau de mer. Il suffit pour cela de reproduire avec fidélité la recette de la nature; or, cette recette est connue, tous les éléments dont se compose l'*onde amère* — comme on l'appelait dans le beau style, — ayant été mis à nu par l'analyse chimique.

Voilà pour le vase : passons maintenant aux moyens de le garnir.

Descendez par les marées basses vers les rochers; là, armé d'un marteau et d'un ciseau, coupez quelques petits morceaux de pierre recouverte d'herbes marines. Évitez les espèces communes et grossières telles que les fucus, qui tapissent la surface des rochers, car elles engendreraient sous l'eau une bourbe qui remplirait bientôt votre bassin. Choisissez, au contraire, les plus délicates, celles qui ornent de leurs franges légères les angles des récifs, quand l'eau est basse. Je vous recommande surtout l'*ulva*, dont les feuilles sont aussi fines que le plus beau papier d'argent. Les plus petits morceaux de pierre suffisent, pourvu que les herbes marines les aient saisis; car ces plantes n'ont point de racines proprement dites : elles adhèrent par un petit disque; quant à leur nourriture, elles la tirent de l'eau et non du roc.

Placez cette végétation au fond de votre vase et laissez-la reposer un ou deux jours avant d'y mettre aucun animal vivant. Attendez surtout que l'eau soit bien claire.

Il s'agit maintenant de peupler l'aquarium. Dans les fentes des rochers, sur les sables, vous trouverez des anémones de mer (*actiniæ*) et toutes sortes de mollusques, de crustacés, de poissons que vous pouvez introduire, non sans choix et sans discernement, dans votre petite famille aquatique. Ce choix demande, je l'avoue, à être éclairé par l'expérience; or, rien ne forme cette expérience comme un séjour de quelques semaines au bord de la mer. Je ne dis point qu'une telle éducation soit indispensable à quiconque veut former un *aquarium;* mais je déclare qu'elle servira beaucoup à celui qui aura su en profiter. Il faut étudier les habitants de l'eau salée dans leur propre élément, si l'on veut les assortir ensuite avec succès et les élever selon leurs mœurs.

« Mais, me direz-vous, que trouverai-je au bord de la mer? »

Ce qui retient les gens du monde dans l'ignorance des œuvres de Dieu, c'est qu'ils s'imaginent que, pour étudier l'histoire naturelle, il faut avoir sous la main des collections considérables, entreprendre de longs et dispendieux voyages, fatiguer les mers de ses recherches; je ne nie point que ces moyens ne soient utiles aux progrès de la science; mais on peut s'instruire à moins de frais. Pour déchiffrer quelques feuilles du grand livre de la création, il suffit de se promener, chaque jour, cinq ou six heures sur la plage, au moment surtout où la mer

vient de se retirer. Or, qui n'a eu l'occasion, au moins
une fois dans sa vie, d'épeler les caractères de la vie marine, sur le sable encore humide! Beaucoup font ce
voyage tous les ans et ne songent guère à en profiter. Ils
vont chercher, sur les côtes de l'Océan ou de la Méditerranée, la santé, le plaisir, une société choisie; sans se
priver de tous ces avantages, il leur serait facile d'y
ajouter cette joie de l'âme, qui naît dans la contemplation des merveilles de la nature.

J'étais, il y a deux ans, sur les côtes du nord de l'Angleterre, dans un petit village de pêcheurs. Un jeune
garçon de treize ans m'accompagnait dans mes courses,
au milieu des sables mouillés par le flux. A chaque pas,
il m'adressait des questions fort embarrassantes sur les
divers objets que nous rencontrions. Un jour, c'était un
délicat squelette de poisson, préparé avec un art admirable par l'action des vagues, lesquelles avaient respecté
les arêtes les plus fines, tout en les dépouillant des parties molles ; un autre jour, c'étaient des œufs de poisson, des coquilles, des crustacés, des bois, des semences,
des végétaux marins, des morceaux de jais, de tourbe
et de carbone; çà et là, des cailloux roulés. Nous appre-
nions l'un et l'autre deux choses essentielles — lui, qu'il
avait tout à connaître — moi, que j'ignorais beaucoup.

En effet, les questions de l'enfant sur l'origine de
toutes ces trouvailles, sur la vie et les mœurs des animaux dont nous ramassions les dépouilles, sur la nature
des plantes ou des graines que rejetait la mer, faisaient
crouler, à chaque pas, l'édifice orgueilleux de ma science.
Je me dis alors qu'un livre sur les choses les plus communes que tout le monde rencontre, en se promenant
sur la grève, demanderait déjà de longues études et suf-
firait à occuper toute la vie d'un homme.

Ces objets, le flux les apporta, un autre flux les remporte. Il faut donc les saisir entre deux marées. Aussi, nous nous tenions à l'affût, étudiant jour par jour le mouvement de la mer, et comparant entre eux les produits variés que, selon les saisons, la masse des eaux laissait sur le sable, en se retirant.

Des femmes en grande toilette — charmantes du reste — mais qui étaient trop serrées dans leur corset, trop cerclées de baleines, trop ballonnées de crinolines, pour se baisser jusqu'à terre, nous regardaient avec un petit air d'étonnement — presque de moquerie — ramasser bravement nos coquilles, nos cailloux, nos fragments de squelettes, nos algues. « Oh ! me disais-je, si vous connaissiez le don de la science ! si vous pouviez soupçonner quelle source intarissable de merveilles s'ouvre ici devant vos yeux, ô mères ! après vous être instruites vous-mêmes, vous apprendriez à vos filles — ces beaux enfants qui s'ennuient là-bas, tout en jouant au cerceau, — à épeler, avec le doigt, sur le sable, le grand alphabet de la vie. »

Puis, me tournant vers mon jeune ami, je lui racontai une légende que mon père m'avait racontée, un jour que nous nous promenions au bord de la mer. Mon père aimait à parler en paraboles. Il avait distingué dans mon caractère un fond de paresse et d'orgueil. Je regardais volontiers les coquillages; mais je croyais descendre de ma grandeur en les ramassant.

« Un de mes voisins, me dit-il, avait été se promener avec son fils Thomas. Comme ils marchaient dans la campagne, le père s'arrêta. « Mon fils, » dit-il, « voici un » morceau de fer à cheval, ramasse-le et mets-le dans ta » poche. — Bah ! » reprit l'enfant, « ce n'est pas la peine » de se baisser pour cela. » Le père, sans insister davantage, prit le fer et le mit dans sa poche. Arrivé à un village, il entra dans la boutique d'un forgeron et lui vendit le fer pour trois liards. Avec ces trois liards, il acheta des cerises. Les cerises étaient alors à très-bon marché. Puis le père reprit avec son fils le chemin du logis.

» Le soleil était brûlant, et l'on ne découvrait, autour de soi, ni un arbre, ni une maison, ni une fontaine. Thomas se plaignit bientôt d'être fatigué; il avait quelque peine à suivre son père, lequel marchait, au contraire, d'un pas ferme. Celui-ci, voyant que son fils était harassé, laissa tomber une cerise, comme par accident. Thomas la ramassa d'un doigt agile et la mangea. Un peu plus loin, le père en laissa tomber une seconde, et le jeune garçon la saisit comme il avait fait de la première. Ils continuèrent ainsi leur chemin, le père semant çà et là quelques fruits à terre, et le fils les recueillant. Quand la dernière cerise fut mangée, le père s'arrêta, et, se tournant vers le jeune Thomas, il lui dit : « Voyez, » mon fils ! si vous aviez consenti à vous courber une » fois, pour ramasser le fer à cheval, vous n'auriez point » été obligé ensuite de vous courber si souvent pour ra- » masser les cerises. »

» — J'aime fort la morale de cette anecdote, ajouta mon jeune compagnon en continuant de ramasser les coquillages, et je voudrais que le monde pût l'entendre.

»—Ceux qui rient de nous voir courbés, en ce moment, vers le sable, ajoutai-je, se courbent peut-être tous les jours plus bas que nous devant des choses moins dignes d'occuper l'intelligence humaine. »

Cette connaissance de la vie des eaux, telle qu'elle se manifeste sur nos côtes, est nécessaire ou tout au moins utile à celui qui veut réussir dans la création d'un *aquarium*. Là, dans le cercle des faits les plus communs et les plus accessibles à nos moyens d'observation, il recueille des renseignements sur les mœurs des poissons, des mollusques, des crustacés, des annélides, des zoophytes qui hantent nos côtes ; il apprend la manière de se procurer les algues et les autres herbes marines.

Pour imiter la main du Créateur, il faut, au moins, l'observer. Je m'amuse de voir des gens du monde jeter de grandes sommes d'argent dans ces riches joujoux de verre (l'aquarium) et n'avancer à rien. Ce n'est pas avec de l'argent qu'on arrache à l'Océan le secret de conserver la vie végétale ou animale, c'est avec de la patience, du temps, des soins et surtout l'étude des lois de la nature.

Il me reste à dire ce qu'on voit dans un aquarium.

Vous pouvez vous faire une idée d'un aquarium, monté sur une grande échelle, en visitant, dans les *Zoological Gardens* de Regent's-Park, une salle dans laquelle sont exposés ces viviers de verre. Là, les merveilles de l'abîme sont dévoilées ! là, vous pouvez suivre, de réservoir en réservoir, l'histoire naturelle des différentes tribus aquatiques. D'un côté, vous avez sous les yeux la vie des poissons d'eau douce ; de l'autre, vous embrassez, dans des vases particuliers, la vie des animaux marins, les poissons, les crabes, les étoiles de mer, les actinies, etc. Chacun de ces petits réservoirs est une mer en miniature, avec des rochers, des bancs de sable, du gravier, des tiges de coraux, des herbes marines. La collection est surtout formée avec les produits des mers britanniques. Tout ce petit monde des eaux est dans un état perpétuel de mouvement, d'action, d'inquiétude : on mange et l'on est mangé. Il y a, dans ces changements à vue, de quoi occuper un observateur durant tout un jour, et, le lendemain, il trouverait encore du nouveau.

L'aquarium n'est plus, en Angleterre, un objet dont la possession se trouve limitée aux établissements publics. L'étude des animaux marins est devenue une sorte de pratique universelle durant les heures de loisir. Dans les maisons de Londres, qui se trouvent pour ainsi dire séquestrées de toute communication avec la nature, ces petits océans artificiels répandent une sorte de charme, de fraîcheur et de beauté, la beauté de la vie. Là, les fleurs, les coraux, les poissons, s'épanouissent et prospèrent ensemble. L'enfant et le vieillard trouvent une source intarissable d'intérêt, d'instruction et de profit moral dans ces vases transparents, posés sur une table, et à l'intérieur desquels ils distinguent des hôtes remuants : les mille formes, les mille couleurs, les mille changements de la flore et de la faune marines sont, pour ainsi dire, mis à nu. Le vœu que je forme, vœu de naturaliste et de moraliste à la fois, c'est que chaque salon du royaume, que dis-je? chaque chambre d'ouvrier puisse avoir son aquarium !

Cet objet de curiosité s'est introduit, depuis ces dernières années, en Amérique. Presque chaque maison, dans les États-Unis, a maintenant son joli globe, ou mieux encore, son carré de verre avec un rez-de-chaussée de coquillages et des roches artificielles. Selon que vous aurez résolu d'avoir chez vous la mer, une rivière ou un lac, des poissons d'eau douce ou des poissons d'eau salée, des plantes marines ou des plantes fluviatiles, vous prendrez vos mesures ou donnerez vos ordres en conséquence. Il y en a pour tous les goûts. Commandez !

Ce qu'il y a de plus curieux dans cette invention, c'est la parfaite netteté, la limpidité extrême, avec lesquelles s'accusent dans l'eau tous les mouvements : vous pouvez suivre jusqu'aux replis sinueux et délicats des nageoires de mousseline. Ce n'est pas seulement un beau spectacle — le spectacle de la nature dans un fauteuil — c'est encore une scène instructive : vous assistez à la vie des animaux sous-marins, au drame de leurs instincts et de leurs mœurs. Je ne saurais rien imaginer de plus agréable pour un malade ou un convalescent, dont les plaisirs se trouvent circonscrits par les quatre murs d'une chambre. L'étude récréative de ces poissons favoris, de ces mollusques, de ces crustacés, de ces animaux-plantes, charme (je le sais par expérience) les heures mélancoliques de la solitude et de la captivité.

L'aquarium est un livre, mais c'est un livre illustré par la vie, dans lequel tout esprit vraiment religieux admirera le doigt de Dieu imprimé sur ces petites créatures, si finies et si parfaites, si merveilleusement adaptées, surtout, à l'économie générale de la création.

J'engage tous ceux qui désirent rendre leur intérieur attrayant; j'engage surtout ceux qui ont des enfants, à avoir chez eux un aquarium C'est le moyen de rendre curieux ces jeunes cerveaux, et la curiosité est l'avant-goût du fruit de la science. Un livre sur les poissons et sur les autres habitants des eaux les intéresserait peut-être à cause des images ; mais combien ce réservoir de la vie et du mouvement parlera plus éloquemment à leurs yeux !

Les parents sages sont ceux qui profitent, pour l'éducation de leurs enfants, de toutes les ressources que leur fournit le spectacle si diversifié de la vie. « Ceux qui vont sur la mer dans des navires et qui cherchent leur existence dans les eaux, dit le Psalmiste, voient les œuvres de Dieu et les merveilles qu'il a cachées dans l'abîme. »

Le Psalmiste a dit vrai; mais, de son temps, on ne connaissait point les aquariums. Sans courir les mers au risque de faire naufrage, sans descendre dans les profondeurs redoutables des eaux salées au risque d'être mangé par un requin, sans jeter ses filets sur les flots courroucés au risque de chavirer dans la tempête, nous avons aujourd'hui, grands et petits, le moyen de surprendre Dieu dans ses œuvres : il suffit de regarder, d'un œil attentif et curieux, le monde des eaux à travers la cage de verre dans laquelle se dévoile en partie le mystère de la vie sous-marine.

L'aquarium, c'est la révélation de l'abîme.

L'audace de l'homme s'accroît avec le succès : aujourd'hui, on rêve des aquariums d'eau salée sur une plus grande échelle que ceux qui viennent d'être décrits.

Ce ne sont plus des globes de verre, ni même des cuves de cristal qu'il s'agit maintenant de remplir avec de l'eau de mer : ce sont des bassins, des viviers, des lacs marins qu'il est question de créer, à trente ou quarante lieues de l'Océan, et jusque dans l'intérieur des villes. Il existe, à Londres, dans Hyde-Park, une sorte de marais ou d'étang que les Anglais ont l'intention de convertir en un vivier, une espèce de *watering place*, où les gens de la ville aillent prendre les bains de mer, et où les habitants de l'abîme puissent vivre en paix. Je parle de la Serpentine. D'abord, on se proposait d'amener de Brighton, à grands frais, les eaux marines dans ce bassin, par des aqueducs et des tuyaux. « A quoi bon? s'écrient les naturalistes. N'amenez point la mer : faites-la. »

Les amateurs d'aquariums ne trouvent le projet ni téméraire, ni impraticable. Ils savent, en effet, qu'on peut fabriquer de l'eau de mer artificielle avec de l'eau douce. Que faut-il pour cela? Du sel et quelques agents chimiques. Ce qui se pratique en petit, tous les jours, peut se pratiquer de même sur une plus grande échelle. Ce n'est plus qu'une affaire de proportions et d'étendue. Rien n'empêche donc de convertir, sans grande dépense, la Serpentine ou tout autre marais en une mer faite de main d'homme. Les premiers travaux doivent tendre à délivrer la pièce d'eau actuelle de la vase qui en encombre le lit. On transformerait ensuite le liquide par les moyens bien connus dont on se sert aujourd'hui pour élaborer celui des aquariums. Puis on y placerait des zoophytes, des roseaux de mer, des poissons appartenant aux espèces qui vivent sur nos côtes, le tout sans nuire aux plaisirs des baigneurs. M. London, rédacteur de plusieurs ouvrages d'horticulture, avait indiqué, en outre, un système d'arrangement au moyen duquel on pourrait reproduire les effets du flux et du reflux. Cela ajouterait encore à l'intérêt et à la beauté du lac. La chose est possible; donc, elle sera; car les Anglais ne reculent pas devant les difficultés d'exécution. Cette mer artificielle fournira, je n'en doute point, de nouvelles révélations sur la vie des eaux, sur les mœurs des espèces inférieures que l'Océan cachait mystérieusement sous ses plis comme sous un voile.

Ces préliminaires se rattachent, plus directement qu'on ne le croirait, à l'histoire naturelle des poissons. Avant de pénétrer dans la forme et dans les mœurs de ces créatures, il fallait connaître le milieu où elles vivent et celui où l'on peut les observer.

LES POISSONS

CARACTÈRES. — MŒURS. — HISTOIRE GÉNÉRALE

Qu'est-ce qu'un poisson?

Les personnes étrangères à l'histoire naturelle ont coutume d'appeler poisson tout ce qui vit dans l'eau. Cette confusion de mots accuse une ignorance profonde des lois essentielles de la vie. On étonne beaucoup les gens du monde en leur apprenant que non-seulement les moules ou les homards ne sont pas des poissons, mais qu'il y a beaucoup plus de distance entre l'organisation d'une moule et celle d'un poisson qu'entre la structure de l'homme et celle du requin.

Quelques-uns opposent même à cette assertion un

sourire d'incrédulité et des airs suffisants. Rien n'est pourtant plus réel. Les poissons constituent les derniers représentants de la série des vertébrés. En d'autres termes, ce sont les derniers qui aient un cerveau proprement dit, une moelle épinière et une colonne dorsale. Après eux, l'unité de plan se bouleverse, et la nature a recours, pour construire les vases qui contiennent l'existence, à des méthodes toutes différentes. Vous descendez de l'homme au poisson par une échelle de dégradations organiques, non interrompue ; tandis qu'entre les poissons et les animaux mous ou articulés s'étend un abîme à travers lequel les naturalistes ont beaucoup de peine à suivre le fil des analogies.

Je ne veux pas dire que ce fil n'existe pas : les illustres travaux de Geoffroy Saint-Hilaire, de Serres et de quelques autres, ont démontré, au contraire, que la nature restait fidèle à ses lois — même quand elle semble s'en écarter ; mais il faut un œil exercé, de la réflexion et une grande connaissance de l'anatomie comparée pour saisir ces rapports fugaces entre la série des vertébrés et celle des invertébrés. Rien n'excuse donc cette appellation commune donnée à des êtres qui n'ont entre eux rien de commun, sinon qu'ils vivent dans le même élément ; mais autant vaudrait alors donner le même nom à tous les animaux qui vivent sur la terre.

Cette distinction, entre les poissons et les habitants inférieurs des eaux, est d'autant plus importante, que la présence des vertèbres ne constitue point une simple circonstance anatomique : à cette structure plus compliquée, se rattachent une intelligence plus grande, des instincts plus élevés, une force relativement plus considérable et des mœurs plus dignes d'intérêt.

Les poissons, comme nous l'avons dit, ont donc un

cerveau, c'est-à-dire une masse centrale de matière pulpeuse et un tronc principal du système nerveux, enfermés dans une gaîne osseuse, articulée, qui composent le crâne et la colonne vertébrale. Les animaux vertébrés ont, en outre, d'autres caractères qui les distinguent : le sang rouge, un cœur musculaire, des sens distincts, une bouche pourvue de deux mâchoires qui se meuvent verticalement, et des membres dont la forme se modifie, mais qui n'excèdent point le nombre de quatre. Ces derniers se modifient surtout en vue des différents milieux dans lesquels doit s'accomplir leur existence. La main de l'homme devient griffe chez les animaux qui ont besoin de s'accrocher à la terre en marchant ou de déchirer leur proie, — aile chez les oiseaux qui doivent frapper l'air, — nageoire chez les poissons qui sont destinés à saisir l'eau.

L'analogie entre l'oiseau et le poisson devait frapper les poëtes, les peuples naïfs, les sauvages — ces enfants de l'humanité. Le poisson est un oiseau organisé pour vivre dans l'eau. Ses nageoires sont de véritables ailes conformées de manière qu'il puisse voler dans l'élément liquide comme d'autres volent dans l'océan de l'air.

C'est parmi ces animaux — les poissons — qu'on rencontre la plus grande variété de formes. Ces formes si diverses se rapportent, néanmoins, à quelques-unes des espèces les plus communes qui naissent et vivent dans nos climats : — l'anguille, la plie et la merluche. Quelques poissons ont un aspect si étrange et si grotesque, qu'on leur a donné, dans diverses langues, le nom de *violons*, de *rubans-rouges*, de *marteaux*, pour indiquer leur ressemblance avec des objets bien connus et créés par la main de l'homme.

Il y en a qui ont le don de varier, en quelque sorte à plaisir, la forme de leur corps. Tels sont le diodon, le poisson-globe, qui, en avalant l'air, peut s'enfler à volonté comme un ballon. L'air passe dans le premier estomac, qui occupe la cavité inférieure du corps. Cette partie, ainsi ballonnée, devient la plus légère ; elle prend, alors, le dessus, et le poisson flotte à la surface de l'eau, dans une position renversée. Pendant que cet aérostat des eaux flotte ainsi sans effort, il se trouve en sûreté contre les attaques de tous ses ennemis ; car, grâce à la faculté qu'il a de distendre sa peau, les nombreuses épines dont il est hérissé se dressent, et présentent de tous côtés un front de défense aux assaillants. Cuvier doutait que le diodon pût nager dans cette position formidable ; mais les observations de M. Darwin, un Anglais, ont montré que, non content de s'avancer ainsi en droite ligne, ce poisson pouvait encore se tourner d'un côté et de l'autre. Outre gonflée de vent, hérisson des mers, le diodon est une des plus curieuses figures de l'abîme, sinon une des plus effrayantes.

I

ÉCAILLES

Une des plus intéressantes particularités dans l'arrangement des poissons, c'est leur robe. Les mammifères ont des poils : ainsi le veut l'ensemble des circonstances extérieures dans lesquelles ils se meuvent ; les oiseaux ont des plumes : c'est le vêtement qui convient à des créatures destinées à vivre dans l'air; les poissons, eux, ont des écailles.

Cette dernière couverture se trouve merveilleusement appropriée à l'élément dans lequel la nature a plongé l'existence des animaux nageurs. Les anciens, pour le dire en passant, faisaient médiocrement preuve de leurs connaissances en histoire naturelle, lorsqu'ils prêtaient des cheveux à leurs sirènes. Les cheveux ne résisteraient point à l'action des eaux, et il est permis de croire qu'au bout d'un certain temps, ils se transformeraient en écailles. Le merveilleux a ses lois, je le sais, qu'on ne doit point comparer aux méthodes de la science; mais il est des rapports dont l'imagination humaine ne s'éloigne qu'en tombant dans l'absurde et dans l'invraisemblable.

La plupart des poissons sont donc recouverts d'écailles qui diffèrent beaucoup dans la forme, mais qui se ressemblent assez dans chaque espèce particulière pour nous fournir un moyen de distinguer chacune d'elles. Celles de ces écailles qui se prolongent en une ligne bien marquée des deux côtés du corps, sont percées d'un petit trou qui, en fait, n'est que l'extrémité d'un tube.

A travers ces orifices, l'animal sécrète une sorte de mucus ou de chaux. Ainsi se forme un vêtement qui recouvre le corps du poisson et qui diminue la friction lors de son passage à travers les eaux. Ces ouvertures sont généralement plus grandes et plus nombreuses vers la tête que dans toute autre partie de l'animal; on peut admirer, dans cet arrangement, une des plus belles dispositions de la nature. Que l'animal habite les rivières ou les lacs, le courant de l'eau dans un cas, la marche du poisson dans l'autre, à travers la masse du liquide qu'il déplace, porte cette sécrétion en arrière, et la répand sur toute la surface du corps. On ne pourrait imaginer un moyen de défense plus simple ni plus efficace contre la résistance des milieux que le poisson traverse pour chercher sa nourriture.

Ces écailles sont quelquefois marquées de petites lignes, elles possèdent un éclat métallique et déploient une variété de couleurs qui font de ces humbles créatures un objet de luxe. Que de fois j'ai passé des heures entières sur le bord des rivières paisibles ou des étangs solitaires, regardant les poissons sauter hors de l'eau et présenter au soleil, dans un bond, dans un éclair, leur robe lamée d'or, d'argent et d'azur !

Le lustre brillant des poissons à écailles est dû à un mécanisme ingénieux. Les écailles des poissons sont transparentes ; leur apparence métallique tient à une mince membrane qui recouvre le dessous de chaque écaille et qui est entièrement formée de spicules. On peut s'en assurer en enlevant au poisson une certaine quantité d'écailles et en les agitant dans l'eau avec un bâton, de manière à détacher les membranes. L'eau contiendra alors des milliers de spicules mouvantes, que l'on peut distinguer aisément à l'œil nu sous un rayon de soleil. Les écailles du saumon se prêtent mieux que d'autres à cette expérience, attendu qu'elles sont larges et qu'elles se détachent aisément. Grâce à ce mécanisme si simple, les vastes mers nourrissent dans leurs eaux des tribus d'êtres appropriés à cet élément, et qui ne sont guère inférieurs, pour la variété des formes, pour la richesse des couleurs, pour la grâce des mouvements, aux habitants de l'air, si admirés—si admirables—mais qu'il serait injuste d'admirer seuls.

Sans quitter nos rivages, nos mers pour ainsi dire natales, l'ichthyologiste peut déjà se procurer une foule de jouissances ; que sera-ce s'il a l'occasion de voyager ? Si son regard s'étend sur les autres mers (et il peut faire cela dans nos établissements publics, dans nos musées d'histoire naturelle), il découvrira un nouvel horizon de la vie des eaux, de nouvelles merveilles. Avec d'autres formes, se présentent à lui d'autres vêtements. L'ostracion, par exemple, au lieu d'être revêtu d'écailles flexibles, est enveloppé dans une couverture de plaques osseuses solidement attachées les unes aux autres, et qui rappellent un pavement formé de pièces en marqueterie. Si même nous jetons un regard rétrospectif sur les anciens âges du monde, nous verrons que plusieurs des primitifs habitants des mers, dont les restes se retrouvent incrustés dans les roches neptuniennes, avaient des cottes de mailles qui n'étaient point formées d'os, mais d'émail.

II

LES SENS DES POISSONS

Le toucher — le goût — l'odorat — la vue — l'ouïe.

Si, de la surface des poissons, nous passons à l'organisme intérieur, le champ des observations s'étend et de nouvelles merveilles se dévoilent. Quiconque tient à comprendre tout ce qui vit, se demandera de quels sens jouissent ces muettes créatures, plongées dans un autre élément que le nôtre.

Le sens du toucher se trouve nécessairement réduit chez la plupart des poissons, couverts comme ils le sont de leur vêtement écailleux. Il faut pourtant excepter

certaines familles, dont les longues antennes se trouvent
placées vers la bouche. Ces appendices délicats forment
des organes du toucher : les espèces qui en sont pourvues se trouvent capables de reconnaître, jusqu'à un
certain point, la qualité des différentes substances avec
lesquelles le hasard les met en contact. Un tel appareil
présente une analogie de fonctions avec le bec de certains oiseaux nageurs ou échassiers. Une distribution
particulière des rameaux nerveux met l'un et l'autre organe, dans les deux cas, à même de *pressentir* la nourriture mieux et de plus loin que ne pourrait le faire l'œil
de ces animaux.

On doit encore admirer ici la prévoyance de la nature :
les poissons, cherchant leur nourriture dans les eaux, à
de très-grandes profondeurs, où la lumière ne descend
pas, ont reçu, par manière de compensation, un autre
sens qui remplace le sens de la vue.

Mon Dieu ! que tout cela est bien fait ! L'exclamation
est naïve, je le sais, et peu nouvelle ; mais c'est la seule
que m'arrache éternellement la vue du spectacle de
l'univers.

Comme les poissons saisissent leur proie avec la
bouche et la retiennent jusqu'à ce qu'ils l'aient absorbée ; comme, d'un autre côté, la bouche reçoit en même
temps un courant d'eau par les branchies, ces créatures
ne peuvent guère se livrer aux plaisirs de la mastication.
Les poissons exercent donc assez peu le sens du goût.
Il ne faudrait pourtant point en conclure que ce sens
n'existe pas : la finesse relative du goût est indiquée,
dans certaines espèces, par la structure de la peau qui
recouvre le palais, et par l'abondance des nerfs qui s'y
rendent. Quoi qu'il en soit, le poisson se montre plutôt
vorace que gourmand. Sous ce rapport du moins, il est

pauvre au milieu des richesses et des provisions abondantes de l'Océan; car le vrai pauvre (sous le rapport du goût) n'est pas encore celui auquel manque l'occasion d'assouvir sa faim, c'est celui qui manque des organes nécessaires pour apprécier les délicatesses de la nourriture. J'ai connu un riche qui était indigent, au point de vue de la table : ayant amassé sa fortune à la sueur de son front et par une suite de privations continues, il en était venu à ne découvrir aucune différence entre le pain, dont il mangeait abondamment, et les mets les plus exquis. Le goût était réduit, chez lui, par l'habitude, aux conditions du poisson.

Le sens de l'odorat paraît être, au contraire, très-raffiné et très-parfait chez les habitants des eaux. On a dégagé cette opinion de l'examen des nerfs olfactifs, qui se montrent chez eux très-développés, et de l'étude de leurs mœurs. M. Jesse avait nourri des poissons dans un bassin, avec l'intention de faire des expériences à cet égard : il a reconnu que ces animaux préféraient de la pâte et des vers qui avaient été préparés avec certains parfums. Cette circonstance n'est point inconnue aux pêcheurs à la ligne : quelques-uns d'entre eux trempent leurs amorces dans des substances odorantes, pour allécher d'autant mieux l'appétit des poissons sybarites.

On a mis en question l'existence du sens de l'ouïe chez les poissons, et, en effet, l'anatomiste ne découvre, chez eux, aucun organe extérieur qui ressemble à une oreille. L'observateur que nous venons de citer, M. Jesse, assure qu'il a vu des poissons se mouvoir soudain au bruit d'un coup de fusil, quoiqu'il leur fût impossible de voir le feu. On rapporte aussi que les Chinois avertissent les poissons rouges, en sonnant l'heure du repas avec un sifflet. J'aurai l'occasion de revenir sur ces faits,

en y mêlant mes observations personnelles; il me suffira
de dire ici que, si les poissons entendent, ils n'entendent
pas, du moins, à notre manière. La mer est le royaume
du silence, et l'organisme des poissons se trouve assorti
aux conditions de leur élément. Ils perçoivent, non pas le
bruit, mais l'agitation qui est la conséquence du bruit.

Si les poissons se montrent les sourds-muets de
l'abîme, ce sont, en revanche, d'admirables voyants. Le
sens de la vue existe chez eux à l'état de perfection; mais
les lentilles des yeux se modifient pour se mettre en
rapport avec l'intensité du milieu au travers duquel
doivent passer les rayons du jour. En général, l'œil est
plus rond que chez les habitants de l'air ou de la terre,
la pupille est large, de manière à recevoir la plus grande
quantité possible de fluide lumineux. Tels sont les arrangements établis par la nature, dans tous les cas où le
sens de la vision peut s'exercer; mais cette mère économe,
qui ne donne rien en vain, a retiré aux espèces qui vivent dans les repaires ténébreux des eaux une faculté
dont ceux-ci n'auraient que faire.

Nous en avons plus d'un exemple. Au Kentucky, il est
une caverne connue, à cause de ses dimensions considérables, sous le nom de *Cave de Mammouth*. Elle s'é-
tend, dit-on, à plus de vingt milles, et a été creusée par
l'action lente, mais constante, d'un fleuve souterrain. Une
expansion de ce fleuve forme, à environ quatre milles
de l'entrée, un lac qui n'a jamais vu le jour. Ici, le sens
de la vue serait inutile : attendez-vous donc à trouver
que les poissons, habitants de ces eaux mornes et
obscures, soient privés d'yeux; — ou, pour parler plus
correctement, que l'organe existe seulement, chez eux, à
l'état rudimentaire. Et, pourtant, ces aveugles sont diffi-
ciles à prendre, tant l'acuité du sens de l'ouïe supplée

avantageusement, chez eux, à la perte plus ou moins complète du sens de la vue. — Je dis l'ouïe pour me conformer à l'opinion générale ; mais on verra plus tard que l'ouïe des poissons n'est qu'un développement du toucher.

Les yeux des poissons présentent quelques particularités frappantes. Ils sont privés de cils proprement dits, quoique, chez quelques-uns, — le chien de mer, par exemple, — on rencontre un repli de la peau qui en fait la fonction. Comme l'œil du poisson est sans cesse baigné par l'eau qui l'environne, la glande qui fournit à cet organe, chez les autres vertébrés, une humidité constante, ne devient plus nécessaire : donc, elle n'existe pas. Les couleurs des yeux sont, chez les poissons, d'une grande beauté, variant du noir au bleu, au rouge, au jaune, à l'orange, avec une richesse de teintes inépuisable.

L'œil des poissons n'a-t-il point de glande lacrymale parce que ces créatures sont destinées à vivre dans l'eau, ou cette glande n'existe-t-elle point parce que, les poissons vivant dans l'eau, elle n'a eu aucune raison de se développer ? — C'est là une question sur laquelle de graves naturalistes discutent et discuteront encore longtemps. Je passe.

III

SYSTÈME LOCOMOTEUR DES POISSONS

Vessie natatoire.

Nous venons d'étudier les sens des poissons, et nous avons reconnu que l'ensemble de leurs moyens de communication avec le monde extérieur se trouvait modifié par l'élément qu'ils habitent. Voyons, maintenant, leur système de locomotion. Les poissons doivent à certaines particularités de structure, la faculté dont ils jouissent de se mouvoir au sein des eaux, avec autant d'aisance que le faucon ou l'hirondelle tracent leur course dans l'océan de l'air. Notre attention doit se porter tout d'abord sur la pesanteur spécifique du poisson, comparée à celle du milieu dans lequel il vit. Cette pesanteur est à peu près la même, dans les deux cas, ou, en d'autres termes, le poids du corps du poisson est à peu près égal au volume d'eau qu'il déplace. Cela étant, si la gravité augmente, le poisson descendra nécessairement, sans aucun effort musculaire; ou bien, si cette gravité diminue, le poisson deviendra plus léger que l'eau et montera, par conséquent, à la surface. Il nous suffira, maintenant, d'appliquer ces principes au mécanisme en vertu duquel l'animal s'élève ou plonge à volonté. C'est un sac membraneux, placé à la partie inférieure de la colonne vertébrale, et qui est connu sous le nom de *vessie à air*. Cet organe varie beaucoup de forme : quelquefois il se compose de deux ou trois sacs, avec de petites ouvertures

qui établissent entre eux une communication — ou avec
des divisions tout à fait séparées — ou avec des prolon-
gements. Mais, quelle que soit la forme, la fonction reste
toujours la même : il s'agit, dans tous les cas, de ménager au poisson le moyen de régler à volonté la pesanteur
spécifique de son corps.

Ce mécanisme n'est pourtant pas universel, il s'en faut
de beaucoup, dans le monde des poissons. On ne le
trouve point chez la plie, le turbot, la sole et d'autres
poissons plats. On peut dire que ce merveilleux appareil
ne leur a point été donné, parce que les espèces que je
viens de nommer vivent près du fond de la mer, et qu'il
a été réservé à celles qui ont l'habitude de monter et de
descendre. Mais cette explication n'est point bonne; les
anguilles, qui vivent près de la terre, ont la vessie à air
bien développée, tandis que le mulet rouge, qui n'a
point cette membrane, nage et ressemble, dans toutes
ses habitudes, aux poissons qui sont mieux pourvus que
lui sous ce rapport. Il y a mieux : des deux espèces de
maquereaux qui se rencontrent sur nos côtes britanniques, l'une a une vessie à air, l'autre n'en a pas; eh
bien, toutes les deux nagent près de la surface avec la
même aisance, la même agilité. La science a trop abusé
des causes finales. Admirons les intentions de la nature
quand il lui plaît de nous les révéler d'une manière évidente; mais sachons respecter, en silence, ses desseins
quand elle les cache, et surtout ne lui prêtons pas nos
vues.

Le poisson nage, comme l'oiseau vole, avant tout et
surtout, parce qu'il a le moyen de se rendre plus léger
que le milieu dans lequel il s'élève. Comme l'oiseau encore, il a reçu des membres extérieurs pour diriger ses
mouvements. Ces membres consistent en une queue et

26.

des nageoires. Par queue, il faut entendre non-seulement l'extrémité du corps, mais aussi le lambeau de
dentelle par lequel cette extrémité se termine. Ce dernier
appendice est, en effet, l'organe le plus puissant de la
locomotion. Il agit sur l'eau comme la rame du batelier,
lorsqu'il fait avancer sa petite chaloupe par ce mouvement alternatif de l'aviron qu'on appelle godille. A la
queue revient donc l'honneur de ces ébats, si souples,
si agiles, si soyeux que le poisson exécute, pour ainsi
dire, en riant. Il est vrai que l'animal est aidé, dans ces
tours de force et ces manœuvres, par la flexibilité de sa
colonne vertébrale. Les nageoires (car il ne faut être injuste envers aucun des instruments) ont aussi leur part
d'action dans la marche du poisson à travers l'eau.
Celles qui sont situées sur les parties supérieures ou inférieures du corps secondent les mouvements de la queue,
ou s'associent aux nageoires placées plus près de la tête
pour retarder, arrêter ou changer la direction de la
course. Ainsi, avec cette incomparable machine hydrau-
lique, le poisson traverse, comme un trait, les espaces
liquides, paraît et disparaît dans un éclair, monte et descend comme un ballon, glisse plutôt qu'il ne court, et
laisse bien loin derrière lui, sur les mers, les élans les
plus fabuleux de la vapeur.

IV

RESPIRATION AQUATIQUE. — NOURRITURE DES POISSONS

Nous savons maintenant comment se meut le poisson ;
mais comment respire-t-il ? Le cœur des poissons ne se

compose que de deux cavités. Il reçoit le sang qui a cir-
culé dans tout le système et le pousse vers les branchies.
Ces branchies, en forme de croissant, de chaque côté,
sur le derrière de la tête, sont les grands foyers de la
respiration chez des êtres qui respirent autrement que
nous. L'eau entre dans la bouche de l'animal, et en
sort, en passant entre ces croissants; là, — c'est-à-dire
dans les branchies — le sang se vivifie au contact de l'air
qui se trouve répandu à travers l'eau; car la délicate
membrane qui soutient les ramifications des vaisseaux
veineux n'oppose aucun obstacle à la libre action de
l'oxygène sur le sang impur ou carbonisé. Le poisson
meurt hors de l'eau, parce que les branchies se sèchent
à l'air libre, et que l'animal n'a plus alors le moyen
d'exercer cet instrument délicat qui a été calculé pour
un milieu déterminé. La situation d'un poisson, brus-
quement lancé hors de son élément, est semblable à celle
d'un être organisé pour respirer l'air et qu'on mettrait
sous la machine pneumatique : l'un et l'autre meurent
par asphyxie. Le vide se fait de deux manières : dans le
premier cas, par l'absence de l'air; dans le second, par
défaut des moyens organisés pour le recevoir.

L'eau est l'atmosphère du poisson et elle exerce, sur
tout l'organisme de l'animal, les mêmes influences que
détermine l'océan de l'air dans lequel nous vivons plongés. On a vu, dans certains étangs, la population nageante
périr presque tout entière par suite d'un changement
trop brusque, survenu dans la température des eaux
nouvelles qui venaient remplacer les anciennes. Nous
sommes peu familiarisés avec les maladies des poissons;
mais nous en savons assez pour conclure que les causes
qui altèrent subitement la masse du liquide, produisent,
sur la vie animale, des effets analogues à ceux des agents

météorologiques, par lesquels notre milieu respirable se
trouve quelquefois vicié ou modifié.

La nourriture des poissons est très-variée. Quelques-
uns d'entre eux vivent sur les végétaux marins. Un genre,
le *scarus*, broute les polypes vivants qui construisent
les récifs de corail au sein des eaux. Comme ces polypes,
touchés par leur ennemi, se retirent au fond des cavités
en forme d'étoiles qui leur servent de retranchement, le
susdit poisson est pourvu d'un appareil dentaire tout
particulier, assez puissant pour détruire, en la broyant,
la forteresse de ses victimes. D'autres mangent les corps
des animaux morts avec autant d'avidité que les proies
vivantes. Les étoiles de mer, les crustacés, les mollusques, ceux du moins qui ne sont pas trop volumineux
ni trop bien défendus, constituent la substance alimentaire des vertébrés aquatiques. L'empire des eaux, si par
empire on entend la destruction, a été donné aux poissons, comme l'empire de la terre a été donné à l'homme.

Je dois ajouter, à regret, qu'ils se nourrissent sur les
animaux jeunes ou plus faibles de leur propre classe.
Le tigre épargne son semblable; le poisson n'épargne
pas le poisson. Les naturalistes ont cru découvrir un
bienfait de la Providence dans cette voracité des cannibales à nageoires. Les mers, disent-ils, peuplées par
des multitudes d'êtres vivants, offriraient à la longue
le spectacle de la disette, de l'amaigrissement et de la
mort, si la nature n'avait inventé un moyen pour réprimer cette abondance stérile. La nature veut la fécondité,
mais non la fécondité de l'avortement. Ils ajoutent que
cette vie aventureuse est une source de jouissances.
Quand le poisson échappe au danger, il éprouve un sentiment de bien-être; quand il y succombe, son destin
est bientôt terminé. Je ne sais si ces savants optimistes

n'ont point apprécié les faits à leur point de vue, et si les poissons, consultés, surtout les faibles et les désarmés, seraient précisément de leur avis. Contentons-nous d'indiquer la loi : la vie se nourrit de la vie. Cela est ; donc, cela doit être.

Respectons en silence cet arrêt de la nature. Puisque le sacrifice est nécessaire, la mort la plus prompte, quoique violente et terrible, est certainement la meilleure. Nous devons donc admirer, d'un côté, la main qui a peuplé les eaux avec une profusion si libérale, et, de l'autre, la main qui anéantit sous tant de formes, puisque cet anéantissement si sûr, si rapide, conserve l'immortalité des espèces créées.

Les poissons, ces êtres plus ou moins omnivores, ont reçu des dents en rapport avec la férocité de leurs appétits. A la simple vue de ces armes, nous pouvons reconnaître tout de suite que nous sommes dans une nouvelle contrée de la vie. Les dents des poissons sont organisées pour saisir leur proie, et pour retenir leur victime réluctante ou glissante, jusqu'à ce qu'ils l'aient avalée. Par le nombre, par la forme, par la substance, par la structure, par la situation, par le système d'attaches, les dents des poissons se montrent merveilleusement adaptées aux vues de la nature ; elles présentent des modifications plus variées, plus frappantes que chez aucune autre classe d'animaux. Les dents de quelques poissons, celles du mulet rouge, par exemple, sont si fines, si bien rangées, qu'on les sent plutôt qu'on ne les voit : elles ont été comparées à de la peluche ou à du velours. D'autres, un peu plus dures, ressemblent aux crins d'une brosse molle. D'autres, plus fortes, sont comme les poils d'un sanglier hérissé. Il y en a qui sont crochues. On en trouve qui, comme celles des brochets, ont la forme des canines chez les quadrupèdes carnivores. Enfin, il y a des espèces chez lesquelles on remarque des molaires elliptiques, oblongues, carrées ou triangulaires. Les raies, notamment, ont un râtelier qui leur permet de percer, de couper et de retenir leur victime. Le nombre de ces armes varie autant que la forme. Les uns n'ont pas de dents; le poisson-loup, au contraire, a le palais tellement pavé de dents, qu'il met les coquilles en pièces et dévore les animaux qui s'y trouvent. Il sépare si bien le contenant du contenu, que la nourriture peut, sans autre préparation, être confiée à l'estomac. Chez tous les poissons, les dents tombent et se renouvellent, non-seulement comme chez les mammifères, à un certain âge de la vie, mais plusieurs fois, et une à une, durant toute la durée de leur existence. Les poissons font des dents à tout âge : circonstance qui arrachait, dans un cours public, à une dame de quarante ans environ, l'exclamation suivante : « Ils sont bien heureux! »

V

LES OEUFS DES POISSONS

Quelques poissons, mais en petit nombre, sont vivipares. La règle générale est que les poissons se reproduisent d'œufs déposés par la femelle et fertilisés par le mâle. On a reconnu, par l'expérience, que la semence des deux sexes, prise sur des individus morts et mêlée ensemble dans l'eau, pouvait, dans certaines circonstances favorables, produire des petits. Ce fait explique

comment, dans les Indes, des étangs parfaitement des-
séchés, au point que la vase en était dure, ont été, de
nouveau, après la saison des pluies, habités par des
poissons, sans que la main de l'homme soit intervenue
pour les repeupler. Les œufs imprégnés étaient restés
dans la vase durcie pendant que l'étang était à sec; mais
la vitalité n'était point éteinte — elle était seulement
suspendue — et les petits naquirent sous l'influence
de conditions favorables à leur développement, lorsque
les cataractes du ciel se rouvrirent. L'action des causes
naturelles suffit dans ce cas, comme toujours, à inter-
préter des phénomènes qu'on avait voulu couvrir sous
le nuage du merveilleux.

Comme tous les animaux — et surtout comme tous
les animaux inférieurs — le poisson est égoïste. Ainsi
l'a voulu la nature, la prévoyante nature. Il fallait un
instinct, l'amour de soi, qui, en conservant les individus, assurât la conservation de l'espèce. Il y a pourtant
une occasion dans laquelle cet égoïsme se dément : c'est
quand il s'agit d'entretenir la perpétuité de la race. Les
poissons veulent qu'il y ait toujours des poissons dans
les eaux, et chaque espèce réclame en particulier pour
elle-même ce privilége, la continuité de la vie animale.
Il n'est point alors de privations, de déplacements, de
sacrifices, dont ces humbles créatures ne se montrent
capables pour assurer le bien-être de leur postérité. Ce
sentiment est d'autant plus admirable, qu'il se montre
plus désintéressé. Chez les mammifères et chez les
oiseaux, le père et la mère se trouvent en quelque sorte
récompensés de leurs peines, de leurs soins, de leurs
souffrances, par les jouissances attachées à l'exercice
d'un devoir naturel. Ils voient, ils caressent, ils aiment
leurs petits et en sont aimés. Mais le poisson, lui (et

c'est ici le sublime du genre), se dévoue à une famille qu'il ne connaîtra même point.

Cet amour, non des individus mais de la race, non des enfants mais de la progéniture, est si puissant, si caractéristique chez les poissons, qu'il les invite à changer, au moins une fois dans l'année, leurs mœurs, leurs habitations, leur manière de vivre. Cet instinct leur fait transgresser, provisoirement, il est vrai, les ordres de la nature touchant la distribution des espèces.

VI

DISTRIBUTION GÉOGRAPHIQUE DES POISSONS

A propos de chaque classe d'animaux — les mammifères, les oiseaux, les reptiles — nous avons eu l'occasion d'étudier une des plus belles et une des plus constantes lois de la nature, l'adaptation de la vie aux différents climats. Ces rapports généraux, ces harmonies entre les divers milieux géographiques et les formes organisées n'éclatent nulle part si visibles que dans l'histoire naturelle des poissons. Et ici, encore, la limitation de l'espèce à un coin de l'espace a lieu de nous surprendre. L'oiseau a ses ailes, mais le poisson a ses nageoires, véritables rames vivantes qui lui permettent de nager en peu de temps à des distances considérables. En principe, l'abîme n'a point de profondeurs, pas de degrés de longitude et de latitude que le poisson ne puisse aisément atteindre.

Je dois même avouer que l'existence de certaines tribus aquatiques se trouve distribuée sur une plus

vaste échelle que celle des autres animaux. Mais tant
s'en faut que la condition de ces bohémiens des mers
soit l'ubiquité. Les plus nomades d'entre les poissons,
ceux dont l'organisme paraît le mieux s'accorder aux
changements de climat et aux variations dans la température des eaux, rencontrent néanmoins une ligne sur
laquelle il est écrit : « Vous n'irez pas plus loin! » Qui
a écrit cela? Sans aucun doute, la main qui a tracé
toutes choses, et le mouvement des astres dans le ciel, et
le cercle de chaque existence sur la terre. Tout ce qu'il
nous est donné de voir, à nous autres pauvres mortels,
c'est la pointe de ce compas dont les branches se déro-
bent au delà des nues.

Quand j'étais à Marseille, un fait m'étonna : c'est que
la plupart des poissons qui abondent dans l'Océan, tels
que le hareng et la sardine, ne se rencontrent point dans la
Méditerranée, et que ceux qui vivent dans les deux mers
se montrent généralement pauvres, amoindris, dégradés,
dans cette masse d'eau bleuâtre (*cæruleum mare*) que
Napoléon appelait un lac français. La Méditerranée a,
en revanche, d'excellents poissons qui lui sont propres : on y pêche, en grande quantité, l'anchois, le thon
et d'autres espèces qui sont inconnues dans l'Océan. Les
côtes de Nice ont été explorées par Risso : cet ichthyologiste en a comparé les produits avec ceux des côtes
baignées par les eaux océaniques, et il les a trouvés
très-différents. Sur plus de cent cinquante espèces exa-
minées avec soin sur les côtes de la Sicile, il n'y en a
pas plus d'un tiers qui appartiennent aussi à l'ichthyologie de la Bretagne et du nord de l'Europe. On y trouve,
au contraire, une espèce locale, l'*ammodytes siculus*,
mais si abondante, qu'elle nourrit, dans certaines saisons, tous les habitants de Messine ; sa chair est déli-

cate et savoureuse. Je ne m'étonnerais point des différences qui existent entre la population de l'Océan et
celle de la Méditerranée, si les deux mers se trouvaient
séparées par une barrière; mais il existe, au contraire,
une communication entre elles par le détroit de Gibral-
tar. Comment se fait-il alors qu'un petit nombre d'espèces s'engagent dans ce détroit et que les autres ne le
franchissent pas? Ce ne sont, certes, pas les moyens de
locomotion qui leur manquent; car le hareng est un des
plus intrépides voyageurs; on pourrait le comparer à l'hirondelle pour l'agilité de sa course. Il y a, certainement,
une loi qui détermine ces points d'arrêt; mais une telle
loi est difficile à pénétrer. Je ne crois point qu'il y ait,
dans les eaux du détroit, une colonne sur laquelle la
nature ait écrit en caractères mystérieux : « Ici l'on ne
passe pas! » mais la plupart des poissons agissent
comme si cette inscription existait.

L'existence des différentes tribus aquatiques se meut
dans des espaces déterminés, quelles que soient, d'ailleurs, la puissance de leurs nageoires et l'étendue de
leurs migrations. Comme les animaux terrestres, les
poissons subissent l'influence des divers milieux géographiques dans lesquels la main de la nature les a
distribués. L'action du soleil, de la lumière, de la chaleur les atteint jusque dans l'abîme des eaux, les peint
de couleurs plus ou moins vives, les enrichit d'ornements plus ou moins capricieux. Comme sur la terre,
les grands mammifères vivent dans les grands continents, de même les espèces ichthyologiques d'une
taille considérable se meuvent dans les mers ouvertes.

Les poissons sont destinés à peupler les rivières, les
lacs, les mers, et ces différents théâtres leur impriment des

mœurs, des habitudes, des formes différentes. Ils résistent aux températures les plus extrèmes. On a trouvé, à
Manille, des poissons dans une source chaude qui faisait
monter le thermomètre à 187 degrés, et, en Barbarie, dans
une autre source dont la température habituelle était de
172 degrés. Humboldt raconte que, durant ses voyages
dans l'Amérique tropicale, il a vu des poissons vomis
tout vivants du fond d'un volcan qui faisait explosion.
Ils étaient mêlés à des eaux où le thermomètre s'élevait à
210 degrés, à deux degrés du point où l'eau entre en ébullition. De telles observations, faites dans des circonstances particulières, ne déterminent, d'ailleurs, en rien
la température des sources dans lesquelles ces mêmes
poissons vivent habituellement.

On rencontre ces créatures dans d'autres conditions
qui forment avec les premières un contraste saisissant.
Certains poissons ont été trouvés sous les températures
les plus basses. Lorsque l'action vitale est suspendue
par un excès de froid et que le poisson se trouve, pour
ainsi dire, congelé dans une masse de glace, l'existence
de l'animal ne semble point pour cela éteinte à jamais :
à mesure que la glace fond, le mort provisoire revient à
la vie. C'est ainsi que, dans les contrées du nord de l'Europe, on transporte, d'un lieu à un autre, la perche et les
anguilles pendant que ces animaux sont réduits par le
froid à l'état d'insensibilité.

Souvent, la même espèce (et c'est ici le fait le plus
surprenant) se montre capable d'endurer les deux extrèmes de l'échelle thermométrique. Le poisson rouge ou
doré, dont nous reparlerons en temps et lieu, prospère dans
des eaux dont la température s'élève à 80 degrés, et on l'a
vu résister à des températures très-basses. L'un d'eux,
enveloppé quelque temps dans un glaçon solide et pétri-

fié lui-même par le froid, reprit, peu à peu, le mouvement
et la vie après avoir été exposé à la chaleur.

Les recherches des naturalistes ont démontré que certains poissons ne sont pas seulement limités à certaines
patries géographiques, mais qu'ils habitent, de plus, à des
profondeurs diverses, les différentes mers. Les uns se
rencontrent plus habituellement vers la surface ; d'autres
cherchent leur nourriture au fond de l'abîme ; il en
est, enfin, qui occupent des situations intermédiaires.
Ainsi, tous les étages de la grande eau sont occupés par
la vie.

« Libre comme l'oiseau, » dit le proverbe : on pourrait aussi bien dire : « Libre comme le poisson ; » car, si
les poissons ne sont pas les maîtres de leurs mouvements, qui le sera ? S'ils ne jouissent pas pleinement de
la liberté d'aller et de venir, qui en jouira ? Pourvus d'un
corps qui est en lui-même une machine locomotive parfaite, d'une queue vigoureuse qui fait l'office de piston,
d'une énergie cérébrale qui leur tient lieu de vapeur, ils
semblent être formés pour dominer l'espace. La mer
s'offre à eux comme une immense voie de communication, une sorte de railway qui mène et qui conduit à
tout. Eh bien, en fait, cette liberté est, je le répète, très-
restreinte. M. Edward Forbes, naturaliste anglais, a
démontré que l'océan Atlantique pouvait être divisé, au
nord, en certaines provinces zoologiques ; que chacune
de ces provinces avait une population caractérisée par
certains traits, et que les limites des grandes pêcheries
européennes étaient dessinées par la circonscription de
ces provinces naturelles.

VII

PRODIGIEUSE FÉCONDITÉ DES POISSONS : PAR QUELLES LOIS CETTE FÉCONDITÉ EST-ELLE RESTREINTE ?

Qui a jamais réfléchi à l'ensemble de la vie animale que l'Océan recèle dans ses diverses zones de profondeur et sous ses différents degrés de longitude et de latitude? Comptez plutôt les grains de sable que le vent soulève dans le désert ; comptez plutôt les étoiles du ciel. Si nous considérons en même temps que le plus grand nombre des jeunes poissons n'atteignent jamais l'état de maturité, mais qu'ils forment la pâture de voisins plus forts, il deviendra évident pour nous que le frai devait être produit en quantité suffisante pour résister à cette destruction énorme, incessante, inimaginable. Il fallait, en outre, qu'il y eût, parmi eux, un certain nombre d'individus qui trouvassent le moyen d'échapper aux dangers, de grandir, et qui, par la déposition des œufs, empêchassent les espèces de s'éteindre. Ce qui devait être est. Ici, comme dans les autres départements de la vie, celui qui a construit le mécanisme des choses, a établi que la production continuelle se trouverait à même de lutter, par son abondance, contre les causes de perpétuelle destruction. La perte de la graine vivante est considérable; mais la main qui sème est plus libérale et plus large que les forces négatives de l'abîme ne sont absorbantes.

Le nombre des œufs que produisent quelques-uns des poissons nés sur nos côtes est si énorme, que ce nombre semblerait fabuleux, sans les expériences positives des témoins oculaires. M. W. Thompson a trouvé 104,935 œufs dans un *cyclopterus lampus* de quinze pouces de long. Une seule morue, dans une seule saison, dépose au sein des eaux neuf millions d'œufs — huit fois la population de Paris.

Une des admirables prévisions de la nature, c'est que les poissons très-destructeurs, comme en général tous les animaux de proie, ne se multiplient point, il s'en faut de beaucoup, dans une proportion comparable à celle des poissons inoffensifs. S'il en était autrement, la mer ne présenterait plus que l'image d'un champ de bataille, et, au bout d'un certain temps, elle serait entièrement dépeuplée. La nature a pris un soin particulier pour assurer la reproduction des espèces faibles, leur excessive fécondité étant à peu près la meilleure défense qu'elles puissent opposer aux attaques de leurs ennemis et la seule qui les sauve de l'anéantissement. Elle (c'est toujours la nature que je veux dire) semble, au contraire, avoir négligé les moyens en vertu desquels les poissons destructeurs se reproduisent et se continuent. Les œufs de notre requin britannique, par exemple, le chien de mer commun, sont simplement confiés à l'Océan ; et, pour les empêcher d'être portés çà et là au gré des vagues, ou jetés sur le rivage, ils ont reçu une forme particulière. Ces œufs sont d'une certaine consistance, lisses et cornés, de sorte qu'ils ne se laissent point aisément briser ni pénétrer par d'autres substances. La forme générale de ces œufs a été comparée à celle d'une taie d'oreiller, avec des cordons noués aux coins ; l'oreiller y inclus est le jeune requin. Ces appendices longs, frisés, tendonneux, s'attachent d'eux-mêmes aux herbes marines et fixent l'œuf comme un vaisseau à l'ancre. Afin que le petit requin puisse respirer, il y a une ouverture à chaque bout de la coquille de l'œuf (si l'on peut appeler coquille une enveloppe semi-cornée) ; à travers ce trou, l'eau passe en quantité suffisante pour renouveler le sang. Et, afin aussi que le poisson puisse s'échapper quand il aura acquis son développement, le bout de l'œuf situé vers la tête du requin, est formé de manière à s'ouvrir sous la moindre pression qui lui est communiquée de l'intérieur. Après le départ de l'animal nouveau-né, il n'y a point de changement extérieur dans la forme de l'œuf, car les parois en sont élastiques et se referment immédiatement.

Ces œufs vides ou ces enveloppes d'œufs, qu'on rencontre sur le bord de nos côtes britanniques, sont connus du vulgaire sous le nom poétique de bourses de sirènes.

VIII

POISSONS QUI CONSTRUISENT DES NIDS

En général, l'instinct des poissons envers leur progéniture se termine à la déposition du frai ; mais, si telle est la règle, cette règle souffre néanmoins des exceptions honorables. Les découvertes modernes ont confirmé l'assertion d'Aristote ; il existe, dans la Méditerranée, un poisson, le phycis, qui fait un nid et qui lui confie l'espérance de sa race. On ajoute que le mâle garde la femelle pendant qu'elle dépose les œufs dans le nid et le fretin pendant le développement de cette jeune famille. Le docteur Hankock a observé des habitudes semblables dans quelques poissons de Demerara, appelés hassars. « Le

mâle et la femelle restent, dit-il, tous les deux à côté du
nid pendant que le frai se couve ; et ils déconcertent, par
leur courage, les attaques des assaillants. » Aussi les nègres s'emparent-ils fréquemment du père et de la mère
en plongeant leurs mains dans l'eau près du nid. Au moment où ils agitent l'eau, le mâle fonce vaillamment sur
eux, et se fait prendre — martyr de son dévouement à
sa progéniture.

Mais nous n'avons pas besoin d'aller si loin pour
trouver des exemples de poissons qui bâtissent des nids,
et qui témoignent, à un degré remarquable, une solici-
tude touchante pour leurs petits. Sur nos propres rivages
— comme l'a prouvé M. Couch — il se construit des nids
dans lesquels les œufs sont déposés, et près desquels les
poissons adultes montent la garde jusqu'à ce que les
petits aient pris la clef des champs — je me trompe, la
clef des eaux.

Sous la forme d'un poisson, ces créatures-là ont le cœur
d'un oiseau.

IX

MIGRATIONS DES POISSONS

Les poissons exécutent deux grandes migrations an-
nuelles. Dans l'un de ces pèlerinages, ils quittent l'eau
profonde pendant quelque temps, et s'approchent des rivages bas ; dans l'autre, ils retournent à leurs retraites
inaccessibles. Ces mouvements se rattachent à l'acte de
la reproduction. Le frai doit naître à la vie, et les jeunes

poissons doivent passer une partie de leur première existence dans des situations différentes de celles qui conviennent à la maturité. C'est pour obéir à ces arrangements de la nature que la morue et la merluche, le maquereau et le hareng, abandonnent, chaque année, les parties les plus profondes et les moins accessibles de l'Océan, et déposent leur semence dans cette zone de végétation marine qui borde nos côtes. Parmi les abris que leur offrait, dans cette frange de verdure sous-marine, les bocages de fucus arborescents, les jeunes poissons aimaient autrefois à passer le temps de l'enfance dans la joie et le bien-être; mais, depuis que ces plantes ont été si souvent coupées pour fournir la matière première aux manufactures de soude, les pêcheries ont grandement souffert. Les tribus à nageoires qui habitent les lacs agissent comme les poissons de mer; elles quittent périodiquement les eaux profondes, et, pour obéir à la même loi, s'approchent des bords, où elles déposent leur frai. Nous devons ajouter que, dans les deux cas, un grand nombre de petits animaux habitent, durant cette saison de l'année, le voisinage des terres, et qu'ils constituent, pour les jeunes poissons, la nourriture la plus délicate.

Plusieurs espèces de poissons, tels que le saumon, l'éperlan et d'autres, abandonnent non-seulement les eaux profondes, mais la mer, pendant un certain temps — le temps nécessaire pour jeter leur frai. Ils remontent alors les fleuves et les rivières qui se déchargent dans les fleuves; puis, après avoir déposé leurs œufs, ils retournent à leurs gîtes habituels. De même, certaines espèces de poissons qui vivent dans les lacs, se retirent dans les courants d'eau tributaires de ces lacs, comme dans des endroits meilleurs pour y frayer.

X

DU SYSTÉME QUI PRÉSIDE A LA CONSERVATION DES POISSONS

Une vie aussi aventureuse que celle des poissons, distribuée dans de grands espaces découverts, et tout environnée d'ennemis, avait besoin de moyens de fuite et de défense. C'était, en Angleterre, une ancienne croyance, que la graine de fougère avait le don surnaturel de rendre invisible. Notre vieux Shakspeare a dit : « Nous avons de la semence de fougère, on ne nous voit point marcher. » Sans posséder cette graine mystérieuse, du moins à ma connaissance, il y a des poissons qui jouissent, à un certain degré, du don qu'on lui attribuait, et ces poissons vivent en grande abondance sur nos rivages. Nous parlons surtout des poissons plats les plus communs. Essayez de les voir, quand ils reposent au fond de l'eau, près du rivage, et vous pourrez juger par vous-même que ce n'est point chose facile. S'ils s'agitent, leur mouvement les trahit, comme de juste, et le blanc de leur corps se montre pour un instant; alors, ils glissent dans l'eau; mais, dès qu'ils s'arrêtent, et dès que, par l'action des nageoires, ils se sont fixés sur le sable, ils ressemblent si bien au lit de la mer, qu'ils défient le regard le plus attentif. Toutes les parties qui constituent le fond de l'Océan ne sont pourtant point, sur les côtes, de la même matière ni de la même couleur; mais, dans tous les cas, la surface du poisson présente avec ce lit sablonneux une harmonie vraiment remarquable. Nous avons trouvé plus d'une fois des poissons d'une teinte uniformément obscure, qui correspondait bien à celle de la vase dans laquelle vivaient ces animaux. D'autres fois, au contraire, ils se montraient d'une couleur mêlée qui se confondait avec le gravier des petites baies dans lesquelles on les pêche.

Le poisson volant, qui s'élance dans les airs, lorsqu'il est poursuivi par la bonite, offre un exemple des différents systèmes en vertu desquels les poissons échappent au danger. Il en est pourtant qui ne se contentent point de se rendre, en quelque sorte, invisibles, ni qui ne s'accommodent point de la fuite ; à ceux-là, il a été donné des armes de défense, et quelles armes ! les plus fortes, les plus terribles, les plus sûres qu'on puisse imaginer. Comme certains sauvages qui trempent dans des liqueurs empoisonnées la pointe de leurs lances, quelques poissons, le *trachinus draco*, par exemple, ont le pouvoir d'infliger avec leurs épines de sévères blessures, et ces épines sécrètent même, s'il faut croire ce qu'on raconte, une substance venimeuse.

XI

DIFFÉRENTS DEGRÉS DE VITALITÉ PARMI LES POISSONS

Il y a des poissons qui meurent presque immédiatement dès qu'on les retire de l'eau, et il y en a d'autres qui donnent encore des symptômes de vie, plusieurs heures après avoir été exposés à l'air. Il est à remarquer

que les poissons qui nagent près de la surface de l'eau
ont une grande force de respiration, un faible degré
d'irritabilité musculaire, un grand besoin d'oxygène, et
qu'ainsi ils meurent très-vite — sinon tout de suite —
après avoir été enlevés à leur élément naturel. Au contraire, les poissons qui vivent près du fond, ont une faible
puissance respiratoire, un haut degré d'irritabilité musculaire, et moins besoin d'oxygène : en conséquence, ils
retiennent l'existence longtemps après avoir été tirés de
l'eau. Cette double circonstance n'influe pas seulement
sur la vitalité de ces animaux, mais aussi sur la conservation de leur chair. Les poissons qui nagent à la surface
des eaux sont sujets à une décomposition rapide; au contraire, ceux qui habitent les profondeurs résistent, après
leur mort, aux influences extérieures et restent mangeables
pendant plusieurs jours. Nous en avons des exemples qui
ne laissent pas que d'intéresser l'économiste. Les maquereaux se gâtent si vite, qu'il est permis de les vendre à
Londres, même le dimanche. Il a fallu faire tout exprès
pour eux une exception à l'observance, tant soit peu
judaïque, du sabbat anglais. Les harengs meurent instantanément, au point que « mourir comme un hareng » est
ici une locution proverbiale pour désigner une mort
très-prompte. Les perches, au contraire, vivent pendant
quelques heures. Dans les pays catholiques, on les expose
vivantes sur le marché, et, s'ils ne trouvent point à les
vendre, les marchands les reportent dans les étangs, d'où
on les retire, un beau matin, pour les offrir de nouveau
aux pratiques. La carpe est si prodigieusement vivace,
que c'est une pratique commune en Hollande de la tenir,
pendant trois semaines ou un mois, dans de la mousse
humide. On dépose cette mousse dans un filet qu'on place
dans un endroit frais; on jette quelquefois un peu d'eau

sur le filet, et le poisson se nourrit de pain trempé dans du lait.

———

On connaît maintenant la structure et les mœurs générales du poisson. Il sera désormais plus facile de suivre les circonstances particulières de leur vie en étudiant les différentes espèces. Ce que nous avons voulu, c'était exposer les traits principaux de comparaison entre les reptiles et les animaux qui leur succèdent immédiatement sur l'échelle zoologique.

———

TABLE DES MATIÈRES

REPTILES

CHÉLONIENS

BATRACIENS

LE MONDE DES EAUX

LES POISSONS

X

XI

FIN DE LA TABLE DES MATIÈRES

www.ingramcontent.com/pod-product-compliance
Lightning Source LLC
Chambersburg PA
CBHW060407200326
41518CB00009B/1276